本书由以下项目资助

国家自然科学基金重大研究计划"黑河流域生态-水文过程集成研究"重点支持项目
"黑河流域中游地区生态-水文过程演变规律及其耦合机理研究"（91125015）
国家自然科学基金重大研究计划"西南河流源区径流变化和适应性利用"重点支持项目
"变化环境下的雅鲁藏布江流域径流响应与水文过程演变机理研究"（91647202）

国家出版基金项目
NATIONAL PUBLICATION FOUNDATION

"十三五"国家重点出版物出版规划项目

黑河流域生态–水文过程集成研究

黑河流域生态水文过程及其耦合模拟

徐宗学　赵　捷　李　磊　等　著

科学出版社　龙門書局
北　京

内 容 简 介

　　本书从流域水文过程–生态系统的耦合关系出发，综合利用水文科学、生态科学、遥感科学等多学科基本理论与技术，分别对黑河流域水文过程演变规律、植被生态系统对水文过程的影响、生态–水文过程相互作用机理及其模拟等科学问题进行深入探讨，并开发具有友好操作界面的黑河冰川–生态–水文–灌溉耦合模型。在此基础上，通过情景模拟、参数敏感性分析等开展案例研究，模拟分析流域不同气候变化情景和不同水资源利用模式下陆地生态系统的演化规律及生态水文过程演变趋势，可以为黑河流域水资源的合理利用与配置提供科技支撑。

　　本书既可以作为研究干旱区生态水文过程及其耦合模拟问题的参考资料，也可以作为水文科学、生态科学、地理学、环境科学领域高年级本科生和研究生与从事相关专业科研及管理工作者进行流域生态水文研究和水资源管理的参考资料。

审图号：GS（2020）2684 号

图书在版编目（CIP）数据

黑河流域生态水文过程及其耦合模拟／徐宗学等著. —北京：龙门书局，
2020.8

（黑河流域生态–水文过程集成研究）

"十三五"国家重点出版物出版规划项目　国家出版基金项目

ISBN 978-7-5088-5787-9

Ⅰ.①黑…　Ⅱ.①徐…　Ⅲ.①黑河–流域–区域水文学–研究　Ⅳ.①P344.24

中国版本图书馆 CIP 数据核字（2020）第 129082 号

责任编辑：李晓娟　赵丹丹／责任校对：樊雅琼
责任印制：肖　兴／封面设计：黄华斌

科学出版社 龍門書局 出版

北京东黄城根北街 16 号
邮政编码：100717
http://www.sciencep.com

中田科字院印刷厂 印刷

科学出版社发行　各地新华书店经销

*

2020 年 8 月第 一 版　开本：787×1092　1/16
2020 年 8 月第一次印刷　印张：19 1/4　插页：2
字数：468 000

定价：288.00 元

（如有印装质量问题，我社负责调换）

《黑河流域生态–水文过程集成研究》编委会

《黑河流域生态水文过程及其耦合模拟》
撰写委员会

主　笔　徐宗学

副主笔　赵　捷　李　磊

成　员　李占玲　王子丰　徐茂森

　　　　黄　文　苏龙强　赵　焕

　　　　程春晓

总　序

　　20 世纪后半叶以来，陆地表层系统研究成为地球系统中重要的研究领域。流域是自然界的基本单元，又具有陆地表层系统所有的复杂性，是适合开展陆地表层地球系统科学实践的绝佳单元，流域科学是流域尺度上的地球系统科学。流域内，水是主线。水资源短缺所引发的生产、生活和生态等问题引起国际社会的高度重视；与此同时，以流域为研究对象的流域科学也日益受到关注，研究的重点逐渐转向以流域为单元的生态–水文过程集成研究。

　　我国的内陆河流域占全国陆地面积 1/3，集中分布在西北干旱区。水资源短缺、生态环境恶化问题日益严峻，引起政府和学术界的极大关注。十几年来，国家先后投入巨资进行生态环境治理，缓解经济社会发展的水资源需求与生态环境保护间日益激化的矛盾。水资源是联系经济发展和生态环境建设的纽带，理解水资源问题是解决水与生态之间矛盾的核心。面对区域发展对科学的需求和学科自身发展的需要，开展内陆河流域生态–水文过程集成研究，旨在从水–生态–经济的角度为管好水、用好水提供科学依据。

　　国家自然科学基金重大研究计划，是为了利于集成不同学科背景、不同学术思想和不同层次的项目，形成具有统一目标的项目群，给予相对长期的资助；重大研究计划坚持在顶层设计下自由申请，针对核心科学问题，以提高我国基础研究在具有重要科学意义的研究方向上的自主创新、源头创新能力。流域生态–水文过程集成研究面临认识复杂系统、实现尺度转换和模拟人–自然系统协同演进等困难，这些困难的核心是方法论的困难。为了解决这些困难，更好地理解和预测流域复杂系统的行为，同时服务于流域可持续发展，国家自然科学基金 2010 年度重大研究计划"黑河流域生态–水文过程集成研究"（以下简称黑河计划）启动，执行期为 2011~2018 年。

　　该重大研究计划以我国黑河流域为典型研究区，从系统论思维角度出发，探讨我国干旱区内陆河流域生态–水–经济的相互联系。通过黑河计划集成研究，建立我国内陆河流域科学观测–试验、数据–模拟研究平台，认识内陆河流域生态系统与水文系统相互作用的过程和机理，提高内陆河流域水–生态–经济系统演变的综合分析与预测预报能力，为国家内陆河流域水安全、生态安全以及经济的可持续发展提供基础理论和科技支撑，形成干旱区内陆河流域研究的方法、技术体系，使我国流域生态水文研究进入国际先进行列。

　　为实现上述科学目标，黑河计划集中多学科的队伍和研究手段，建立了联结观测、试验、模拟、情景分析以及决策支持等科学研究各个环节的"以水为中心的过程模拟集成研究平台"。该平台以流域为单元，以生态–水文过程的分布式模拟为核心，重视生态、大气、水文及人文等过程特征尺度的数据转换和同化以及不确定性问题的处理。按模型驱动数据集、参数数据集及验证数据集建设的要求，布设野外地面观测和遥感观测，开展典型流域的地空同步实验。依托该平台，围绕以下四个方面的核心科学问题开展交叉研究：①干旱环境下植物水分利用效率及其对水分胁迫的适应机制；②地表–地下水相互作用机理及其生态水文效应；③不同尺度生态–水文过程机理与尺度转换方法；④气候变化和人类活动影响下流域生态–水文过程的响应机制。

黑河计划强化顶层设计，突出集成特点；在充分发挥指导专家组作用的基础上特邀项目跟踪专家，实施过程管理；建立数据平台，推动数据共享；对有创新苗头的项目和关键项目给予延续资助，培养新的生长点；重视学术交流，开展"国际集成"。完成的项目，涵盖了地球科学的地理学、地质学、地球化学、大气科学以及生命科学的植物学、生态学、微生物学、分子生物学等学科与研究领域，充分体现了重大研究计划多学科、交叉与融合的协同攻关特色。

经过连续八年的攻关，黑河计划在生态水文观测科学数据、流域生态–水文过程耦合机理、地表水–地下水耦合模型、植物对水分胁迫的适应机制、绿洲系统的水资源利用效率、荒漠植被的生态需水及气候变化和人类活动对水资源演变的影响机制等方面，都取得了突破性的进展，正在搭起整体和还原方法之间的桥梁，构建起一个兼顾硬集成和软集成，既考虑自然系统又考虑人文系统，并在实践上可操作的研究方法体系，同时产出了一批国际瞩目的研究成果，在国际同行中产生了较大的影响。

该系列丛书就是在这些成果的基础上，进一步集成、凝练、提升形成的。

作为地学领域中第一个内陆河方面的国家自然科学基金重大研究计划，黑河计划不仅培育了一支致力于中国内陆河流域环境和生态科学研究队伍，取得了丰硕的科研成果，也探索出了与这一新型科研组织形式相适应的管理模式。这要感谢黑河计划各项目组、科学指导与评估专家组及为此付出辛勤劳动的管理团队。在此，谨向他们表示诚挚的谢意！

2018 年 9 月

序

水是生命之源、生产之要、生态之基。生命起源于水中，水又是一切生物的重要组分。气候变化与人类活动使水循环发生了重大变化。随着经济社会的快速发展，水资源面临着越来越大的压力，表现在水生态退化与水环境污染问题的日益凸显。习近平总书记指出"河川之危、水源之危是生存环境之危、民族存续之危。水已经成为了我国严重短缺的产品，成了制约环境质量的主要因素，成了经济社会发展面临的严重安全问题"。

习近平总书记多次就治水发表重要讲话，提出了"节水优先、空间均衡、系统治理、两手发力"的十六字治水方针，进一步深化了水利工作内涵，指明了新时期治水的方向。党的十九大指出，我国社会主要矛盾已经转化为人民日益增长的美好生活需要和不平衡不充分的发展之间的矛盾，将坚持人与自然和谐共生纳入新时代坚持和发展中国特色社会主义的基本方略，对实施国家节水行动、统筹山水林田湖草系统治理、加强水利基础设施建设等提出了明确任务。

陆地生态系统是地球生态系统的重要组成部分，它与水文循环伴生过程相互影响。一方面，水文循环通过降水、下渗、地表水与地下水转化等一系列物理过程为陆生生态系统提供水分、养分，影响生态系统的演替；另一方面，在人类活动的参与下，陆生生态系统随之变化，如植被的生长、发育、凋萎等过程又改变下垫面条件，继而对陆面蒸散发、截留、土壤水分运动等水文过程产生影响。此外，还伴随着一系列生物地球化学过程。显然，这是一个巨系统问题。但是，传统水文模型缺乏对上述水文过程与生态系统间动力学机制的描述。能够定量描述植被与水文过程之间相互作用的生态水文成为研究的热点，越来越多的学者意识到生态水文模型的重要性，从不同角度对生态水文模型开展了卓有成效的研究。

2012年，北京师范大学联合甘肃省水文水资源局、中国地质环境监测院等单位共同申请了国家自然科学基金重大研究计划"黑河流域生态−水文过程集成研究"重点支持项目"黑河流域中游地区生态−水文过程演变规律及其耦合机理研究"。该项目旨在通过对地表水与地下水相互转化、人类活动到陆地生态系统演变及水循环变化的全过程开展研究，建立气候变化和人类活动影响下地表水−地下水−生态系统之间的耦合模型，进而为黑河流域中游地区的经济社会发展与水资源合理开发利用提供理论依据和技术支撑。

本人曾先后受邀参与了该项目的启动会议和多次专家咨询会议，对项目的情况比较清楚。在这些会议上，与会专家学者围绕着项目的顺利开展提出了许多建设性的意见和建议。总的来说，该项目不仅有跨学科学术研究，涉及水利、气象、环境、生态、地质、经济等方面，还融合了甘肃省水文水资源局、中国地质环境监测院等单位的野外调查研究和监测数据。该项目提出的研究成果将为我国现阶段乃至今后的生态水文工作提供理论依据和实践参考。

北京师范大学水科学研究院徐宗学教授是该项目的负责人，他牵头撰写的《黑河流域生态水文过程及其耦合模拟》一书是项目的重要成果之一。该成果在干旱内陆区水文过程研究的基础上，通过野外观测和实验相结合的方式，研究气候变化和人类活动影响下黑河流域中游地区生态系统演变规律及其驱动机制，利用 GIS、RS 技术和生态水文模型分析了影响流域水文过程与生态系统紧密相关的环节，建立了流域水文过程与动态植被过程的耦合模型，分析了气候变化背景下黑河流域中游地区不同水资源利用模式下陆地生态系统的演化规律，为水资源的合理利用与配置提供理论依据。

尽管我国生态水文研究工作取得了显著成效，但也应看到，我国自然环境多样、地表水与地下水转化规律复杂，尤其是在干旱内陆河流域，生态系统极其脆弱且对水资源依赖性极强，水资源对区域生态过程的影响，已成为区域经济社会可持续发展中的水安全、生态安全和水资源可持续利用迫切需要研究解决的难题。可望该书的出版，能为我国当前乃至今后一段时间内的生态水文工作提供参考，为进一步认识西北干旱区水资源与生态环境的相互作用和依存关系，统一调配与科学管理流域水资源提供参考，也为国家内陆河流域水安全、生态安全及经济社会的可持续发展做出积极贡献。

2019 年 12 月

前　言

在我国干旱内陆河流域，由于水资源的不合理开发和利用，加之气候变化和人类活动的影响，出现了地表水资源枯竭、地下水位下降、水质恶化、土壤沙漠化和盐渍化、植被退化等诸多生态环境问题，严重影响了当地经济社会的可持续发展。多年来，干旱区水资源的形成与转化及生态系统的演变规律一直是国内外学术界，尤其是水文水资源科学、生态科学领域关注的热点问题之一。以往的研究中，对水文过程与生态系统多是独立考虑，较少定量刻画各要素之间的相互作用及相互依存关系。另外，在我国干旱内陆河流域，生态系统十分脆弱，且对水资源的依赖性极强。因此，通过建立生态-水文过程耦合模型，揭示流域生态-水文过程相互作用机理，认识水循环和水资源的基本特征及其对区域生态系统的影响，成为水文水资源科学领域的学科前沿，对区域经济社会发展中的水安全、生态安全和水资源可持续利用具有十分重要的科学价值和现实意义。

黑河流域是我国西北地区典型的内陆河流域，气候干旱，生态环境脆弱。中游地区人口聚集，水资源开发利用程度高，过度垦荒耕作、发展绿洲，过量开采地下水，导致地下水位大幅度下降，人类活动对生态系统和水文过程产生了重要的影响。这些问题已严重制约了当地经济社会的可持续发展，影响着人们的生存环境。认识气候变化和人类活动影响下干旱内陆河流域生态-水文过程演变规律及其耦合机理，寻求人与生态、人与自然和谐共生的对策，一直是干旱区研究者关注的核心问题。黑河流域具有独特的以水为纽带的"冰雪/冻土-河流-湖泊-绿洲-荒漠"多元自然景观，一般从河流的源头到尾闾顺次分布着高山冰雪带、草原森林带、平原绿洲带和戈壁荒漠带等自然地理单元。因此，黑河流域的生态水文过程研究涉及水文科学、生态科学、环境科学、土地科学及地表水和地下水相互转化等多学科领域。近年来，针对日益严峻的流域生态环境恶化和突出的水事矛盾，政府相关部门针对黑河流域水资源问题开展了一系列研究，从最初以基础性调查和观测为主的研究阶段到各类研究逐渐走向整合再到集成的研究阶段，取得了很大进展。但关注的问题主要集中在流域水资源配置、流域水循环、流域生态安全和水资源承载力等方面，关于流域水文过程-生态系统的耦合及定量描述与研究仍然较为缺乏。此外，水文模型建模能力不强，缺乏利用现代计算机技术并结合卫星遥感数据和其他空间数据从整体上模拟流域过程和行为的能力，也限制了上述研究工作的深入开展。

2011年，徐宗学教授联合地表水、地下水、生态科学、遥感科学等多领域专家，共同申请了国家自然科学基金重大研究计划"黑河流域生态-水文过程集成研究"重点支持项目"黑河流域中游地区生态-水文过程演变规律及其耦合机理研究"。项目由北京师范大学牵头，中国地质环境监测院、甘肃省水文水资源勘测局参与，旨在对我国干旱内陆河流域不同时空尺度水文–生态过程相互作用机理及其模拟等难点问题，在水文过程演变规律及其生态效应、生态系统演变规律及其对水循环的影响、水文过程和生态–水文耦合模拟等方面开展深入研究。利用 GIS、遥感、数值模拟等技术，定量识别干旱区生态环境演变规律及其对水循环的影响。研究成果对促进水文科学、生态科学发展具有重要的推动作用，可为内陆河流域水安全、生态安全及经济社会的可持续发展提供理论基础和科技支撑。

作为国家自然科学基金重大研究计划"黑河流域生态–水文过程集成研究"重点支持项目"黑河流域中游地区生态–水文过程演变规律及其耦合机理研究"的重要研究成果，项目组主要成员共同完成了第一部书《黑河流域中游地区生态水文过程及其分布式模拟》，重点介绍了项目组所开展的关于黑河中游地区水循环与生态系统关系及其耦合机理方面的研究成果，具体内容包括气候变化和人类活动影响下黑河流域中游地区水文过程演变规律及其生态效应、黑河流域中游地区生态系统演变规律及其对水循环的影响，并初步开展了生态–水文过程耦合模拟研究工作。作为上述研究工作的继续和深化，后期重点对黑河流域上中游生态水文过程及其耦合模拟问题开展了深入研究。因此，作为项目组在黑河流域完成的第二部书，本书主要取材于依托重点基金项目完成的博士和硕士研究生学位论文，重点从流域水文过程与生态系统的耦合关系出发，从水文科学、生态科学、遥感科学等多学科角度，分别对流域水文过程的演变规律、植被生态系统对水循环要素的响应机理、生态–水文过程相互作用及其模拟等科学问题进行深入探讨，开发具有友好操作界面的黑河上中游冰川–生态–水文–灌溉耦合模型。在此基础上，通过情景模拟、参数敏感性分析等手段开展案例研究。希望本书能够成为水文科学、生态科学领域的科研及管理工作者进行流域生态水文研究和水资源管理的参考资料。但是，由于流域生态水文研究工作的复杂性和多学科特征，其中不少问题的研究仍然不够充分与深入；同时，随着流域生态综合治理工程的不断开展，一些新的研究角度和科学问题不断涌现。由于所涉及内容广泛，参考资料繁多，疏漏在所难免，欢迎专家同行给予批评指正，以求不断完善与提高。特别需要说明的是，本书参考引用了许多专家学者的研究成果，尽可能在书中予以标注和说明，在此对所有专家学者表示衷心的感谢。

作　者

2019 年 10 月

目　　录

第三篇　黑河流域生态水文耦合模拟系统

第四篇　结论与建议

第一篇

黑河流域生态水文过程机理研究

第1章 绪 论

1.1 研究背景与意义

人类社会的可持续繁荣和发展与水文科学的不断进步密不可分，水文科学是为了解决人类社会所面临的实际问题和满足人类社会发展需求所形成的学科，它是人类避免水灾害、合理利用水的科学依据。因而，水文科学密切关注和研究人类社会所面临的水问题，并致力于解决这些问题。工业革命以来，全球范围内的环境污染、水资源匮乏、生态恶化等问题越来越不可忽视，水文科学面临新的机遇和挑战，内涵越来越丰富，与相关学科交叉成为新时期水文科学发展的大趋势。

全球气候变化对生物圈、人类生存环境和社会经济等均产生了不可忽视的影响。定量评估人类活动和气候变化对水文过程的干扰将为缓解水资源短缺、制定应对水灾害的有效措施和政策提供决策支持。近年来，植被生态过程在流域水循环中的重要作用引起了水文学者的高度关注。植被和水文过程之间的相互作用极其复杂，一方面，植被通过蒸腾、冠层截留和根系吸水等多个过程参与水循环；另一方面，土壤水、气象要素、二氧化碳浓度、营养元素等因素对植被生长动态、结构和功能产生影响，而这种影响将通过水分的运移与重分布作用于流域的各水文要素。

水文模型作为对水文要素时空演变规律的数学描述的计算机程序表达，是被国内外学者广泛应用的研究工具和手段。近几十年来，国际上涌现了如 SWAT、VIC、SHE、TOPMODEL、PDTank 等一系列水文模型，为解决人类社会面临的水资源调配及管理、水环境污染防治、旱涝风险预估等涉水现实问题提供了极其重要的科学理论依据。随着水文科学研究的不断发展、水文观测与模拟技术的不断进步，水文模型的众多方面研究也都有了令人瞩目的进展。然而，大多数水文模型对水文和生态两大过程之间的耦合机理几乎不进行描述，使得模型在生态与水文的交叉领域的使用面临着极大的桎梏。因而，能够精确且合理地对植被和水文循环相互作用关系进行描述的生态水文耦合模型恰是为应对该类需求而诞生的，能够对生态和水文过程进行紧密耦合模拟的模型研究也日渐成为生态学和水文学交叉部分重点研究的课题。

黑河是地处我国西北的第二大内陆河（按照流域面积比较，仅次于塔里木河），其特殊的寒区-旱区水文过程、复杂的陆地水文循环过程、剧烈的人类活动影响、脆弱的生态系统等诸多特征具有很强的代表性，受到国内外学者的关注。本书对黑河流域的水文和生态过程相互作用机理进行了探讨，开发了综合考虑人类农业活动、水文和生态过程的生态-水文耦合模型，并在此基础上开展案例研究，为内陆河流域水资源管理提供决策依据，它不仅在水文科学理论方面具有十分重要的意义，在水资源的调配和管控等方面也被赋予了不可或缺的现实价值。

1.2 研究现状与进展

1.2.1 黑河流域生态水文研究进展

受温带大陆性气候与环境要素的共同影响，我国流域生态水文具有明显的区域特征，黑河、疏勒河、塔里木河等西北内陆河流域有相似的变化规律。黑河作为我国西北干旱地区第二大内陆河，地跨青海、甘肃和内蒙古三省（自治区），是以水循环过程为纽带的，以冰川/冻土、绿洲和荒漠为主要特征的多元生态系统。除南部祁连山较湿润外，黑河流域绝大部分处于干旱气候区，形成了四周以高山围绕、山地盆地相间、具有干旱半干旱特色的水循环系统。

20 世纪 80 年代以来，随着中游人口的迅速增长，水资源不合理开发利用，流域生态环境出现了不同程度的退化，使得黑河水资源供需矛盾日益突出，为此，许多学者围绕着黑河流域水-土-生态环境相关问题进行了大量研究。根据区域特点分别进行考虑，主要可分为以下三个方面。

1. 上游山区径流模拟

黑河上游位于青藏高原北缘的祁连山，该地区降水多、蒸发少、气温低、高寒阴湿，是黑河流域地表水资源的发源地和产流区，其独特的山地寒区水文特征受到众多学者的广泛关注。例如，贺缠生等（2009）采用分布式大流域径流模型（distributed large basin runoff model，DLBRM）评估气候变化对水文的影响、对冰川退缩的影响和对中游和下游来水量的影响。模拟结果表明，黑河流域的大部分产流源于黑河上游地区的祁连山，黑河中游正义峡向下游的供水量为 10 亿 m^3，其中地表径流占 51%，层间流占 49%；中游地区沙土具有较高的蒸发能力，近一半的地表水被蒸发掉。黄清华等（2010）通过 SWAT 模型对黑河山区流域的模拟分析指出：黑河上游山区是水系的主要发源地，青海云杉植被较为茂密的黑河干流地区是主要补给区；从季节上看，春季融雪径流、夏季地表径流和秋冬季地下径流是黑河流域水循环的主要组成部分。李弘毅和王健（2008）运用融雪径流模型（snowmelt runoff model，SRM）对黑河流域上游进行模拟，并加以改进，使之更适用于我国以融雪为主的西北山区的流域。贾仰文等（2006a，2006b）开发了黑河流域水循环系统的分布式模拟模型 WEP，对月径流过程和日平均流量过程进行了模拟。严登华（2005）在此基础上开发了黑河流域水循环模拟和生态水文调控的基本性模型 IWHRWEP。陈仁升等（2004）应用常规的气象水文数据并结合GIS 平台，建立了一个适合西北内陆河山区的流域分布式水文模型，对黑河干流山区出山径流进行了模拟计算和讨论。

2. 中游水循环规律研究

黑河中游地处河西走廊中段，两岸地势平坦，地下水主要储存在山丹盆地、张掖盆地、酒泉盆地第四纪松散的地层内。由于岩相、岩性较为复杂，即使在同一相带，其水流大小也不尽相同，进而造成了黑河中游地区水文地质的差异性（图1-1）。

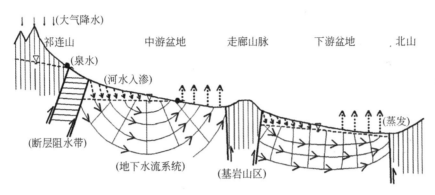

图 1-1　黑河流域地表水–地下水转化示意图

目前针对中游地表水–地下水转化的研究以同位素试验为主。例如，张光辉等（2006）、张应华等（2005）分别运用同位素技术分析了农田灌溉严重影响下的地表水–地下水转化规律，并运用质量守恒原理，定量分析了黑河中游盆地地表水–地下水转化量。钱云平等（2005）利用 Rn 作为同位素示踪剂，分析了黑河中游地表水–地下水转化关系。研究结果表明，出山口莺落峡至张掖黑河大桥河段，地表水入渗补给地下水；张掖黑河大桥以下至正义峡河段，地下水排泄补给河流。张龙和何江海（2008）采用 ^{222}Rn、EC 及断面测流法对莺落峡至正义峡河段地表水–地下水转化关系进行了分析。结果表明，莺落峡至张掖黑河大桥河段，地表水入渗补给地下水；张掖黑河大桥至正义峡河段，地下水补给地表水。丁宏伟等（2006）通过研究及对比分析认为，区内潜水、泉水和浅层承压水大部分补给来源是出山地表水的径流入渗，而深层承压水的主要补给来源是上游山区的基岩裂隙水。

在模型模拟方面，周剑等（2009a，2009b）以 FEFLOW 和 MIKE11 为基础，结合地理空间技术和遥感技术对干旱区黑河流域中游盆地地表水–地下水转化机制进行模拟。结果表明，黑河在冲积扇中上部大量补给地下水，而在河谷细土平原张掖盆地地表水–地下水转化频繁，在河谷细土平原酒泉东盆地多为地下水补给河流。

3. 植被动态过程模拟

黑河流域植被在空间上随着降水量的减少呈现出自东南向西北的规律性变化，大致可以分为森林、灌丛、草原和荒漠四个植被带。上游地区以山地森林和灌木林为主，中游地区以温带灌木、农作物和人工林为主，下游地区则以荒漠植被为主。基于流域景观的空间异质性，研究者纷纷针对不同的生态植被类型开展了卓有成效的研究工作。例如，杜自强等（2010）使用 RS、GIS 及 GPS 定位测量技术并结合实地调查资料，建立了草地植被退化的遥感监测模型，并对黑河中上游地区 1996 年和 2003 年的草地植被变化进行了分析，结果表明，流域总体上呈现草地植被退化趋势，表现为局部改善、整体恶化的变化格局。吉喜斌等（2004）建立了内陆河流域山前农田绿洲土壤–植被–大气连续体（soil-plant-atmosphere continuum，SPAC）系统土壤水分运移子模型，对不同农作物的根系吸水规律和土壤水分变化情况进行了分析。

在模型模拟方面，卢玲等（2005）利用光能利用率模型 C-FIX 和高时空分辨率的 SPOT/VEGETATION 遥感数据对黑河流域 1998～2002 年不同生态系统的初级生产力进行了估算。彭红春（2009）则通过陆地生态模拟（terrestrial ecosystem simulator，TESim）系统模拟了 1971～2005 年黑河流域生态系统的变化情况，并采用实测数据、卫星遥感数据、涡度相关数据对结果进行了验证，取得了较好的模拟效果。

1.2.2 生态水文模型研究进展

1. 按模型类别

在早期的研究中，人们通常以概率论和数理统计为基础，通过实测数据建立某些指标间的相关关系，使用回归、线性方程等估算不同要素变化带来的影响，该类模型统称为经验性生态水文模型。经验性生态水文模型对复杂的机理过程进行了简化处理，建模要求较低。例如，在植被降雨截留模拟中，Rutter 等（1975）在前人研究的基础上进行补充和改进，提出了第一个概念性的截留模型。此后，Gash（1979）以此为基础采用推理方法建立了林冠截留模型。再如，在植被需水量研究中，当下垫面情况复杂或仪器监测的数据精度达不到要求时，研究者多通过 Hargreaves 模型、Priestley-Taylor 模型或 Blancy-Criddle 模型等估算作物参考蒸散发量，然后根据不同植被类型的经验系数来计算植被的实际需水量。虽然经验性生态水文模型以实测数据为基础，结构简单，便于计算，但是由于其缺乏机理性描述，没有严格的理论推导和分析，其成果往往局限于特定区域个别指标的相互关系，无法应用于不同条件的研究区域。

随着单位线、下渗、土壤水运动及光合作用等理论的提出，人们对生态水文过程的认识进一步加强。相比于经验性生态水文模型，概念性生态水文模型具有更为精确的水循环描述，同时添加了植被生长经验公式，通过对土壤水分、营养元素进行模拟以评估植被实际耗水量和生长情况。该类模型多为半分布式，对流域进行概化性描述，参数要求少，多适用于下垫面条件较为一致的小流域。典型的模型有 SWAT 模型、SWIM、Eco-HAT 模型和 BTOP 模型等。其中，SWAT 模型将流域划分为若干相同地质条件的水文响应单元（hydrological response units，HRU），在此基础之上估算潜在蒸发量与实际蒸发量的线性关系，以叶面积指数（leaf area index，LAI）和土壤水含量为依据结合简化的作物生长模型 EPIC 模块来计算植被的动态生长过程。SWIM 则是在 SWAT 模型的基础上将地表概化为 3 层（土壤层、浅层含水层和深层含水层），同时考虑营养元素对植被生长的影响，使用鲁棒算法估算氮元素的变化情况，进而对不同营养元素条件下的植被生长过程进行模拟。然而，概念性生态水文模型缺乏对植被生长过程的机理性描述，各个子单元之间相互独立，无法体现生态水文过程的空间差异性。

具有物理机制的生态水文模型则全面考虑了大气-植被-土壤之间的相互联系，通过光合作用公式、参数化的呼吸公式等模拟植被生长发育过程，根据能量平衡或物质平衡原理估算植被与土壤、大气间的水、热和二氧化碳交换过程。其中，部分模型还综合考虑了植被生理生态过程（如资源竞争、种群变化等），评价不同环境下植被种群结构的变化，使模拟结果更具有实际意义。这一类模型的代表有 HYBRID 模型、VIP 模型、LPJ-TEM 和 IBIS 模型等。HYBRID 模型是 Friend 等（1993）开发的陆地生态系统动态变化模型，该模型通过质量平衡方程模拟生物圈和大气圈每日的碳、氮和水分的交换过程，并预测不同植被类型未来的优势性。莫兴国等（2005）以陆地生态系统能量收支、水文循环和碳、氮等生命元素的吸收转化过程为研究对象，建立了基于生物地球物理-化学过程、融合 RS 与 GIS 的生态/水文动力学模型——VIP 模型。将 LPJ 植被动态模型和 TEM 生物化学模型进行耦合的 LPJ-TEM，能够估算各种植被类型的碳、氮、水分通量和植被初级生产力。但是，物理模型往往计算过程复杂，包含众多难以获取的植被生理特性和形态参数（如冠层高度、光合作用氧化速率、酶活性等），限制了模型的广泛应用。

2. 按耦合方式

生态水文模型如同生态水文学一样，是在水文模型和生态模型的原有基础上发展而来的。传统的水文和生态模拟研究往往把水文过程和生态过程区别开来，注重于单一模型的构建。例如，水文模型以流域水文过程模拟为主要内容，侧重于产汇流等物理机制的研究，对植被等生物物理化学过程考虑较少。生态模型则重点关注植被生长机理、营养物质和能量在生态系统中的迁移转换规律等方面，往往忽略侧向径流等水文过程。而生态水文模型同时考虑了水文循环规律和生物生长机理，将两者耦合起来。按照生态与水文过程的耦合方式，可划分为单向耦合模型与双向耦合模型两类。

单向耦合模型又可分为两类：第一类模型是从水文学的角度出发对生态-水文过程进行单向耦合，主要侧重水文物理过程描述。该类模型利用水文模块的输出变量（如降水、土壤含水量等）驱动生态模块，引入植被生物量或 LAI 等生态因子作为水文学与生态学连通的指示量，用以评估不同植被类型对水文过程的影响。例如，SWAT、VIC 及由丹麦水力研究所（Danish Hydraulic Institute，DHI）开发的 MIKE SHE 等模型通过模拟植被的冠层截留、蒸散发和入渗等生物物理过程来评估不同植被对流域水循环的影响。第二类模型是从生态学的角度出发对生态-水文过程进行单向耦合，主要侧重生物生长过程描述。该类模型以物质能量平衡原理为基础，对植被的生物化学过程进行模拟，考虑不同水分胁迫条件下植被生长情况，并对生态系统的生物量、初级净生产力进行估算。例如，SiB2 和 CASA 模型能够在大尺度上模拟植被与土壤、大气之间的水、热和 CO_2 通量、动量交换。由于该类模型模拟过程较为复杂，且参数众多，难以获取，没有考虑植被动态变化的影响，一般用于静态陆地生态系统模拟。

双向耦合模型综合考虑植被生长与水文循环之间的相互作用，植被模块中的参数，如根系深度、叶面积指数、生长天数等作为输入参数估算植被需水量、冠层截留量、蒸散发量及土壤含水量，而水文模块中的净雨量、潜在蒸散发量和下渗率等参数又反过来影响着植被的生长发育过程。例如，德国波茨坦气候影响研究所的 Krysanova 等（1998）开发了一个包含水循环过程、植被生长过程（包括农作物和天然植被）的半分布式生态水文模型SWIM。该模型集合了水文模型SWAT和生态模型MATSALU的优点，能够模拟气候变化和不同土地利用条件下植被生长、营养物质循环及污染物迁移等生态水文过程。再如，在森林生态系统模型FOREST-BGC与半分布式水文模型TOPMODEL上发展起来的RHESSys模型同样集合了原有模型的优点，对土壤水模块进行了改进，考虑了土壤水纵向入渗过程及壤中流过程，可以更加准确地反映区域尺度上陆地与大气的水碳交换过程。

相比于单向耦合模型，双向耦合模型具有更为完善的生态-水文作用机制，参数物理意义明确，对生态系统水、碳和营养物质运移过程的描述更为详细，通过水文模型和生态模型的紧密耦合，能够实现陆地生态系统的动态模拟，是生态水文模型未来发展的方向。

3. 按研究内容

最初的生态水文模型是从典型水陆过渡带等水生生态系统（湿地）开始的，计算机、遥感和地理信息技术的发展及分布式水文模型的出现，使得获取各空间尺度上的流域下垫面信息成为可能。自20世纪80年代以来，人们开始关注其他景观中水与生态系统的相互作用，研究范围已经扩展到干旱区、森林、河流、湖泊、草地、喀斯特地区、河口及海岸地区。例如，周德民和宫辉力（2007）探讨了湿地水文生态模型构建理论方法及学科特征，并以洪河保护区为例构建了一个基于GIS和RS支持的集水区尺度湿地水文生态模型。Band等（2001）运用RHESSys模型对加拿大和美国森林流域气候变化与土地利用变化的生态水文响应过程进行了模拟。Vertessy等（1993）将TOPOG模型应用于澳大利亚热带森林小流域生态水文过程的研究之中，其结果表明模型能较好地模拟植被生长及其对水文过程的影响。Chen等（2005）使用BEPS-TerrainLab模型模拟了加拿大北部森林小流域蒸散发量的季节变化，得到了合理的流域蒸散发值。Moret等（2007）利用SiSPAT模型对干旱区在常规耕作方式、降低强度的耕作方式、不耕作方式3种不同的耕作方式下的土壤水分平衡状况进行了模拟（图1-2）。

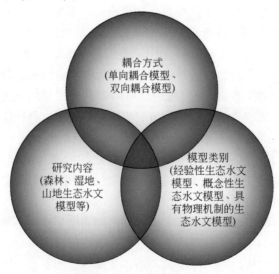

图1-2　生态水文模型分类

1.3 存在问题与发展趋势

1.3.1 尺度问题

Blöschl 和 Sivapalan（1995）指出，生态过程与水文过程的发生都具有明显的尺度依赖性，即特征尺度，如何将特征尺度与模拟尺度进行匹配是目前生态水文模型研究面临的主要问题。在时间尺度上，不同尺度（小时、日、月、年）上影响生态水文过程的主要因素是不一致的。在空间尺度上，水文循环多以网格、子流域、坡面、水文响应单元等进行空间单元划分，生态效应的空间单元划分则主要依据植被功能类型及分布区域。从水文角度上划分的单元往往会削弱生态效应，如大尺度生态水文模型往往忽略植被根系吸水和生长发育的具体细节，而将水量平衡和植被调节机制作为研究的核心。因此，合理描述流域的空间异质性，充分体现流域生态水文过程的特征尺度，是未来生态水文模型的研究重点。

1.3.2 数据源问题

生态水文模型不仅需要传统的点数据（如水文气象实测资料），还需要植被、土壤、土地利用、地质地貌类型、水系（河流、湖泊等）分布、行政区边界、水文气象站点位置和分布等多源、多类型、多时相信息。由于传统的观测点密度和观测时间有限，虽然通过插值等空间推测方法可获得参数的空间分布信息，但是其信息量和精度难以满足生态水文模拟的要求。随着计算机和遥感技术的发展，人们可以通过高分辨率遥感图像解译来提高模型数据集的精度。然而，由于不同数据源的数据之间存在较大误差及时空分辨率不同，其在参数识别和结果验证上均存在一定的困难。

1.3.3 机理问题

由于水文科学和生态科学在尺度方面存在差异，特别是生态系统科学本身机理机制的复杂性，生态系统对水文过程变化等的响应关系还难以像水文过程那样进行清晰定量表达与数字模拟。水文条件的复杂性及影响水文行为要素时空分布的不均匀性和变异性（离散性、周期性和随机性）增加了研究的复杂性。我国目前对生态水文过程的机理研究比较缺乏，处于理论和方法体系探索阶段。模型多以单向耦合模型为主，即从水文过程的角度对植被变化进行概念性描述，不能反馈植被动态变化（如 LAI 的季节性增长）对水文过程的影响。因此，生态水文模型必须对水文过程和生态过程进行双向耦合，通过不同尺度的生态水文过程研究从机理上揭示植被对水文循环的调控作用。

第2章 研究区域概况

以莺落峡和正义峡为分界点，黑河流域可划分为上、中、下游三部分。祁连山南麓至莺落峡为黑河流域上游，河长303 km，山高谷深，河床陡峻，气候阴冷，是径流产流区。黑河从莺落峡进入河西走廊，经临泽县、高台县汇梨园河、摆浪河穿越正义峡（北山），进入阿拉善高原，该段为黑河中游，河长185 km，河床平均比降为2‰，地势平坦，是径流主要利用区。黑河流经正义峡后，在甘肃省金塔县境内的鼎新与北大河汇合，北流150 km至内蒙古自治区额济纳旗境内的狼心山西麓，又分为东西两河，东河注入东居延海，西河向北注入西居延海，该段是黑河流域的下游，气候极端干燥，是径流耗散区。

2.1 自然地理特征

黑河流域地处欧亚大陆中部，四周高山环绕，除南部祁连山较湿润外，流域绝大部分处于干旱气候区，形成了以高山围绕、山地盆地相间、具有干旱半干旱特色的水循环系统。黑河上游地区多为山地，气候寒冷，降水量由东向西递减，雪线自东向西逐渐升高，是牧业向农业过渡的地带。黑河中下游的走廊平原及阿拉善高原受大陆性气候及青藏高原的祁连山–青海湖气候区影响，属中温带甘蒙气候区。按照干燥度，又可进一步分为中游温带干旱亚区、下游荒漠干旱亚区和极端干旱亚区。下游额济纳平原地处内陆腹地，属于典型大陆性气候，日照时间长，降水少，蒸发强烈，风大沙多。

流域上游受山地气候、地形和植被影响，具有明显的垂直带谱，土壤以寒漠土、高山灌丛草甸土（泥炭土型寒冻毡土）、高山草原土（寒冻钙土）、高山草甸土（寒冻毡土）、亚高山草原土（寒钙土）、亚高山草甸土（寒毡土）、灰褐土、山地栗钙土、山地黑钙土、山地灰钙土等为主。

流域中游土壤以灰棕漠土、灌耕土和风沙土为主，其中灰棕漠土为地带性土壤。此外还有灌淤土（绿洲灌溉耕作土）、潮土（草甸土）、潜育土（沼泽土）、盐土和风沙土等非地带性土壤。

流域下游土壤以灰棕漠土为主，同时受水盐运移条件和气候及植被影响，还分布着硫酸盐盐化潮土、林灌草甸土、盐化林灌草甸土、草甸盐土、风沙土、碱土、龟裂土等。

上游祁连山山区海拔较高，植被为温带山地森林草原，分布有片状、块状的灌丛和乔木林，具有明显的垂直带谱。随海拔由高到低依次分布有：①高山垫状植被带（4000~4500 m），主要是高山带流石滩植被；②高山草甸植被带（3800~4000 m），主要是矮草型的嵩草高寒草甸和杂类草高寒草甸；③高山灌丛草甸带（3200～3800 m），主要是金露梅矮灌丛、落叶阔叶高山柳灌丛和常绿革叶杜鹃灌丛等；④山地森林草原带（2800～3200 m），主要是祁连圆柏、青海云杉、高山柳、金露梅、鬼箭锦鸡儿、合头草等灌木林，这些植被对形成径流、调蓄河流水量、涵养水源起着重要作用；⑤山地草原带（2300～2800 m），植被稀疏，⑥荒漠草原带（1900～2300 m），主要是超旱生小灌木、小半灌木，集中出现在中部低山带。

流域中、下游为温带小灌木、半灌木荒漠植被，以藜科、蒺藜科、麻黄科、菊科、禾本科、豆科为主。其中，中游山前冲积扇下部和河流冲积平原受人类活动影响，呈现出以人工植被为主的景观，主要分布有灌溉绿洲栽培农作物和林木：农作物以玉米和小麦为主；林木以枣树、沙枣、杨树、梭梭、桑树、柽柳、沙棘、白刺及苹果、梨、桃等果树为主。此外，中游部分地区还分布着以泡泡刺和红砂为主的荒漠灌丛及以芦苇、香蒲和柽柳为主的湿地植被。

下游三角洲与冲积扇缘的湖盆洼地呈现出荒漠天然绿洲景观，主要是荒漠河岸林、灌木林和草甸植被，代表性植被有梭梭、泡泡刺、红砂、合头草、短叶假木贼、膜果麻黄、松叶猪毛菜等。其中，河岸林和灌木林的组成植被有胡杨、柽柳、沙枣及盐湿草甸种（如盐生草、芨芨草等）；草甸植被有香蒲、芦苇、狗尾草等。

2.2　气象水文特征

黑河是典型的内陆河，由于祁连山水文气象垂直分带性、下垫面条件和冰雪融水的影响，径流补给主要来自降水和冰川融水，其补给量分别占总量的95%和5%。

黑河可划分为东、中、西三个子水系：①东部水系包括梨园河、黑河干流及东起山丹瓷窑口、西至高台黑大板河的20多条河流，面积约为11.6万 km²，多年平均径流量为23.77亿 m³；②中部水系为马营河、丰乐河诸河，归宿于明花盆地、高台盐池，面积约为0.6万 km²，多年平均径流量为2.93亿 m³；③西部水系为洪水河、讨赖河，归宿于金塔盆地，面积约为2.1万 km²，多年平均径流量为9.19亿 m³。从季节上看，地表径流年内分配与降水过程基本一致，主要集中在暖季。春季以冰雪融水和地下水补给为主，夏、秋季则以降水补给为主，具有春汛、夏洪、秋平、冬枯的特点。

2.3　水资源利用现状

黑河流域水资源开发历史悠久，自汉代以来便进入了农业和农牧业交错发展时期。20世纪中期以来，为满足地方社会经济发展需要，黑河流域（尤其是中游地区）进行了大规模的水利建设，水资源开发利用进度逐渐加快。截至2017年，全流域有水库60余座，总库容达2.55亿 m³，引水工程66处，机电井6000余眼，年提水量达3亿 m³，为流域社会经济发展和国防做出了突出贡献。

然而，近几十年来，随着人口增长和大规模水资源的开发利用，黑河流域取用水量急剧增加，流域内生产及生活总用水量高达 26.2 亿 m^3，远远超出了地区的水资源承载能力，人与水之间的矛盾不断加剧。自 2000 年国家对黑河流域实施水资源统一调度以来，流域水资源问题得到一定程度的改善，但是受流域极端气候条件、过度开采地下水等因素的影响，黑河流域上、中、下游都不同程度地出现生态环境恶化现象。因此，如何在保障现有社会经济用水的前提下，最大限度地满足生态环境用水，维持生态系统稳定发展，是当前亟待解决的问题。

2.4　主要生态环境问题

黑河流域位于我国西北部的干旱内陆地区，该区的水资源极其短缺，生态和环境非常脆弱，水资源短缺已成为我国西北内陆经济和社会可持续发展的桎梏。近年来，黑河流域不同程度地受到了气候变化和人类活动的影响，其生态环境问题也日益受到了我国政府和各学科学者的关注。

黑河流域上游的生态环境问题主要为气温升高导致的冰川融化和雪线上升、过度放牧导致的草地资源超载、森林过度砍伐导致的森林带退缩等。黑河流域中游的生态环境问题主要为水土资源过度开发导致的河网密度减小、地下水过度开采导致的地下水位下降、不科学的灌溉排水方式导致的土地盐碱化及局部河段水质污染等。黑河流域下游的生态环境问题最为突出，主要表现为水资源过度利用导致的河道断流、湖泊干涸、地下水位下降，以及生态用水被大量挤占导致的天然植被大幅度衰退、土地沙漠化加剧等。

黑河流域的自然条件所导致的水资源短缺及时间和空间分配不均匀等问题，随着经济的不断发展逐渐严重。为了使黑河流域下游生态环境不断恶化的问题得到缓解，国家计划委员会于 1992 年批复了《黑河水资源分配方案》，国务院于 1997 年成立了黑河流域管理局并严格执行《黑河干流水量分配方案》（表 2-1），黑河流域管理局自 2000 年起以该方案为水资源调配依据，统一管理和协调黑河流域中、下游的"三生"用水（生产、生活和生态环境用水）。

表 2-1　黑河干流水量分配方案　　　　　（单位：亿 m^3）

保证率	莺落峡来水量				正义峡分配水量			
	全年	春灌至夏灌期	夏灌至冬储期	非灌溉引水期	全年	春灌至夏灌期	夏灌至冬储期	非灌溉引水期
$P=10\%$	19.0	5.6	13.6	13.6	13.2	2.4	8.0	4.5
$P=25\%$	17.1	5.0	10.9	10.9	10.9	1.9	5.2	4.1
$P=75\%$	14.2	3.5	8.6	8.6	7.6	0.8	2.7	3.7

续表

保证率	莺落峡来水量				正义峡分配水量			
	全年	春灌至夏灌期	夏灌至冬储期	非灌溉引水期	全年	春灌至夏灌期	夏灌至冬储期	非灌溉引水期
$P=90\%$	12.9	2.9	7.6	7.6	6.3	0.8	1.6	3.5
多年平均	15.8	4.3	10.0	10.0	9.5	1.4	4.2	4.0

注：春灌至夏灌期为 3 月 11 日至 6 月 30 日，夏灌至冬储期为 7 月 1 日至 11 月 10 日，非灌溉引水期为 11 月 11 日至次年 3 月 10 日

|第 3 章| 黑河流域生态水文过程机理分析

3.1 水文过程演变规律

3.1.1 黑河上游山区流域径流长期变化趋势分析

径流过程是一个受气候和人类活动等多种因素综合影响的复杂动态过程。探究水文时间序列中蕴藏的规律，有利于掌握水文数据变化规律和趋势，在水资源管理和水文预报方面有重要的现实意义。水文时间序列既呈现一定的趋势性，又存在一定的突变性。趋势是时间序列的一个符号化、抽象化的表示。将时间序列表达成为趋势，可使人们用更直观、易懂的术语来表达时间序列中所包含的关键信息，它反映了时间序列总体的变化规律和发展趋势。水文时间序列的趋势分析已经引起了广泛关注。突变性是由于时间序列受到某种条件变化或受某种因素的影响，数据从一种稳定态（或稳定持续的变化趋势）跳跃式地转变到另一种稳定态（或稳定持续的变化趋势），即从某时间点开始数据规律发生变化，或者出现异常值，这些异常值通常称为变点，对时间序列变点的判断和检验称为变点分析。气候系统变点分析的任务就是检验变点最有可能发生的时间位置和所研究的统计特征值的跨度，即变化幅度。很多研究对变点的数量及可能发生的位置进行了积极的探索，变点分析有助于更好地理解气候变化和人类活动对水文水资源的影响，因此，水文时间序列的变点分析也已经引起了广泛关注。

本研究主要针对黑河上游山区流域径流序列的长期趋势变化和变点进行分析与讨论。

1. 数据资料

黑河上游山区流域有三个水文站，分别是祁连站、扎木什克站和莺落峡站。莺落峡站位于流域出口，是流域控制站。由于祁连站的流量数据序列不完整，质量较差，本研究主要分析扎木什克站（1979~2000 年）和莺落峡站（1978~2000 年）月、季和年平均径流的长期变化情况。站点信息见表 3-1。季度的划分采用 3~5 月为春季、6~8 月为夏季、9~11 月为秋季，12 月至次年 2 月为冬季的划分原则。数据由中国科学院寒区旱区科学数据中心（http：//data. casnw. net/portal/）和"数字黑河"（http：//heihe. westgis. ac. cn/zh-hans/）提供。其中，1988 年和 1989 年两个站点径流数据缺失，采用多年平均值代替。研究区域水文站、气象站和雨量站位置示意图如图 3-1 所示。

图 3-1　研究区域水文站、气象站和雨量站位置示意图

表 3-1　黑河上游山区流域水文站点基本信息

站点名称	高程/m	研究时段
扎木什克站	2810	1979～2000 年
莺落峡站	1700	1978～2000 年

2. 方法选择

（1）趋势分析方法

用于检验时间序列趋势性的方法有很多种，包括参数检验方法，如简单的线性拟合方法、分段线性拟合方法、非线性拟合方法等；还包括非参数检验方法，如 Mann-Kendall（M-K）非参数统计检验法、Spearman's Rho 检验法、Seasonal Kendall 检验法。研究选用 M-K 非参数统计检验法和 Spearman's Rho 检验法分析黑河上游山区流域扎木什克站（1979～2000 年）和莺落峡站（1978～2000 年）的年径流变化趋势。

1）M-K 非参数统计检验法。该检验方法是提取时间序列变化趋势的有效工具，被广泛应用于气候和水文时间序列的趋势分析中。利用下式计算 M-K 非参数统计检验法的统计量 S：

$$S = \sum_{i=1}^{n-1} \sum_{j=i+1}^{n} \mathrm{sgn}(x_j - x_i) \qquad (3\text{-}1)$$

式中，x_j 和 x_i 分别为第 j 年和第 i 年的观测数值，$j>i$；n 为序列的记录长度，$\mathrm{sgn}(x)$ 函数表达式为

$$\mathrm{sgn}(x) = \begin{cases} 1, & x>0 \\ 0, & x=0 \\ -1, & x<0 \end{cases} \qquad (3\text{-}2)$$

随机序列 S_i（$i=1, 2, \cdots, n$）近似服从正态分布。利用式（3-3）计算统计检验值 Z_c：

$$Z_c = \begin{cases} \dfrac{S-1}{\sqrt{\operatorname{var}\,(S)}}, & S>0 \\[3mm] 0, & S=0 \\[3mm] \dfrac{S+1}{\sqrt{\operatorname{var}\,(S)}}, & S<0 \end{cases} \tag{3-3}$$

式中，$\sqrt{\operatorname{var}\,(S)}$ 为 S_i 的标准差。如果 $\mid Z_c \mid > Z_{1-\alpha/2}$，则拒绝零假设（零假设为无变化趋势）；如果 $\mid Z_c \mid \leqslant Z_{1-\alpha/2}$ 则接受零假设。$Z_{1-\alpha/2}$ 从标准正态分布函数中获得，α 为显著性水平，α 取 5% 时，$Z_{1-\alpha/2}$ 为 1.96。用 Kendall 倾斜度 β 表示单调变化趋势的大小，其中：

$$\beta = \operatorname{median}\left(\dfrac{x_i - x_j}{i-j}\right), \quad \forall j<i \ \ (1<j<i<n) \tag{3-4}$$

当 β 值为正时，表示时间序列呈上升趋势；当 β 为负时，表示时间序列呈下降趋势。

2）Spearman's Rho 检验法。Spearman's Rho 检验法是用来检验同一观测序列的两个等级是否存在相关性的一种快速、简单的方式。实际上，Spearman's Rho 检验法与 M-K 非参数统计检验法本质是相同的。在 Spearman's Rho 检验法中，统计量 ρ_s 是相关系数，用式 (3-5) 计算得到：

$$\rho_s = \sum_{i=1}^{n} (x_i - \overline{X})(y_i - \overline{Y}) \Big/ \sqrt{\sum_{i=1}^{n} (x_i - \overline{X})^2 \sum_{i=1}^{n} (y_i - \overline{Y})^2} \tag{3-5}$$

式中，x_i 为时间；y_i 为观测值；当 n（样本大小）>30 时，ρ_s 的分布接近正态分布，这种情况下，通过公式 $Z_c = \rho_s \sqrt{n-1}$ 计算统计量 Z_c。如果 $\mid Z_c \mid > Z_{1-\alpha/2}$，则拒绝零假设（零假设为无变化趋势）。$Z_{1-\alpha/2}$ 从标准正态分布函数中获得，α 为显著性水平。

（2）变点分析方法

气候变点的检测方法有多种，如滑动 T 检验法、Crammer 法、Yamamoto 法、M-K 非参数统计检验法、Pettitt 法、非参数累积和检验法、累积离差检验法、Worsley 似然比检验法等；这些方法以直观、简便而著称，但子序列的选择带有任意性，可能会使计算结果产生漂移。因此要确切地判断某点是否为变点，还需要依赖于多种方法的比较，同时需要指定严格的显著性水平进行检验。研究选取非参数累积和检验法、累积离差检验法、Worsley 似然比检验法联合检测径流序列中的突变现象。

1）非参数累积和检验法。变点将整个时间序列分割为两部分，这两部分的某些统计特征，如均值会有明显的不同。在变点之前（包括变点）的时间序列称为前部分，而在变点之后（不包括变点）的时间序列称为后部分。非参数累积和检验法是一种非参数检验方法，可用来检验一个时间序列的两部分的均值是否存在差异（变点的位置未知）。给定一个时间序列 $(x_1, x_2, \cdots, x_n)$，则检验统计量被定义为

$$V_k = \sum_{i=1}^{k} \operatorname{sgn}(X_i - X_{\mathrm{median}}) \quad k = 1, 2, \cdots, n \tag{3-6}$$

式中，X_{median} 为 X_i 时间序列的中位数。V_k 值为负，表明时间序列后部分的均值比前部分的均值大，反之亦然。

2）累积离差检验法。该方法也是用来检验一个时间序列的两部分的均值是否存在差异（变点的位置未知）。该方法假设时间序列服从正态分布。给定一个时间序列（x_1，x_2，…，x_n），该检验的目的是检查 m 个观测值之后的时间序列的均值是否发生变化：

$$E(x_i) = \mu, \quad i = 1, 2, \cdots, m \tag{3-7}$$

$$E(x_i) = \mu + \Delta, \quad i = m+1, m+2, \cdots, n \tag{3-8}$$

式中，μ 为 m 个观测序列的均值；Δ 为均值的变化量。均值的累积偏差 S_k^* 用式（3-9）计算：

$$S_k^* = \begin{cases} 0, & k = 0 \\ \sum_{i=1}^{k} (X_i - \overline{X}), & k = 1, 2, \cdots, n \end{cases} \tag{3-9}$$

重标度累积偏差 S_k^{**} 用式（3-10）计算：

$$S_k^{**} = S_k^* / D_x \tag{3-10}$$

$$D_x^2 = \sum_{i=1}^{n} \frac{(X_i - \overline{X})^2}{n} \tag{3-11}$$

检验统计量 $Q = \max |S_k^{**}|$，计算每年对应的 Q，Q 最大的年份对应着变点发生的年份。

3）Worsley 似然比检验法。该方法与累积离差检验法类似，统计量 $Z_k^* = [k-(n-k)]^{0.5} S_k^* / D_x$，检验统计量 W 用式（3-12）计算：

$$W = \frac{(n-2)^{0.5} V}{(1-V^2)^{0.5}} \tag{3-12}$$

$$V = \max |Z_k^*| \tag{3-13}$$

W 值为负，表明时间序列后部分的均值比前部分的均值大，反之亦然。

3. 结果分析与讨论

（1）趋势分析结果与讨论

1）趋势分析结果。对扎木什克站（1979～2000 年）和莺落峡站（1978～2000 年）年平均径流量序列、各月及各季度平均径流量序列进行趋势分析，结果见表3-2。

表 3-2　研究区域各水文站径流序列的趋势分析

时间序列	扎木什克站		莺落峡站	
	M-K	Rho	M-K	Rho
1 月	↓ ＊＊	↓ ＊＊	NS	NS
2 月	↓ ＊＊	↓ ＊＊	NS	NS
3 月	↓ ＊	↓ ＊	NS	NS

时间序列	扎木什克站		莺落峡站	
	M-K	Rho	M-K	Rho
4 月	NS	NS	NS	NS
5 月	NS	NS	NS	NS
6 月	NS	NS	NS	NS
7 月	NS	NS	NS	NS
8 月	NS	NS	NS	NS
9 月	NS	NS	NS	NS
10 月	NS	NS	NS	NS
11 月	NS	NS	NS	NS
12 月	↓ ＊＊	↓ ＊＊	NS	NS
春季	NS	NS	NS	NS
夏季	NS	NS	NS	NS
秋季	NS	NS	NS	NS
冬季	↓ ＊＊	↓ ＊＊	NS	NS
年平均	NS	NS	NS	NS

注：M-K 表示 Mann-Kendall 非参数统计检验法，Rho 表示 Spearman's Rho 检验方法（下同）；＊代表显著性水平为 0.05，＊＊代表显著性水平为 0.01（下同）；NS 代表变化不显著

两种统计方法结果均表明，扎木什克站 1 月、2 月、3 月、12 月的月平均径流量序列在 0.01（或 0.05）显著性水平上呈现明显的减少趋势，冬季平均径流量序列在 0.01 显著性水平上呈现明显的减少趋势；而其他月份和季度平均径流量序列变化不显著，年平均径流量序列变化也不显著。进一步考察该站点春、夏、秋季平均径流量情况可以发现（表 3-3），用 M-K 非参数统计检验法检验时，该站点春、夏、秋季平均径流量的 β 值分别为 1.784、13.122 和 1.936，均为正值，反映春、夏、秋季平均径流量均呈增加趋势，但这种趋势并未通过 0.05 显著性水平检验。冬季平均径流量明显减少，而春、夏、秋季平均径流量呈现增加趋势，导致年平均径流量变化呈现增加趋势，但此趋势并不显著。

对于莺落峡站，两种统计方法结果均表明，无论是月、季度还是年平均径流量序列的变化趋势均未通过 0.05 显著性水平检验。考察各季度及年平均径流量序列情况可以发现（表 3-3），用 M-K 非参数统计检验法检验时，除冬季外，其余三个季节年平均径流量的 β 值均为正值，说明莺落峡站春、夏、秋季平均径流量呈现微弱的增加趋势；而

冬季平均径流量的 β 为负值，说明冬季平均径流量呈现微弱的减少趋势，但该站点的季度平均径流量变化无论是增加趋势还是减少趋势都并不显著。该站年平均径流量基本无变化。

表 3-3　研究区域各水文站点径流量序列趋势分析各统计量的计算结果

站点	检验方法	Kendall 倾斜度 β				
		春季	夏季	秋季	冬季	年平均
扎木什克站	M-K	1.784	13.122	1.936	−14.022	0.356
莺落峡站	M-K	17.619	33.320	4.107	−3.786	0.000

2）分析与讨论。气候是径流变化的主要影响因子。从黑河上游山区流域径流补给类型来看，流域径流有降水补给、冰雪融水补给和地下水补给三种类型，因此从水量平衡的角度来讲，区域径流量受降水、蒸发、融冰融雪、土壤含水量等因素的影响。为探讨研究区域径流的变化原因，选择流域内野牛沟、祁连、托勒、张掖四个气象站和野牛沟、扎木什克、祁连、托勒、张掖、莺落峡六个雨量站，针对这些站点的降水、气温等气象因子变化过程分别进行分析。各站点的位置如图 3-1 所示。

（2）降水变化

根据六个雨量站的降水资料，由泰森多边形法计算得到研究区域年平均面降水量。图 3-2 给出了研究区域年平均面降水量变化曲线。可以看出，流域年平均面降水量序列没有明显变化趋势。为消除流量和降水量中变异系数的影响，利用 $(K-1)/C_V$ 对莺落峡站流量和研究区域面降水量进行归一化处理，其中 K 由 $P_i/\overline{P}$ 或 $Q_i/\overline{Q}$ 求得，i 代表不同年份，C_V 代表降水量或流量的变异系数，得到 1978～2000 年研究区域面降水量与莺落峡站径流量归一化曲线（图 3-3）。从图 3-3 可以看出，莺落峡站年平均径流量变化与年平均面降水量变化、夏季和秋季径流量变化与相应季节降水量变化趋势较为接近，尤其是 1989～2000年，两者变化非常接近；丰水阶段与降水量偏多的阶段、枯水阶段与降水量偏少的阶段多数都保持一致。这表明，流域夏季和秋季径流量变化主要由降水量变化引起。而春季和冬季降水量与相应季节的径流量变化，趋势并不一致。采用 M-K 方法对流域春季和冬季降水量序列做进一步分析（表 3-4），结果表明，春季和冬季降水量序列变化趋势没有通过 0.05 显著水平检验（$Z_c<1.96$），但由于两个序列的 Kendall 倾斜度 β 均大于零，说明春季和冬季降水量序列呈微弱的增加趋势。春季降水量增加是春季径流量增加的原因之一，此外，春季径流量还受到很多因素的影响；冬季降水量增加（表 3-4），径流量却表现为减少趋势（表 3-3），可能与冬季降水状态有关。在我国西北地区，冬季降水通常先以积雪形式储存于山间，多降水天气通常气温偏低，因而减缓了冰雪消融，导致了冬季径流量的减少。黑河上游径流量的年内分配受降水条件、河流补给类型及流域自然地理特征的影响；6～9 月是降水量最为集中的季节，冰川融化水也多，是形成径流的高峰期，夏季和秋季降水量与相应季节的径流量关系更密切、更直接；1～2 月为径流量的最枯期，从 3 月

开始，随着气温的升高，冰川融化和河川积雪融化。径流量逐渐增加，至5月出现春汛，春季和冬季径流量受其他因素的影响更为显著，变化更为复杂。

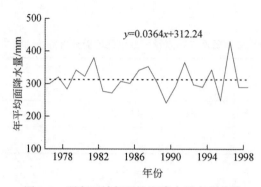

图 3-2　研究区域年平均面降水量变化曲线

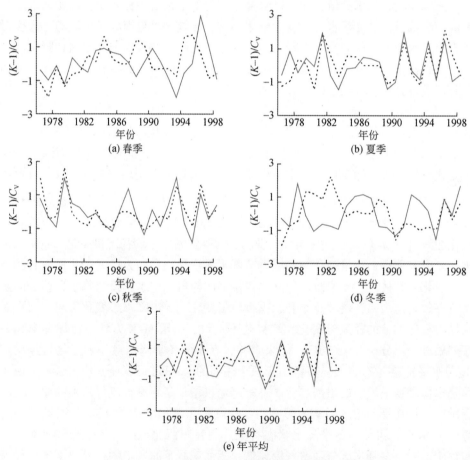

图 3-3　研究区域面降水量与莺落峡站径流量归一化曲线

实线表示降水量，虚线表示径流量

表 3-4 研究区域面降水量趋势分析

M-K 方法	区域面降水量序列		$Z_{1-\alpha/2}$ $(\alpha=0.05)$
	春季	冬季	
检验统计量 Z_c	0.581	0.396	1.96
Kendall 倾斜度 β	0.288	0.033	——

（3）气温变化

在我国西北部内陆河流域，气温对径流的影响主要表现在三方面：一是影响流域总的蒸发量；二是影响冰川和积雪消融；三是改变降水形式，如温度升高可能导致原来降雪变为降雨，因此改变产汇流的条件从而影响径流。对流域内四个气象站的气温进行趋势分析，结果表明（表 3-5），四个站点的夏季、秋季、冬季和年平均气温在 0.01 显著性水平下均呈现显著的上升趋势。张掖站春季气温在 0.01 显著性水平下也呈现显著的上升趋势，其余三个站点的春季气温虽然没有通过 0.05 显著性水平检验，但其 β 值均为正（表 3-6），也表明气温呈现上升趋势。从汇流的角度看，气温的升高，一方面使流域潜在蒸发量增加，可能导致流域实际蒸发量增加，不利于径流的形成，另一方面有利于融冰融雪增加，短期内增加径流量。流域内春季径流量的增加除受降水量增加的影响外，还可能受融雪径流的影响；春季气温升高，导致融冰融雪增加，同时融雪过程提前。因此，径流的变化是对流域气候变化的响应，是流域降水、气温、蒸散发、土壤含水量等诸多要素的综合反映。

表 3-5 研究区域各站点气温序列趋势分析

时间序列	祁连站		托勒站		野牛沟站		张掖站	
	M-K	Rho	M-K	Rho	M-K	Rho	M-K	Rho
春季	NS	NS	NS	NS	NS	NS	↑ ＊＊	↑ ＊＊
夏季	↑ ＊＊	↑ ＊＊	↑ ＊＊	↑ ＊＊	↑ ＊＊	↑ ＊＊	↑ ＊＊	↑ ＊＊
秋季	↑ ＊＊	↑ ＊＊	↑ ＊＊	↑ ＊＊	↑ ＊＊	↑ ＊＊	↑ ＊＊	↑ ＊＊
冬季	↑ ＊＊	↑ ＊＊	↑ ＊＊	↑ ＊＊	↑ ＊＊	↑ ＊＊	↑ ＊＊	↑ ＊＊
年平均	↑ ＊＊	↑ ＊＊	↑ ＊＊	↑ ＊＊	↑ ＊＊	↑ ＊＊	↑ ＊＊	↑ ＊＊

表 3-6　研究区域各站点春季气温序列趋势分析

M-K 方法	站点		
	祁连站	托勒站	野牛沟站
Kendall 倾斜度 β	0.050	0.052	0.038

人类活动虽然也是影响径流量变化的因素之一，但黑河上游山区流域人类活动对水量的需求较少，有研究表明，黑河流域实际用水量约为 314.5 亿 m^3/a，其中上游约为 4 亿 m^3/a，仅占流域总用水量的 1.3%；西北干旱区人类活动主要集中在山前绿洲带，即中游地区，因此，上游山区径流量的变化应该与气候变化的联系更密切，人类活动对上游山区径流量变化的影响较小。

（4）变点分析结果与讨论

1）变点分析结果。对扎木什克站和莺落峡站年平均径流序列、各月及各季度平均径流量序列的变点分析结果见表 3-7。可以看出，对于扎木什克站不同径流量序列，不同方法得到的变点基本一致。在 0.01 显著性水平下，扎木什克站 1979~2000 年 1 月平均径流量在 1991 年出现变点；2 月平均径流量在 1993 年或 1994 年出现变点；3 月平均径流量在 1991 年或 1993 年出现变点；12 月平均径流量在 1990 年出现变点，其他月份径流量在 0.01 显著性水平下不存在变点；冬季径流量序列在 0.05 及以上显著性水平下在 1991 年出现变点，其他季度及年平均径流量在 0.01 显著性水平下不存在变点。

在莺落峡站，不同方法的检验能力稍有差异。采用非参数累积和检验法检验出该站点 4 月径流量在 0.05 显著性水平下出现变点，而另外两种方法没有检验出这一变点；该站点春季径流量序列中，非参数累积和检验法没有检验出变点位置，而采用后两种方法检验得到 1983 年在 0.05 显著性水平下存在变点，该站点的其他径流量序列在 0.05 显著性水平下均没有被检验出变点。

表 3-7　研究区域各站点径流量序列变点分析

时间序列	扎木什克站			莺落峡站		
	CUSUM	CD	WLR	CUSUM	CD	WLR
1 月	1991 年 **	1991 年 **	1991 年 **	NS	NS	NS
2 月	1993 年 *	1993 年 **	1994 年 **	NS	NS	NS
3 月	NS	1991 年 **	1993 年 **	NS	NS	NS
4 月	NS	NS	NS	1992 年 *	NS	NS
5 月	NS	NS	NS	NS	NS	NS

续表

时间序列	扎木什克站			莺落峡站		
	CUSUM	CD	WLR	CUSUM	CD	WLR
6 月	NS	NS	NS	NS	NS	NS
7 月	NS	NS	NS	NS	NS	NS
8 月	NS	NS	NS	NS	NS	NS
9 月	NS	NS	NS	NS	NS	NS
10 月	NS	NS	NS	NS	NS	NS
11 月	NS	NS	NS	NS	NS	NS
12 月	1990 年 **	1990 年 **	1990 年 **	NS	NS	NS
春季	NS	NS	NS	NS	1983 年 *	1983 年 *
夏季	NS	NS	NS	NS	NS	NS
秋季	NS	NS	NS	NS	NS	NS
冬季	1991 年 *	1991 年 **	1991 年 **	NS	NS	NS
年平均	NS	NS	NS	NS	NS	NS

注：CUSUM、CD、WLR 分别表示非参数累积和检验法、累积离差检验法和 Worsley 似然比检验法

2）分析与讨论。黑河上游径流的年内分配受降水条件、河流补给类型及流域自然地理特征的影响，年内分配极不均匀；不同时段的径流变化受不同因素影响的程度也不尽相同。从 3 月开始，随着气温升高，冰川融化量和河川积雪融化量增加，径流量逐渐增加，至 5 月出现春汛，3～5 月径流量占年径流量的 16%，此时段径流量受气温影响较大；6～9 月是降水量最为集中的季节，冰川融水也多，是形成径流的高峰期，径流量占年径流量的 68%，此时段径流量受降水影响最大。10～12 月、1～2 月为径流的最枯期，径流量占年径流量的 16%，此时段的径流既与降水量多寡、降水形态有关，又与气温密切相关，还与流域内冰川面积、雪线高度、土壤含水量、流域植被覆盖情况等流域自然地理特征有关。

对扎木什克站的多个径流量序列进行检验，只有 1 月、2 月、12 月和冬季径流量序列分别在 1991 年、1993 年（1994 年）、1990 年、1991 年存在变点，变点发生后径流量较变点前有所降低。根据流域此时段径流的补给来源，径流与降水、气温及流域自然地理特征等要素都有关。分析周边地区四个雨量站（野牛沟、扎木什克、祁连、托勒）降水量序列，尚未发现 1 月、2 月、3 月、12 月和冬季降水量序列存在变点；分析周边三个气象站（野牛沟、祁连、托勒）气温序列发现，除了祁连站 1979～2000 年 12 月

气温在 0.05 显著性水平下在 1984 年存在变点外,其余站点 1 月、2 月、3 月、12 月及冬季气温虽然存在上升趋势,但没有检测出在某一年发生显著变化。进一步研究三个站点 1979~2000 年 2 月的气温序列,结果发现,野牛沟站和祁连站 1993 年的 2 月气温最高,分别为-9.7℃和-5.9℃,比多年平均气温分别高 3.5℃和 3.33℃;托勒站 1998 年 2 月气温最高(-9.4℃),1993 年 2 月气温次高,达-10℃,比多年平均气温高 3.23℃;即三个气象站点 2 月气温基本在 1993 年出现最高值,较高的气温使当年融雪径流量有所增加,从而导致流域径流总量增加,使变点后径流量较变点前有所降低。而 1 月、3 月、12 月及冬季径流量在 1990 年和 1991 年出现变点,可能是多种因素综合作用的结果。

对莺落峡站的多个径流量序列进行检验发现,采用第一种方法检验出 4 月径流量在 1992 年出现变点,采用另外两种方法检验出春季径流量在 1983 年出现变点。为解释这些变点的可能原因,分析了周边气象站(野牛沟、祁连、托勒)和雨量站(野牛沟、扎木什克、祁连、托勒、莺落峡)的气温和降水量序列。结果发现,5 个雨量站的 1978~2000 年降水量数据在 0.05 显著性水平下均不存在变点。第一种方法检验出野牛沟站和托勒站的春季气温序列在 0.05 显著性水平下在 1990 年存在变点。可以看出,莺落峡站春季径流量序列在 1983 年出现变点也是多种因素综合作用的结果。进一步分析发现,野牛沟站、祁连站、托勒站 1978~2000 年春季平均气温均在 1983 年出现最低值(-3.37℃、-3.6℃、-3.17℃),较多年平均气温分别低 1.39℃、2.5℃、1.77℃。较低的气温导致春季融雪径流量减少,因而可能会导致当年春季径流量总量较低,而变点后春季径流量较变点前有所增加。

4. 小结

本节分析了黑河上游山区流域径流量序列的长期变化趋势和变点特征。研究结果表明,扎木什克站 1 月、2 月、3 月、12 月的月平均径流量序列和冬季平均径流量序列呈现显著的减少趋势,春季、夏季、秋季径流量和年平均径流量有所增加,但增加趋势不显著。莺落峡站春、夏、秋季径流量呈增加趋势;冬季呈减少趋势;年平均径流量基本无变化;莺落峡站各径流量序列的增加或减少趋势都不显著。莺落峡站年平均径流量变化与年平均降水量变化、夏季和秋季径流量变化与相应季节降水量变化趋势较为接近;春季径流量除受到降水因素影响外,还与其他因素(如气温、流域蒸散发、流域自然地理特征等)密切相关。

变点分析结果表明,扎木什克站 1 月平均径流量在 1991 年出现变点,2 月平均径流量在 1993 年或 1994 年出现变点,3 月平均径流量在 1991 年或 1993 年出现变点,12 月平均径流量在 1990 年出现变点,冬季径流量序列在 1991 年出现变点;变点后径流量较变点前有所降低。莺落峡站 4 月径流量在 1992 年可能存在变点,春季径流量序列在 1983 年可能存在变点;变点后春季径流量较变点前有所增加。这些变点的发生可能是多种因素综合作用的结果。

3.1.2 生态调水对中游径流及耗水的影响

黑河支流来水量有限及上游水利工程的建设，导致干、支流之间基本失去了直接的水力联系，黑河干流莺落峡与正义峡之间基本无区间径流输入。而且中游降水量少且集中，盆地内部地势平坦，包气带渗透率高，降水基本上不产生径流。因此，莺落峡水文站和正义峡水文站之间的径流量差可基本反映中游耗水规模的变化。受黑河生态调水的影响，正义峡的径流量发生了明显的变化，中游的耗水也因此受到影响。

本节以 2000 年为分界点，采用 M-K 非参数统计检验法对比黑河生态调水前后 1978 ~ 1999 年和 2000 ~ 2007 年两个时间段中游径流量的变化趋势，然后运用多元回归方法建立调水前径流量与气温、降水量、蒸发量和时间序列之间的相关关系模型，并模拟调水后的径流特征，分析生态调水的实施对中游径流量和耗水量的影响。

1. 基础数据和研究方法

（1）基础数据

考虑到资料的可靠性和完整性，研究采用黑河流域莺落峡站和正义峡站 1978 ~ 2007 年逐日径流数据及流域中游 5 个气象站（山丹、民乐、张掖、临泽、高台）1978 ~ 2007 年的逐日气温、降水和蒸发数据。对个别缺乏数据的年份，采用邻近站点空间内插法补齐。

（2）研究方法

1）M-K 非参数统计检验法。该检验方法是一种基于秩的非参数统计检验方法，对样本的分布没有特殊的要求，也不受少数异常值的干扰，而且计算比较简便。具体相关公式详见式（3-1）~ 式（3-4）。

2）多元线性逐步回归方法。多元线性回归模型基于最小二乘法原理在古典统计假设下进行最优无偏估计，通过建立多个自变量的最佳组合模型来预测因变量。模型的一般形式为

$$Y = \beta_0 + \beta_1 x_1 + \beta_2 x_2 + \cdots + \beta_m x_m + \varepsilon \tag{3-14}$$

式中，β_0 表示常数项，即截距；β_1，β_2，$\cdots$，β_m 表示偏回归系数；ε 表示去除各自变量对因变量的影响后的随机误差，又称残差。

当自变量较多时，有些因素可能对因变量的影响不大，而且各自变量之间可能存在共线性，而不是完全相互独立的。因此，可以用逐步回归分析对各因子进行筛选，建立更合理的多元回归模型。

逐步回归分析首先建立因变量 y 与自变量 x 间的总回归方程，然后对总方程及各自变量进行假设检验。若总方程不显著，则该方程线性关系不成立；若某一自变量对 y 影响不显著，将其剔除，建立不含该因子的回归方程。筛选出影响显著的因子作为自变量，最终建立"最优"回归方程。

回归效果检验通常包括方程的拟合度检验、方程的显著性检验和回归系数的显著性检验。拟合度检验用确定性系数 R^2 来判断，R^2 值越接近 1，表明回归方程的拟合度越高；方程的显著性和回归系数的显著性都是通过比较给定的显著性水平 α 值与样本统计

量的相伴概率 ρ 值的大小来检验。当 $\rho \geqslant \alpha$ 时，表明在这一显著性水平上，方程的回归系数无统计意义；当 $\rho < \alpha$ 时，则表明在这一显著性水平上，方程的回归系数具有统计意义。

2. 生态调水对径流量的影响

（1）对年径流量变化的影响

正义峡站 1978～2007 年径流量序列如图 3-4 所示。从图中可以看出，正义峡站多年平均径流量为 9.47 亿 m^3；最大值出现在 1989 年，径流量为 15.73 亿 m^3；最小值出现在 1997 年，径流量为 5.13 亿 m^3。

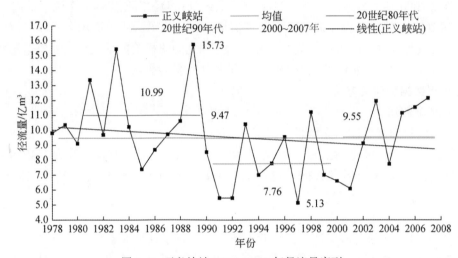

图 3-4　正义峡站 1978～2007 年径流量序列

调水前后正义峡站年径流量的 M-K 统计量见表 3-8。实施生态调水前的 1978～1999 年正义峡站径流量以 0.153 亿 m^3/a 的速度减少，且减小趋势通过 0.1 显著性水平检验；实施生态调水后正义峡站径流量呈显著的增加趋势，2000～2007 年以 0.736 亿 m^3/a 的速度增加。从图 3-4 中也可以看出，近 30 年来正义峡站径流量整体呈下降趋势，平均径流量从 20 世纪 80 年代的 10.99 亿 m^3 减少到 90 年代的 7.76 亿 m^3。黑河实施生态调水后正义峡站的下泄径流量有所回升，2000～2007 年的平均径流量增加到 9.55 亿 m^3。

表 3-8　正义峡站年径流量变化的 M-K 统计量

项目	1978～1999 年	2000～2007 年
Z_c (S)	-1.69	18
α	0.1	0.05
$\beta/(亿\ m^3/a)$	-0.153	0.736

（2）对月径流量变化的影响

黑河干流出山后进入中游走廊平原，受人类活动的强烈影响，径流量年内分配发生明显变化（图 3-5）。4~6 月中游地区进入春灌高峰，而且处于枯水期，下泄水量少，甚至出现断流，使正义峡站径流量处于年内最低值，平均径流量为 0.23 亿 m³；7~9 月进入夏汛期，9 月灌溉回归水及地下水的大量溢出，形成年内径流高峰，径流量为 1.27 亿 m³；10 月随冬灌和流域内降水量减少，径流量再度减少，至 11 月达到最低值（0.41 亿 m³）；12 月至次年 3 月是非农业用水季节，中游用水量较少，地下水（泉）补给稳定，径流量较平稳，多年平均值保持在 0.95 亿~1.1 亿 m³。

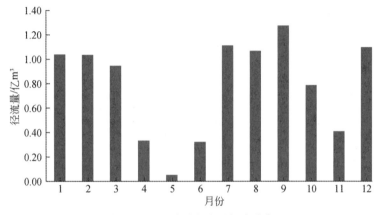

图 3-5 正义峡站径流量年内分布

表 3-9 为生态调水前后黑河中游月径流量变化的 M-K 统计量。黑河中游实施生态调水前的 1978~1999 年，除了 5 月和 8 月，其他月份径流量序列 Z_c 均为负值，说明径流量整体呈减少趋势；减少趋势通过显著性检验的月份有 2 月、3 月、4 月、10 月、11 月和 12 月，其中 10 月的 M-K 倾斜度最大，径流量以 0.029 亿 m³/a 的速度减少。2000~2007 年，除了 2 月、6 月和 11 月，其他月份的径流量均呈增加趋势，其中通过显著性检验的月份有 4 月、5 月和 10 月，径流量分别以 0.119 亿 m³/a、0.069 亿 m³/a 和 0.198 亿 m³/a 的速度增加，表明生态调水实施后中游径流量整体呈增加趋势，但是生态调水对年内各月份径流量的影响不同。这主要是因为黑河生态调水采取"全线闭口，集中下泄"的措施，调水时机是在确保年度水量调度目标的前提下，综合考虑中游灌溉用水和下游生态用水需求过程的要求确定的。

表 3-9 正义峡站月径流量变化的 M-K 统计量

月份	1978~1999 年			2000~2007 年		
	Z_c	α	$\beta/$（亿 m³/a）	S	α	$\beta/$（亿 m³/a）
1	−1.35	—	−0.006	12	—	0.039
2	−1.80	0.1	−0.009	−4	—	−0.010

月份	1978～1999 年			2000～2007 年		
	Z_c	α	$\beta/(亿\ m^3/a)$	S	α	$\beta/(亿\ m^3/a)$
3	-3.10	0.01	-0.017	4	—	0.002
4	-3.67	0.001	-0.015	26	0.001	0.119
5	0.17	—	0.000	24	0.01	0.069
6	-1.38	—	-0.008	-4	—	-0.030
7	-0.03	—	-0.001	10	—	0.279
8	0.45	—	0.010	8	—	0.117
9	-1.18	—	-0.034	14	—	0.158
10	-3.38	0.001	-0.029	20	0.05	0.198
11	-3.21	0.01	-0.020	-6	—	-0.013
12	-1.86	0.1	-0.007	4	—	0.026

（3）对季节径流量变化的影响

分析 1978～1999 年和 2000～2007 年两个时段，黑河中游正义峡站春季（3～5 月）、夏季（6～8 月）、秋季（9～11 月）和冬季（12 月至次年 2 月）四个季节及汛期（6～10 月）和非汛期（11 月至次年 5 月）两个时期的径流量变化特征。从表 3-10 中可以看出，实施生态调水前，黑河中游径流量大小的季节排序为：冬季>夏季>秋季>春季，其中冬季径流量占全年的 34.7%；非汛期径流量占全年的比例大于汛期，分别为 54.4% 和 45.6%。实施生态调水后，黑河中游径流量大小的季节排序为：秋季>冬季>夏季>春季，秋季径流量占全年的比例从 23.9% 增加到 32.0%，其他季节径流量的比例均减少；汛期径流量占全年的比例从 45.6% 增加到 55.1%，而非汛期径流量占全年的比例从 54.4% 减少到 44.9%。

调水前后正义峡站季节径流量变化的 M-K 统计量见表 3-10。实施生态调水前，1978～1999 年，除夏季径流量不存在明显的变化趋势外，其他季节的径流量都显著减少，M-K 倾斜度分别为 -0.034 亿 m^3/a、-0.089 亿 m^3/a 和 -0.023 亿 m^3/a；汛期和非汛期径流量均表现出减少趋势，但是汛期减少趋势不显著，非汛期减少趋势通过 0.001 显著性水平检验，M-K 倾斜度为 -0.071 亿 m^3/a。生态调水实施后，四个季节的径流量均呈增加趋势，但仅春季的增加趋势通过 0.001 显著性水平检验，径流量以 0.175 亿 m^3/a 的速度增加；汛期和非汛期径流量均表现出显著的增加趋势，M-K 倾斜度分别为 0.577 亿 m^3/a 和 0.247 亿 m^3/a。

表 3-10 正义峡站季节径流量变化的 M-K 统计量

时期	1978～1999 年				2000～2007 年			
	比例/%	Z_c	α	β/(亿 m³/a)	比例/%	S	α	β/(亿 m³/a)
春季	14.2	-3.61	0.001	-0.034	13.6	26	0.001	0.175
夏季	27.2	0.00	—	0.003	24.3	6	—	0.254
秋季	23.9	-2.31	0.05	-0.089	32.0	12	—	0.320
冬季	34.7	-2.20	0.05	-0.023	30.1	8	—	0.048
汛期	45.6	-0.96	—	-0.094	55.1	16	0.1	0.577
非汛期	54.4	-3.67	0.001	-0.071	44.9	18	0.05	0.247

3. 径流量模拟及耗水分析

（1）多元线性回归模型的建立

由于黑河中游干、支流之间已基本失去水力联系，黑河干流中游的径流主要来源于上游莺落峡站的出山水量。中游的降水虽然几乎不产流，但可以通过改变耗水量来影响正义峡站的下泄径流量。因此，多元线性回归模型综合考虑莺落峡站年径流量 X、中游年降水量 P、中游年平均气温 T_a、中游年蒸发量 E 和时间变量 t 对正义峡站年径流量 Y 的作用。其中，中游年降水量、年平均气温和年蒸发量均由山丹、民乐、张掖、临泽和高台五个气象站平均所得。多元线性回归模型的表达式如下：

$$Y_i = \beta_0 + \beta_1 X_i + \beta_2 P_i + \beta_3 T_i + \beta_4 E_i + \beta_5 S_i + \varepsilon \tag{3-15}$$

式中，β_0 为常数项，β_1、β_2、β_3、β_4 和 β_5 为偏回归系数；Y_i 为第 i 年正义峡站年径流量（亿 m³）；X_i 为第 i 年莺落峡站年径流量（亿 m³）；P_i 为第 i 年中游年降水量（mm）；T_i 为第 i 年中游年平均气温（建议用 T_a 表示）（℃）；E_i 为第 i 年中游年蒸发量（mm）；S_i 为第 i 年（建议用 t 表示）；ε 为模型中选定的 5 个自变量外其他因素对因变量的影响，又称残差。

模型选取的时间序列为未受黑河生态调水影响的 1978～1999 年，数据序列见表 3-11。利用 SPSS 统计软件的线性回归工具建立多元线性回归方程，变量进入回归方程的方法选择逐步进入法。设定变量选入准则为：F-to-enter 的概率 ≤0.05，F-to-remove 的概率 ≥0.1。首先根据方差分析结果选择符合判据且对因变量贡献最大的自变量进入回归方程。根据向前选择法则移入自变量；根据向后剔除法，将模型中符合剔除判据的变量剔除模型，重复操作直到回归方程中的自变量均符合变量选入准则，模型外的自变量均不符合进入模型的判据为止。

表 3-11 多元线性回归模型数据序列

年份	年份编号 S	正义峡站年径流量 $Y/亿\ m^3$	莺落峡站年径流量 $X/亿\ m^3$	中游年降水量 P/mm	中游年平均气温 $T/℃$	中游年蒸发量 E/mm
1978	1	14.89	9.81	140.8	6.8	2087.9
1979	2	12.84	10.36	229.3	6.2	1787.7
1980	3	15.92	9.11	158.1	6.4	1942.9
1981	4	18.29	13.36	169.1	6.1	2020.7
1982	5	12.82	9.69	176.4	6.7	1947.1
1983	6	18.49	15.43	236.7	6.0	1712.1
1984	7	16.26	10.22	124.1	5.6	1870.7
1985	8	14.66	7.39	116.0	6.2	2006.1
1986	9	16.22	8.69	147.7	6.3	2076.2
1987	10	15.79	9.71	193.3	7.0	1974.5
1988	11	17.30	10.60	225.4	6.5	1762.2
1989	12	23.11	15.73	172.5	6.7	1884.7
1990	13	15.84	8.54	191.0	7.1	1954.0
1991	14	12.75	5.46	139.3	6.9	1954.6
1992	15	13.19	5.47	189.1	6.6	1872.2
1993	16	18.03	10.40	228.5	6.3	1684.3
1994	17	14.05	7.01	167.9	7.3	1926.4
1995	18	14.80	7.78	191.4	6.5	1868.3
1996	19	18.10	9.54	187.0	6.5	1855.9
1997	20	13.84	5.13	118.7	7.5	2069.1
1998	21	21.58	11.21	219.8	8.0	1878.0
1999	22	16.22	7.02	142.1	7.9	2053.2

从表 3-12 中可以看出，符合变量选入准则的变量有莺落峡站年径流量 X、时间变量 S 和中游年降水量 P，没有移去的变量。从表 3-13 中可以看出，模型 3 的复相关系数 R、确

定性系数 R^2、调整后的 R^2 均比模型 1 和模型 2 大,而随机误差的估计值比模型 1 和模型 2 小,表明模型 3 拟合效果最好。模型 3 包含的预测变量包括常数 β_0、莺落峡站年径流量 X、时间变量 S 和中游年降水量 P,说明正义峡站年径流量与莺落峡站年径流量、中游年降水量及时间变量存在显著的线性相关关系,而与中游年平均气温和中游年蒸发量的关系不明显。因此,最终建立的正义峡站年径流量的多元线性回归模型为

$$Y = -0.3968 + 0.794X + 0.0196P - 0.235S \tag{3-16}$$

表 3-12   输入/移去的变量

模型	输入的变量	移去的变量	方法
1	X		
2	S		逐步进入法
3	P		

(2)模型模拟效果检验

1)模型的拟合度检验。从表 3-13 中可以看出,模型 3 中正义峡站年径流量和莺落峡站年径流量、中游年降水量及时间变量之间的相关系数为 0.951,拟合线性回归的确定性系数为 0.904,表明所建立的模型具有良好的拟合优度。

表 3-13   模型汇总

模型	R	R^2	调整后的 R^2	随机误差的估计值
1	0.747	0.558	0.536	1.928
2	0.921	0.849	0.833	1.157
3	0.951	0.904	0.888	0.948

注:模型 1 的预测变量为 β_0、X;模型 2 的预测变量为 β_0、X、S;模型 3 的预测变量为 β_0、X、S、P

图 3-6 为 1978～1999 年正义峡站实际年径流量和模拟年径流量的对比图,从图中可以看出,模型对年径流量的模拟精度较高。除 1980 年和 1992 年模拟的相对误差较大,分别为 20.5% 和 20.2% 外,其他年份的相对误差都控制在 10% 以内,模拟的合格率达到 90.9%。

2)模型的显著性检验。从表 3-14 可知,所建立的多元线性回归模型的回归平方和为 152.112,残差平方和为 16.183,总平方和为 168.295,回归平方和占总平方和的比例为 90.4%,即莺落峡站年径流量、中游年降水量及时间变量对正义峡站年径流量变化的解释程度达到 90.4%。F 统计量的值为 56.397,相伴概率 $p = 0.000 < 0.001$(显著度),说明模型回归效果非常显著。

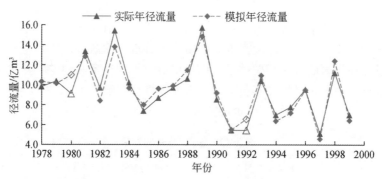

图 3-6　正义峡站实际年径流量与模拟年径流量对比图

表 3-14　模型方差分析

项目	平方和	df	F	p
回归平方和	152. 112	3	56. 397	0. 000
残差平方和	16. 183	18		
总平方和	168. 295	21		

3) 回归系数的显著性检验。从表 3-15 可知，因变量 Y 对 3 个自变量 X、S 和 P 的非标准化回归系数分别为 0. 794、-0. 235 和 0. 019，表明正义峡站年径流量与莺落峡站年径流量和中游年降水量呈正相关，与时间序列呈负相关，即随着时间的推移正义峡站年径流量呈减小趋势。3 个自变量都通过了 0. 005 显著性水平检验（t 检验），说明回归系数具有统计学意义，自变量对因变量均有显著影响。

表 3-15　方程回归系数

自变量	非标准化回归系数	t	p
β_0	-3. 968	-2. 829	0. 011
X	0. 794	9. 735	0. 000
S	-0. 235	-7. 263	0. 000
P	0. 019	3. 206	0. 005

4. 正义峡站径流模拟及中游耗水分析

利用建立的多元线性回归模型模拟不考虑生态调水情况下中游正义峡站的下泄径流量，并对比分析中游实际耗水量和模拟耗水量（表 3-16）。从表 3-16 可以看出，实施生态调水的 2000 ~ 2007 年，黑河上游莺落峡站累计年径流量为 135. 21 亿 m³，中游正义峡站累计年径流量为 76. 39 亿 m³。如果不考虑生态调水，正义峡站累计年径流量为 55. 11 亿 m³，表明实施生态调水的 7 年间，正义峡站向下游累计增泄径流量为 21.28 亿 m³，即中游耗水量累计减少了 21.28 亿 m³，年均减少 3.04 亿 m³，占年均实际耗水量的 41.4%。生态调水的实施对中游耗水量的制约作用加大了中游的缺水压力，会对中游的土地利用格局产生影响，给中游绿洲农业发展和生态环境保护带来严峻考验。

表 3-16   2000～2007 年中游实际和模拟的下泄水量及耗水量对比 (单位：亿 m³)

年份	实测莺落峡站年径流量	实测正义峡站年径流量	模拟正义峡站年径流量	中游实际耗水量	中游模拟耗水量
2000	14.63	6.60	5.77	8.02	8.85
2001	13.05	6.09	3.71	6.95	9.34
2002	16.18	9.12	6.80	7.06	9.38
2003	19.01	11.97	9.02	7.04	9.99
2004	15.10	7.74	4.31	7.36	10.79
2005	18.18	11.16	7.95	7.02	10.23
2006	18.14	11.55	6.85	6.59	11.29
2007	20.92	12.16	10.70	8.76	10.22
合计	135.21	76.39	55.11	58.80	80.09
均值	16.90	9.55	6.89	7.35	10.01

5. 小结

本节以黑河实施生态调水的 2000 年为界，将 1978～2007 年正义峡站的径流数据分为 1978～1999 年和 2000～2007 年两个径流序列，采用 M-K 非参数统计检验法分析生态调水前后黑河中游正义峡水文站年径流量、月径流量和季节径流量的变化特征，揭示生态调水对中游径流量的影响，然后基于 1978～1999 年的水文气象数据建立正义峡站年径流量与莺落峡站年径流量、中游年降水量及时间序列的多元线性回归模型，并模拟 2000～2007 年正义峡站的径流量，分析生态调水对中游耗水的影响，得到以下结论。

1）黑河生态调水政策的实施使中游正义峡站的径流量从减少趋势转变为增加趋势，但是受调水措施和调水时机的影响，正义峡站月径流量和季节径流量对生态调水的响应程度不同。

2）建立的正义峡站年径流量与莺落峡站年径流量、中游年降水量和时间序列间的多元线性回归模型为：$Y = -0.3968 + 0.794X + 0.0196P - 0.235S$，模型的确定性系数为 0.904，模拟的合格率达到 90.9%，能够较好地应用于不考虑调水影响下中游的径流模拟。

3）2000～2007 年，正义峡站向下游累计增泄径流量为 21.28 亿 m³，即中游耗水量累计减少了 21.28 亿 m³，年均减少 3.04 亿 m³，占年均实际耗水量的 41.4%。

3.1.3 黑河上中游基流分割及变化趋势分析

1. 研究方法

（1）基流分割方法

数值模拟法是目前基流分割方法中最为常用的方法，该方法根据原理的不同可分为数字滤波法、滑动最小值法和时间步长法三类。

1）数字滤波法。数字滤波法来源于数字信号分析，该方法可基于长序列的径流资料分割基流，具有很好的可重复操作性和合理性，研究所应用的方法是当前得到广泛使用的几种方法。

方法1（F1）：于1990年首次被应用于基流分割研究，其公式为

$$Q_{\mathrm{d}t} = F_1 Q_{\mathrm{d}(t-1)} + \frac{1+F_1}{2}（Q_t - Q_{t-1}）\tag{3-17}$$

$$Q_{\mathrm{b}t} = Q_t - Q_{\mathrm{d}t}\tag{3-18}$$

式中，$Q_{\mathrm{d}t}$ 为第 t 时刻的地表径流量（m^3/s）；$Q_{\mathrm{d}(t-1)}$ 为第 $t-1$ 时刻的地表径流量（m^3/s）；Q_t 为第 t 时刻的流量（m^3/s）；Q_{t-1} 为第 $t-1$ 时刻的流量（m^3/s）；$Q_{\mathrm{b}t}$ 为第 t 时刻的基流量（m^3/s）；F_1 为滤波参数，一般取 0.925。

方法2（F2）：方法1（F1）被改进后获得方法2（F2），改进后的公式为

$$Q_{\mathrm{d}t} = \frac{3F_1-1}{3-F_1} Q_{\mathrm{d}(t-1)} + \frac{2}{3-F_1}（Q_t - F_1 Q_{t-1}）\tag{3-19}$$

$$Q_{\mathrm{b}t} = Q_t - Q_{\mathrm{d}t}\tag{3-20}$$

式中参数含义同式（3-17）和式（3-18）。

方法3（F3）：公式为

$$Q_{\mathrm{b}t} = \frac{f_1}{2-f_1} Q_{\mathrm{b}(t-1)} + \frac{1-f_1}{2-f_1} Q_t\tag{3-21}$$

式中，f_1 为退水参数，一般取 0.95，经过前人大量试验证明，取值在 0.9~0.95 时得到的基流过程比较接近实际，通常取 0.9、0.925、0.95 来分割基流，比较三组结果，最后确定适宜参数。其他参数含义同上。

方法4（F4）：公式为

$$Q_{\mathrm{b}t} = \frac{f_1}{1+f_2} Q_{\mathrm{b}(t-1)} + \frac{f_2}{1+f_2} Q_t\tag{3-22}$$

式中，f_1 为退水参数，一般取 0.95；f_2 为固定参数，一般取 0.15；其他参数含义同上。

2）滑动最小值法。滑动最小值法最早由英国国家生态与水文中心（UK Centre for Ecology and Hydrology）提出。该方法首先将 N 天作为一个研究区间，因而一年可被分割为 $365/N$ 个研究区间；其次获取每个研究区间内的流量最小值；最后通过各研究区间的流量最小值进行比较，确定径流拐点，将一年内的所有拐点连接，就可以得到基流过程线。

3）时间步长法。时间步长法是美国地质调查局（United States Geological Survey,
USGS）推广使用的基流分割方法。该类方法根据原理上的差异又可分为三种方法，分别
为固定步长法（H1）、滑动步长法（H2）和局部最小值法（H3）。

虽然在原理上有所差别，但这三种方法均认为，河川径流的退水时段数符合经验
公式：

$$T = (2.59A)^{0.2} \tag{3-23}$$

式中，T 为径流终止后的退水时段数（d）；A 为流域面积（km²）。

（2）趋势分析方法

M-K 非参数统计检验法由 Mann 和 Kendall 开发，主要用于检验线性及非线性数据序
列的趋势。M-K 非参数统计检验法已被广泛应用于水文、气象数据序列的趋势检验，如气
温、径流、降水、潜在蒸散发量等。M-K 非参数统计检验 S 统计量及检验值 Z_c 计算公式
详见式（3-1）～式（3-3）。

2. 结果与讨论

（1）不同分割方法下的基流量变化特征分析

研究对黑河上游出山口莺落峡站 1954～2010 年的径流深进行了基流分割，结果如下。
由图 3-7 可知，各方法分割所得基流深年内整体变化趋势相似。在冬季（12 月至次年 2
月），基流深与月径流深相差无几，主要原因是冬季气温较低、河道封冻且降水量相对较
少，地表径流补给量主要来自地下水；随着春季（3～5 月）气温的回升，冰川积雪开始
融化并下渗补给地下水，径流量和基流量都逐渐增加，且径流的增量显著大于基流；至夏
秋两季（6～11 月），气温升高且降水量增多，经过雨季降水和冰雪融水的集中补给，基
流量在此阶段达到峰值，河道流量也相应地进入丰水期。

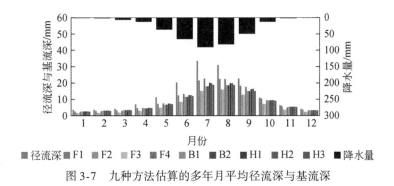

图 3-7　九种方法估算的多年月平均径流深与基流深

此种变化规律恰好反映了莺落峡站控制的黑河上游流域属于典型的寒旱地区，基流深
除了受到降雨入渗的影响外，还受到融雪水量、冻土层水分相态变化的影响。

为了进一步探究三类九种方法分割基流的特点，研究以莺落峡站平水年 1980 年 6～
8 月单峰形流量序列为典型时段，绘制九种方法与直线斜割法分割获得的基流对比图
（图 3-8）。

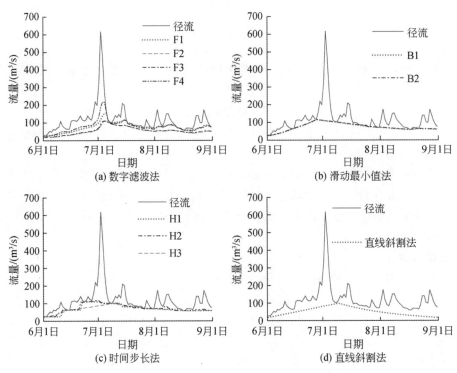

图 3-8　1980 年 10 种基流分割方法流量过程线对比

由图 3-8 可知，除了滑动最小值法（B1、B2）分割所得基流过程线较多部分重合外，其他方法分割结果相差较大。基流受包气带的调蓄作用，过程变化相对于径流过程应较为缓和，并且显现出退水过程滞后的现象，但数字滤波法（F1、F2、F3、F4）得到的基流过程线在汛期起伏较大，且均表现出与径流过程线同涨同落的现象，这显然不符合实际退水过程；滑动最小值法（B1、B2）分割的基流过程线虽为光滑曲线，但峰值所在位置也明显不符合实际退水过程；时间步长法（H1、H2）分割的基流过程线有较多的明显拐点，不符合流域下垫面对降水汇流应有的迟滞效应，H3 所得的基流过程线较为符合流域汇流规律。

（2）不同分割方法下的基流指数分析

基流指数（base flow index，BFI）是指研究时段内基流量与总流量的比值，其计算公式为

$$BFI = \frac{\int_{t_1}^{t_2} Q_{Base}(t)\,dt}{\int_{t_1}^{t_2} Q_{Total}(t)\,dt} \tag{3-24}$$

基流指数可以反映时段内河川基流量的大小，也是地表径流向地下径流转换的体现，同时受地表径流量和基流量的影响，数值越大则表明该时间段内的基流量也相对越大。计算所得结果见表 3-17。

表 3-17　九种基流分割方法所得基流指数的时间变化特征

时期	平均径流深 /mm	数字滤波法				滑动最小值法		时间步长法		
		F1	F2	F3	F4	B1	B2	H1	H2	H3
1954~1959 年	166.66	0.737	0.495	0.501	0.723	0.657	0.653	0.691	0.691	0.678
1960~1969 年	147.06	0.736	0.495	0.501	0.723	0.651	0.655	0.686	0.688	0.664
1970~1979 年	139.38	0.731	0.494	0.500	0.723	0.636	0.647	0.692	0.684	0.648
1980~1989 年	167.60	0.741	0.496	0.501	0.723	0.666	0.669	0.695	0.698	0.669
1990~1999 年	164.91	0.738	0.496	0.502	0.725	0.665	0.662	0.695	0.693	0.673
2000~2010 年	177.78	0.719	0.480	0.487	0.715	0.623	0.625	0.683	0.682	0.641
1954~2010 年	160.57	0.734	0.493	0.499	0.722	0.650	0.652	0.690	0.689	0.662

由表 3-17 可知，F1 和 F4 基流指数偏大，多年平均基流指数分别为 0.734 和 0.722；F2 和 F3 基流指数偏小，多年平均基流指数分别为 0.493 和 0.499。其余的 B1、B2、H1、H2、H3 五种方法所得基流指数居中且较为接近，介于 0.650~0.690（图 3-9）。但 B1、B2、H3 所得的多年平均基流指数与 Qin 和 Luo（2006）通过同位素法验证的结果更为相近（多年平均河川径流深为 162 mm，多年平均基流深为 104 mm，多年平均基流指数为 0.642）。

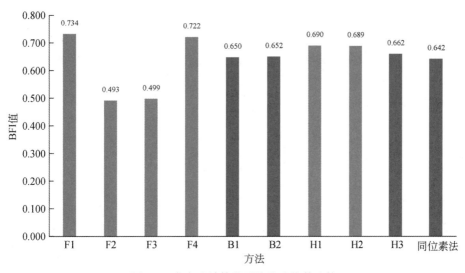

图 3-9　各方法计算的平均基流指数比较

为分析本研究中所采用的各基流分割方法的鲁棒性，本研究统计了各方法的统计指标（表3-18）。其中，不稳定系数为年最大基流量与年最小基流量的比值，数值越大则表示分割得到的基流序列越不稳定；标准偏差能够表征数据与序列均值的偏差程度，其值越大表示偏差越大；变异系数（C_V）可以用来表征随机变量对其均值的相对离散程度，系数越大越离散，基流序列越不稳定。

表 3-18　各方法的统计值

统计特征	数字滤波法				滑动最小值法		时间步长法		
	F1	F2	F3	F4	B1	B2	H1	H2	H3
最小基流量	0.663	0.456	0.461	0.693	0.475	0.485	0.628	0.619	0.552
最大基流量	0.786	0.497	0.505	0.743	0.738	0.754	0.758	0.748	0.750
不稳定系数	1.186	1.090	1.095	1.072	1.554	1.555	1.207	1.208	1.359
均值	0.733	0.492	0.498	0.721	0.648	0.651	0.690	0.689	0.660
标准偏差	0.027	0.009	0.010	0.013	0.056	0.056	0.032	0.032	0.049
变异系数	0.037	0.019	0.019	0.017	0.086	0.086	0.047	0.046	0.074

由表3-18可知，不稳定系数由大到小为滑动最小值法（约为1.5）>时间步长法（约为1.3）>数字滤波法（约为1.0），其中最大为B1，最小为F2。滑动最小值法和时间步长法分割得到的基流指数极值比偏大，反映出这两类方法对地表径流变化的敏感性不强，符合黑河上游流域年内降水集中的产流特点。

标准偏差由大到小为滑动最小值法（0.056）>时间步长法（0.032～0.049）>数字滤波法（0.009～0.027），其结果与各方法对基流分割原理的差异有关，滑动最小值法和时间步长法的分割原理都是寻找一段时间内的最少径流量来分割径流，在降水量变化剧烈的时段，划入基流的径流量较少，得到的基流指数较小，产生的偏差相对较大。但总体而言，三种方法计算结果偏离平均水平程度均不大。

（3）水文要素趋势分析分析结果

图3-10给出了黑河流域上游出口站莺落峡站和中游出口站正义峡站1979～2010年的年径流深、年基流深，黑河流域上中游的年降水量及PET。通过M-K非参数统计检验可知，1979～2010年，莺落峡站和正义峡站的年径流深和年基流深均呈现不显著的增加趋势（Z_c值低于1.96），黑河流域上中游地区年降水量亦呈现不显著的增加趋势，而PET则呈现显著的增加趋势（表3-19）。

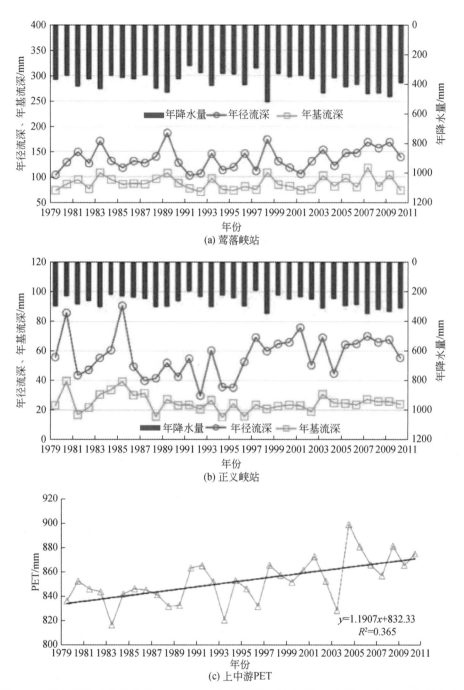

图 3-10 黑河流域上中游地区 1979～2010 年径流深、年基流深、年降水量、PET 年际变化

表 3-19 各变量 M-K 趋势检验结果

变量	莺落峡站 年径流深	莺落峡站 年基流深	正义峡站 年径流深	正义峡站 年基流深	上游年 降水量	中游年 降水量	上中游 PET
Z_c	0.064	1.560	1.721	0.320	1.424	1.946	3.499

3.2 植被对水文气象要素的响应规律

3.2.1 研究方法

1. 累积相对湿润度指数

相对湿润度指数是对研究时段内降水量和蒸发量之间的收支关系进行表达的指标，其计算公式如下：

$$M = \frac{P - PET}{PET} \tag{3-25}$$

式中，P 为某时段降水量（mm）；PET 为潜在蒸发蒸腾量（mm），利用 Shuttleworth-Wallace（S-W）模型估算获得。其计算公式详见 5.1.1 节（Stannard，1993）。

本研究利用累积相对湿润度指数表征研究时段的前期情况对研究时段的影响，对植被生长发育时段（4～10 月）的累积相对湿润度进行计算，公式为

$$M_a = kM_0 + (1 - k) \left[\sum_{i=1}^{n} \left(\frac{n + 1 - i}{\sum\limits_{i=1}^{n} i} M_i \right) \right] \tag{3-26}$$

式中，各变量含义请参考赵捷等（2015）的研究。其中，k 是经验性的权重系数，其取值见表 3-20。

表 3-20 权重系数 k 取值

月平均气温 $T/ ℃$	权重系数 k
$T \geqslant 25$	0.7
$25 > T \geqslant 20$	0.6
$20 > T \geqslant 15$	0.5
$15 > T \geqslant 10$	0.4
$T < 10$	0.3

2. 皮尔逊相关及线性回归分析

本研究基于皮尔逊相关分析法，对研究时段内的 LAI 月值和累积相对湿润度指数的确定性关系进行探究，在此基础上得到回归模型，并利用观测数据对回归模型进行验证。本研究开展线性回归研究时，通过引入 6 个虚拟变量，对 LAI 月值对各阶段的累积相对湿润度指数不同的响应特性进行描述，含有虚拟变量的回归方程如下：

$$Y = \beta_0 + \beta_1 X + \beta_2 D_1 + \beta_3 D_2 + \beta_4 D_3 + \beta_5 D_4 + \beta_6 D_5 + \beta_7 D_6 + \beta_8 D_1 X \tag{3-27}$$
$$+ \beta_9 D_2 X + \beta_{10} D_3 X + \beta_{11} D_4 X + \beta_{12} D_5 X + \beta_{13} D_6 X + \varepsilon$$

式中，Y 为 LAI；X 为累积相对湿润度指数；$D_1 \sim D_6$ 为虚拟变量（表 3-21）；$\beta_0 \sim \beta_{13}$ 为回归系数；ε 为随机误差。

$$Y = \begin{cases} \beta_0 + \beta_1 X & 4\ \text{月} \\ \beta_0 + \beta_2 + (\beta_1 + \beta_8) X & 5\ \text{月} \\ \beta_0 + \beta_3 + (\beta_1 + \beta_9) X & 6\ \text{月} \\ \beta_0 + \beta_4 + (\beta_1 + \beta_{10}) X & 7\ \text{月} \\ \beta_0 + \beta_5 + (\beta_1 + \beta_{11}) X & 8\ \text{月} \\ \beta_0 + \beta_6 + (\beta_1 + \beta_{12}) X & 9\ \text{月} \\ \beta_0 + \beta_7 + (\beta_1 + \beta_{13}) X & 10\ \text{月} \end{cases} \tag{3-28}$$

表 3-21 各虚拟变量的值

月份	D_1	D_2	D_3	D_4	D_5	D_6
4	0	0	0	0	0	0
5	1	0	0	0	0	0
6	0	1	0	0	0	0
7	0	0	1	0	0	0
8	0	0	0	1	0	0
9	0	0	0	0	1	0
10	0	0	0	0	0	0

3. 时滞互相关法

本研究基于时滞互相关法，对 NDVI 旬值与气温和降水旬值的相关关系进行分析，以探究黑河流域上中游地区植被对水热条件的响应关系。相关系数公式如下：

$$r_k(x, y) = \frac{C_k(x, y)}{S_x S_{y+k}} \tag{3-29}$$

式中，协方差 $C_k(x, y)$ 和均方差 S_x、S_{y+k} 用下式计算：

$$C_k(x, y) = \frac{1}{n-k} \sum_{t=1}^{n-k} (x_t - \overline{x_t})(y_{t+k} - \overline{y_{t+k}}) \tag{3-30}$$

$$S_x = \sqrt{\frac{1}{n-k}\sum_{t=1}^{n-k}(x_t - \overline{x_t})^2} \qquad (3\text{-}31)$$

$$S_y = \sqrt{\frac{1}{n-k}\sum_{t=1}^{n-k}(y_{t+k} - \overline{y_{t+k}})^2} \qquad (3\text{-}32)$$

式中均值用下式计算:

$$\overline{x_t} = \frac{1}{n-k}\sum_{t=1}^{n-k}x_t \qquad (3\text{-}33)$$

$$\overline{y_{t+k}} = \frac{1}{n-k}\sum_{t=1}^{n-k}y_{t+k} \qquad (3\text{-}34)$$

式中, x 为气象因子旬值; y 为 NDVI 旬值; n 为序列的样本数; k 为滞后时间, 本研究中 k 取值为 0~9 天。

3.2.2 结果与讨论

1. LAI 与累积相对湿润度指数的空间分布及相关性

由图 3-11 (a) 可知, 黑河流域上中游地区的 LAI 整体表现为东南—西北向的递减梯度。黑河流域中游地区的植被具有显著优于周边的特征, 结合覆被类型不难看出, LAI 较高的地区主要为农田。由图 3-11 (b) 可知, 黑河流域上游山区整体较中游平原更为潮湿多雨, 总体而言黑河流域上中游地区从北向南逐渐变得更为干旱。

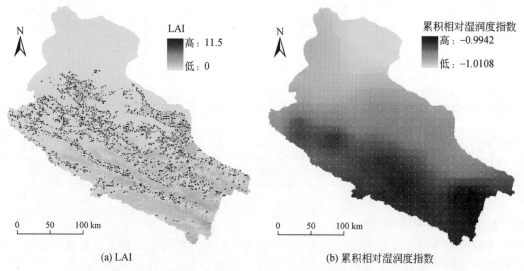

(a) LAI   (b) 累积相对湿润度指数

图 3-11　黑河流域上中游地区 LAI 和累积相对湿润度指数的空间格局

荒漠地带几乎不存在植被, 该区域的 LAI 几乎为 0, 所以表 3-22 并未列出荒漠的相关系数。通过比较可以发现, 在各覆被类型中, 森林与湿地的 LAI 和累积相对湿润度指数的相关系数 R 在植被生长发育阶段 (4~10月) 基本均偏小, 表明了森林和湿地受到干旱的影响均小于其他覆被类型。总体而言，导致植被受干旱影响的差异主要有两个方面的因素：①植被的生境。研究区内的森林主要分布在黑河流域上游祁连山脉，该区的降水相较于黑河流域中下游地区更为丰沛，同时蒸散发量较少。黑河流域地表水–地下水交换频繁，因而生长在湿地之中的植被并不直接依靠降水进行生理过程，而是通过吸收地下水的补给，所以湿地植被受到干旱的影响也较小。②植被本身的生理属性。各覆被类型中，草地和聚落植被的根系通常较浅，一旦无法通过降水或者灌溉获取足够的水分，正常的生理过程将受到严重影响。正因为如此，干旱对这些覆被类型的影响较其他覆被类型更大。

表 3-22 黑河流域上中游地区各覆被类型 LAI 和累积相对湿润度指数的相关系数 R

月份	农田	森林	草地	聚落	湿地
4	−0.60	−0.36	−0.61	−0.57	−0.48
5	−0.24	−0.05	−0.21	−0.26	−0.25
6	−0.03	−0.03	−0.11	−0.08	−0.19
7	0.56	0.22	0.39	0.54	0.19
8	0.73	0.41	0.63	0.70	0.42
9	0.72	0.40	0.66	0.70	0.45
10	0.63	0.33	0.57	0.61	0.36

2. 植被生长对干旱的响应

LAI 月值及各月相关系数如图 3-12 所示。由图 3-12 可知，LAI 在每年的夏季（7 月）达到最大。通过相关系数曲线可以发现，各覆被类型对干旱的敏感性在生长期也存在较大变化。从 4 月开始，植被对干旱的敏感性逐渐上升，在夏季达到最大，说明各覆被类型的植被对干旱最为敏感的时间点均在夏季（8 月前后）。

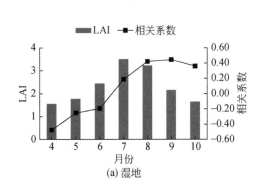

(a) 湿地

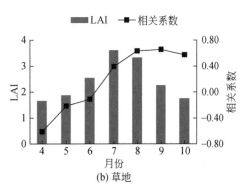

(b) 草地

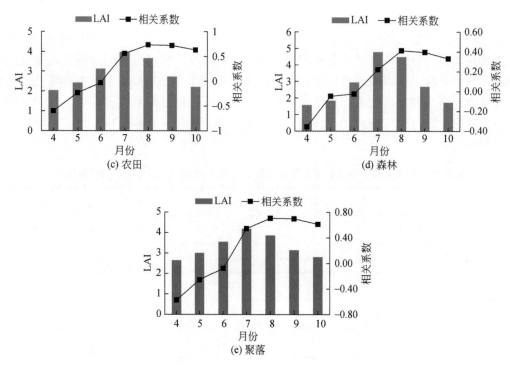

图 3-12　黑河流域上中游地区湿地、草地、农田、森林、聚落的
LAI 与相关系数的年内变化

3. LAI 与累积相对湿润度指数的定量关系

本研究通过回归分析，得到覆被类型在生长期内各月份的 LAI 与累积相对湿润度指数的线性回归模型（包含虚拟变量），以草地为例，公式如下：

$$Y=\begin{cases} 1.121-0.551X & 4\ 月 \\ 0.767-0.551X & 5\ 月 \\ 0.839-0.551X & 6\ 月 \\ 1.481-0.551X & 7\ 月 \\ 0.390-0.585X & 8\ 月 \\ -1.230-0.585X & 9\ 月 \\ -2.144-0.585X & 10\ 月 \end{cases} \tag{3-35}$$

为了检验回归模型的模拟精度，本研究利用式（3-35）计算了黑河流域上中游地区 2009 年和 2010 年草地在 4~10 月的 LAI（图 3-13）。由图可知，本研究获得的回归模型较好地描述了 LAI 的年内变化，具有一定的实际应用价值。

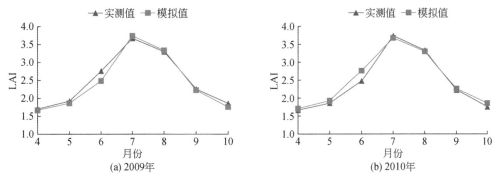

图 3-13　黑河流域上中游地区 2009 年和 2010 年草地在 4 ~ 10 月的 LAI
模拟值和实测值

3.3　植被对气候变化和人类活动的响应规律

3.3.1　数据源及预处理

1. DEM 数据

本研究使用的 DEM 数据来源于美国国家航空航天局和国防部国家测绘局联合测量的 SRTM 数据。SRTM 数据由雷达影像制作而成，是迄今为止分辨率最高且具有统一坐标系的全球性数字地形数据。SRTM 数据为每个经纬度方格提供一个文件，精度有 30 m 和 90 m 两种，目前能够免费获取覆盖中国全境的 90 m 数据。本研究将 90 m 的黑河流域地区 SRTM DEM 数据重采样为空间分辨率为 1 km 的 DEM 数据，并得到相应的坡度、坡向数据，为下一步的气象数据空间插值提供数据。

2. 气象数据

本研究使用的气象站点原始数据均来自中国气象数据网（http：//data. cma. cn/）。气象数据包括 1998 ~ 2007 年每日的空气温度、降水量、日照时数，以及流域周围区域的辐射观测站点每日的辐射量观测数据，具体气象数据信息见表 3-23。为了得到整个流域的时间分辨率为旬的气象数据空间分布图，利用 ANUSPLIN 气象数据插值软件并结合 1 km DEM 数据，对旬合成的气象数据进行空间插值处理。由于辐射观测站点数量较少，对总辐射量直接进行空间插值处理会存在较大误差。本研究首先结合 DEM、坡度、坡向数据对 20 个站点的日照时数进行空间插值处理，基于日照时数空间数据集，结合 7 个站点的总辐射量数据插值出黑河流域及其附近地区的总辐射量空间分布图，再通过剪裁得到黑河流域的总辐射量数据。

表 3-23　流域区域气象站点与辐射站点数据集信息

气象要素	时间分辨率/天	站点数/个	合成数据
空气温度	1	16	旬平均值
降水量	1	16	旬总和
日照时数	1	20	旬总和
总辐射量	1	7	旬总和

3. 土地覆盖数据

本研究使用的土地覆盖数据来自中国科学院寒区旱区科学数据中心（http://data.casnw.net/portal/）提供的黑河流域 1 km 土地覆盖图，该土地覆盖图是融合了多源本地信息的中国 1 km 土地覆盖图（MICLCover）的子集。MICLCover 土地覆盖图采用国际地圈生物圈计划（International Geosphere-Biosphere Programme，IGBP）土地覆盖分类系统，基于证据理论，融合了 2000 年中国 1∶10 万土地利用数据、中国植被图集（1∶100 万）的植被类型、中国 1∶10 万冰川分布图、中国 1∶100 万沼泽湿地图和 MODIS 2001 年土地覆盖产品（MOD12Q1）。验证结果表明，该数据在 7 类水平上的总体一致性达到 88.84%，可为陆面过程模型提供更高精度的土地覆盖信息。本研究为了便于 NPP 的估算，以及不同植被覆盖类型的统计分析，将研究区内的常绿针叶林、落叶阔叶林、混交林整合为森林类别，将郁闭灌木林、稀疏灌木林整合为灌木类别，其余类型保留（图 3-14）。

4. SPOT VEGETATION NDVI 产品

NDVI 是植被生长状态和植被生物量的指示因子，也是利用光能利用率模型估算植被净初级生产力的一个重要遥感输入参数。本研究采用中国科学院寒区旱区科学数据中心（http://data.casnw.net/portal/）提供的黑河流域长时间序列 SPOT VEGETATION NDVI 数据集，该数据集是 1998 年 4 月至 2007 年 12 月的逐旬数据，空间分辨率为 1 km，时间分辨率为 10 天，其像元值采用国际通用的最大合成法获得，以确保像素值受云的影响程度降到最低。该数据集已经进行了预处理，包括大气校正、辐射校正、几何校正，并将 -1 ~ -0.1 的 NDVI 值设置为 -0.1，再通过公式 DN =（NDVI+0.1）/0.004 转换到 0 ~ 250 的 DN 值。黑河流域在 1 ~ 3 月植被还没有生长，NDVI 接近于 0，该年度的年 NPP 值并不受 1 ~ 3 月的影响，因此，1998 年 1 ~ 3 月 NDVI 数据的缺失对年度 NPP 估算结果的影响不大。

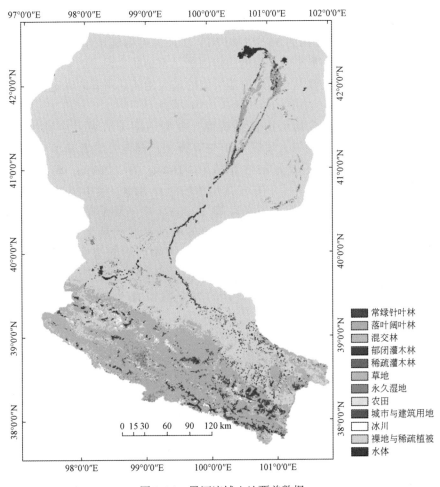

图 3-14　黑河流域土地覆盖数据

3.3.2　研究方法

1. NPP 遥感估算模型

本研究主要依据改进的 CASA 模型，将其估算的时间尺度降为旬尺度，并对其模型输入参数进行高精度处理，最终估算出了时间分辨率为旬、空间分辨率为 1 km 的植被 NPP，式（3-36）为 NPP 估算公式。

$$\text{NPP}(x,t) = R_s(x,t) \times \text{FPAR}(x,t) \times 0.5 \times T_{\varepsilon_1}(x,t)$$
$$\times T_{\varepsilon_2}(x,t) \times W_{\varepsilon}(x,t) \times \varepsilon_{\max} \tag{3-36}$$

式中，$R_s(x,t)$ 为第 t 个旬内在像元 x 处累积的太阳总辐射量（MJ/m^2）；$\text{FPAR}(x,t)$ 为植被层对入射光合有效辐射的吸收比例；0.5 为植被所能利用的入射太阳辐射占太阳总辐射的比例；$T_{\varepsilon_1}(x,t)$ 和 $T_{\varepsilon_2}(x,t)$ 为植被处于不同环境下高温与低温对光能利用率的胁迫作用；$W_{\varepsilon}(x,t)$ 为水分胁迫因子，反映了水分条件对光能利用率的影响；$\varepsilon_{\max}$ 为理想条件下的最大光能利用率（g C/MJ）。一年内的 36 个时相 NPP 相加即可得到该年的 NPP 值。计算过程中的 FPAR、NDVI 最大值和最小值、温度胁迫因子、水分胁迫因子的具体计算方法参考朱文泉（2005）的研究，该流域不同土地覆盖类型的最大光能利用率的确定参考朱文泉和潘耀忠（2007）的研究。

CASA 模型中的植被参数均可由遥感获得，模型适用于区域及全球尺度上的 NPP 估算，因此是国际上较为常用的大尺度 NPP 估算模型，国内外学者基于 CASA 模型开展了大量的研究工作，并获得了较好的估算结果。Huang 等（2010）基于 ETM+卫星数据，利用改进的 CASA 模型估算了广东省雷州林场的月 NPP，模拟结果与实测生物量反演的 NPP 相关系数达到 0.7 以上。朱文泉等（2005）在 CASA 模型基础上，根据误差最小的原则，利用中国的 NPP 实测数据模拟出各植被类型的最大光能利用率，使之更符合中国的实际情况，并模拟出了中国 1989 ~ 1993 年的空间分辨率为 8 km 的月尺度 NPP 数据集，通过验证表明改进的 CASA 模型模拟结果提高了中国陆地植被净初级生产力估算的可靠性。本研究将 CASA 模型估算的 NPP 值作为"真实值"进行下一步的统计分析。

2. NPP 趋势分析法

本研究采用一元线性回归方程的斜率来模拟黑河流域每个像素 1998 ~ 2007 年的变化趋势，计算公式为

$$\text{slope} = \frac{n \times \sum_{i=1}^{n}(i \times \text{NPP}_i) - \sum_{i=1}^{n}i\sum_{i=1}^{n}\text{NPP}_i}{n \times \sum_{i=1}^{n}i^2 - \left(\sum_{i=1}^{n}i\right)^2} \tag{3-37}$$

式中，变量 i 为 1 ~ 10 的年序号；NPP_i 为第 i 年的年 NPP。对每个像元对应的一元线性回归方程的斜率进行计算可得到在 1998 ~ 2007 年的变化趋势图，反映了 10 年间黑河流域植被 NPP 变化趋势空间格局，每个像元点的趋势斜率是模拟出来的一个总的变化趋势。其中 slope>0 则说明此像元 NPP 在 10 年间的变化趋势是增加的，反之则是减少的。为了进一步说明各像元点模拟趋势的显著性，本研究利用 F 检验法对每个像元点对应的一元线性回归方程进行显著性检验分析，对显著性水平 p 值进行分类，$p<0.01$ 定义为极显著，$0.01<p<0.05$ 定义为显著，$p>0.05$ 则定义为不显著。

3. NPP 与气象要素回归分析

如果要建立 NPP 与气象要素之间理想的回归方程，在理论上需要选择完全没有人类活动干扰的植被资料，但这在现实中具有很大的难度。对黑河流域来说，自 2000 年国务院决定在黑河实行全流域水资源统一调度以来，黑河上、中、下游分别开始了大规模的人工调水、生态治理工程等，黑河流域的植被系统也自此受到了人类活动的强烈影响。由于调水活动对植被的影响具有滞后性，并且观测资料显示，2002 年以来，黑河下游各个区域的地下水位有不同程度的回升，同时根据遥感观测资料的统计分析，本研究以 2002 年为界

限，假设 2002 年以前黑河流域内的植被系统、气候因子之间存在一种平衡状态，此时植被的变化主要受气候条件的影响，受人类活动的影响甚微，选用 1998～2001 年的数据进行 NPP 与气象要素（降水量、温度、总辐射）的相关性分析。由于黑河流域上、中、下游气象条件差异较大，植被 NPP 在不同区域上与气象因子的关系会有较大差异，本研究选择了以上、中、下游 3 个区域内的不同植被类型为计算单元，对年 NPP、年降水量、年平均温度、年总辐射量的空间平均值进行统计，再分别对研究区所有像元 1998～2001 年的 NPP 平均值与气象因子平均值进行多元线性回归分析，依相关性大小选出与 NPP 最为相关的气象因子变量，建立与 NPP 之间的线性回归方程。

$$\text{NPP}_i^{j'} = a_i^j X_i^j + b_i^j Y_i^j + e_i^j \tag{3-38}$$

式中，$\text{NPP}_i^{j'}$ 为第 i 个区域上的第 j 种植被类型基于气象因子的 NPP 模拟值；X_i^j、Y_i^j 为第 i 个区域上的第 j 种植被类型与 NPP 相关性最高和第二高的气象因子（降水量、温度、总辐射量）空间平均值；a_i^j、b_i^j、e_i^j 为第 i 个区域上的第 j 种植被类型回归方程的待定系数。若单个气象因子与 NPP 具有显著的相关关系，为了减少各气象因子内部的交叉影响，本研究直接利用其与 NPP 进行一元线性回归分析。

4. 气象要素与人类活动对 NPP 贡献的分离方法

黑河流域属于干旱半干旱地区，年 NPP 主要由气候条件与人类活动强度决定。利用气候条件和 NPP 之间的显著回归关系模型，可以分离出 NPP 中气候因素的贡献部分。在不考虑其他非决定性因素情况下，基于 CASA 模型估算的 NPP "真实值" 与基于气象要素回归模型 "模拟值" 之间的残差，即为人类活动所贡献的部分，计算公式如式（3-39）所示。依照 1998～2001 年（大规模调水、生态保护工程之前）上、中、下游不同植被类型 NPP 与气象要素的线性回归关系模型，利用 2002～2007 年上、中、下游不同植被类型的气象要素作为输入参数，模拟在实施调水与生态保护工程之后的各年 NPP 值，然后以上、中、下游的不同植被类型为统计单元，计算每年的 NPP "真实值" 与 "模拟值" 之间的残差 σ，用以衡量 2002～2007 年人类活动对黑河流域植被 NPP 的影响。若 σ 为正值，表示人类活动对植被 NPP 产生了正影响，植被的自身生产能力和固碳能力增强，促进了整个生态系统健康发展；反之，则认为人类活动对植被 NPP 产生了负影响，加剧了植被固碳能力的退化程度。残差与 NPP "真实值" 的比值即为人类活动对植被 NPP 的贡献率 C_i^j。

$$\sigma_i^j = \text{NPP}_i^j - \text{NPP}_i^{j'} \tag{3-39}$$

$$C_i^j = \sigma_i^j / \text{NPP}_i^j \tag{3-40}$$

式中，σ_i^j 为第 i 个区域上的第 j 种植被类型 NPP "真实值" 与 "模拟值" 的残差；NPP_i^j 为第 i 个区域上的第 j 种植被类型由 CASA 模型估算得到的 NPP 值；$\text{NPP}_i^{j'}$ 为第 i 个区域上的第 j 种植被类型基于气象因子的 NPP 模拟值；C_i^j 为第 i 个区域上的第 j 种植被类型人类活动对 NPP 的贡献率。

3.3.3 结果与分析

1. 1998～2007 年 NPP 时空变化特征

（1）多年平均 NPP 空间分布特征

本研究首先对 CASA 模型估算的 1998～2007 年的 10 年 NPP 进行了平均（图 3-15），并参照 MICLCover 土地覆盖数据，对整个流域内不同土地覆盖类型的 NPP 平均值、最大值、最小值、标准差进行了统计，统计结果见表 3-24。从表中可以看出，农田覆盖区域的 NPP 平均值最大，为 281.732 g C/($m^2 \cdot a$)，主要分布在中游绿洲的灌溉区；湿地的 NPP 平均值次之，主要分布于上游地带；城镇的 NPP 平均值比森林、灌木的 NPP 平均值大，但城镇的 NPP 最大值小于森林、灌木的最大值，这可能是因为黑河流域内的森林、灌木分布较为稀疏，在 1 km 尺度下的森林、灌木像元包括了其他地类成分，如裸地、草地等，而城镇多分布在农田周围，在 1 km 尺度下的城镇像元主要包括了农田植被类型。草地的 NPP 平均值为 204.25 g C/($m^2 \cdot a$)，主要分布在上游地区。裸地与稀疏植被的 NPP 平均值最小，主要分布在下游荒漠地带。从各土地覆盖类型的标准差统计结果可以看出，所有土地覆盖类型的 NPP 标准差均偏大，这主要是因为黑河流域上、中、下游的水热条件梯度差距较大，植被生长条件也有显著差异，导致同一种植被类型在上、中、下游的 NPP 差异较大。本研究分别将黑河全流域与上、中、下游植被区域 NPP 进行统计（表 3-25），黑河流域年平均 NPP 为 76.657 g C/m^2，黑河流域年平均 NPP 总量约为 10.97 Tg C（1 Tg＝10^{12} g）。黑河流域 NPP 平均值呈现上游>中游>下游的分布格局。

表 3-24　黑河流域不同土地覆盖类型多年平均 NPP 统计结果

[单位：g C/($m^2 \cdot a$)]

土地覆盖类型	平均值	最小值	最大值	标准差
森林	192.76	17.606 8	1121.15	140.886
灌木	179.196	1.190 31	529.327	113.404
草地	204.25	1.241 2	622.136	134.49
湿地	252.898	1.593 1	479.391	118.138
农田	281.732	12.494 2	557.243	108.281
城镇	223.976	5.876 49	508.799	134.776
裸地与稀疏植被	32.452 1	0.900 26	490.752	37.978 4

图 3-15   黑河流域多年平均 NPP 空间分布

表 3-25   黑河上、中、下游与全流域多年平均 NPP 统计结果

[单位: g C/(m² · a)]

流域	平均值	最小值	最大值	标准差
上游	201. 036	0. 718	929. 625	134. 818
中游	97. 294	1. 545	1121. 15	113. 69
下游	24. 167	1. 543	241. 249	13. 175
全流域	76. 657	0. 718	1121. 15	107. 136

（2）NPP 年际变化情况

为了反映研究区内每个植被像素点的 NPP 变化趋势，对 1998～2007 年的 NPP 进行一元线性回归。若斜率>0，则 NPP 增加，若斜率<0，则 NPP 减小，斜率的绝对值越大表示 NPP 变化量越大。同时，利用 F 检验法对回归方程进行显著性检验，确定其显著性水平类别。综合斜率与显著性水平，得到了研究区 1998～2007 年 NPP 变化趋势空间分布图，如图 3-16 所示。显著增加与极显著增加区域主要分布在上游湿地、中游草地区域（肃南、山丹）、中游金塔地区、酒泉地区及下游河道附近，多为森林、灌木植被；显著减少与极显著减少区域分布较少；非显著增加/减少区域广泛分布在上、中、下游。由此可以看出，在 1 km 像元尺度上，1998～2007 年的 NPP 总体变化趋势并不明显。

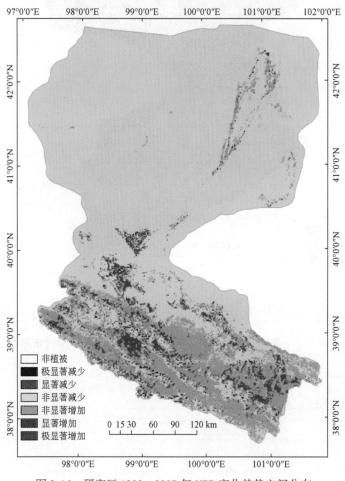

图 3-16　研究区 1998～2007 年 NPP 变化趋势空间分布

为了进一步分析黑河流域植被区域 NPP 总体变化情况，本研究结合黑河流域土地覆盖类型分类图，计算了 1998～2007 年黑河流域的所有植被类型（森林、灌木、草地、湿地、农田）平均 NPP。如图 3-17 所示，1998～2001 年黑河流域植被 NPP 处于显著下降趋势，而 2001～2007 年黑河流域植被 NPP 处于显著上升趋势，2001 年成为这 10 年间 NPP 趋势变化的转折点，这与黑河流域进行调水与生态建设工程的实施时间点吻合，同时也有力证明了调水与生态建设工程对黑河流域的整体生态系统改善做出了极大的贡献。而整个 1998～2007 年的 NPP 变化并不显著，这也在一定程度上解释了图 3-16 中大量的非显著增加/减少像元存在的合理性。

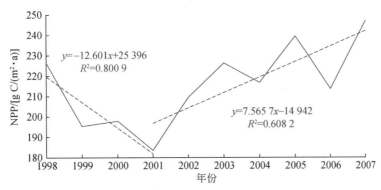

图 3-17 1998～2007 年研究区植被覆盖区域 NPP 变化

虚线分别表示 2001 年前后 NPP 变化趋势

2. 不同土地覆盖类型 NPP 与气象要素的相关性分析

由于黑河流域上、中、下游的水热条件存在明显的梯度变化，不同梯度区域的植被 NPP 与气象要素的回归关系具有明显差异，本研究以 3 个区域上的不同土地覆盖类型为基本单元，采用 1998～2001 年的数据，分别对年降水量、年平均温度、年辐射量和年 NPP 进行线性回归分析。本研究对 1998～2001 年上、中、下游不同土地覆盖类型 NPP 与气象因子（降水量、温度、辐射量）进行两两相关性分析（表 3-26）。由于城镇主要分布在中游地区，本研究只分析了中游地区的城镇 NPP 与气象因子的关系，而农田仅分布在中游地区，湿地仅分布在上游、中游地区。

表 3-26 黑河上、中、下游不同土地覆盖类型 NPP 与气象因子的相关系数

土地覆盖类型	上游			中游			下游		
	降水量	温度	辐射量	降水量	温度	辐射量	降水量	温度	辐射量
森林	0.695*	0.388	0.237	0.608	0.462	−0.025	0.688	−0.061	−0.316
灌木	0.690*	0.385	0.227	0.587	0.367	−0.018	0.592	−0.030	−0.358
草地	0.692*	0.243	0.014	0.633	0.371	−0.012	0.447	0.005	−0.575
湿地	0.693*	0.165	0.239	0.077	0.320	−0.428	—	—	—
农田	—	—	—	0.652*	0.307	−0.021	—	—	—

土地覆盖类型	上游			中游			下游		
	降水量	温度	辐射量	降水量	温度	辐射量	降水量	温度	辐射量
城镇	—	—	—	0.637	0.332	−0.047	—	—	—
裸地与稀疏植被	0.472	0.107	0.002	0.599	0.374	−0.544	0.653 *	0.070	−0.690

* 通过 $p<0.01$ 水平的显著性 F 检验

从表 3-26 可以看出,不同土地覆盖类型与 NPP 达到显著回归关系的气象因子均是降水量,且 NPP 与降水量的相关性水平大部分处于最高,说明黑河流域植被生长很大程度上取决于降水量的多少。在上游与中游地区 NPP 与温度的相关性次之,且呈现正相关关系,而中游与下游地区 NPP 与辐射量的相关性均呈现出负相关关系,尤其是下游 NPP 与辐射量的负相关性更强,这主要是因为下游地区常年少雨干旱,植被生长主要受到降水的影响,而辐射与降水量呈负相关关系。若单个气象因子变量与 NPP 达到显著回归关系($p<0.01$),本研究则直接利用该变量对 NPP 进行一元线性回归分析;对于单个气象因子变量与 NPP 没有达到显著回归关系的情况,则选取与 NPP 相关性最高和第二高的气象因子变量与 NPP 进行多元线性回归分析,从而建立上、中、下游不同土地覆盖类型 NPP 一元/多元回归模型。对建立的所有多元回归模型进行显著性 F 检验,均通过 $p<0.01$ 显著水平。

3. 人类活动对 NPP 的影响分析

基于 1998~2001 年数据建立的上、中、下游不同土地覆盖类型 NPP 与气象因子的一元/多元回归模型,将 2002~2007 年气象要素数据代入 NPP 回归模型,计算得到 2002~2007 年仅受气象条件影响的 NPP。利用 CASA 模型估算的 NPP"实际值"与气象因子回归模型计算的 NPP"模拟值"之间的残差来衡量调水与生态建设工程对黑河流域上、中、下游地区不同土地覆盖类型的影响,计算结果如图 3-18(a)所示。2002~2007 年黑河上、中、下游流域所有植被类型的 NPP 残差均大于 0,表示调水与生态建设工程对流域植被生长与生态改善产生了正影响,对上游地区植被的影响主要来自 2000 年后实施的生态建设试验示范项目,对中、下游地区植被的影响主要来自 2000 年后实施的黑河调水计划与相关治理工程。从图 3-18(a)中可以看出,NPP 残差在黑河流域中、上、下游呈梯度分布,中游地区的 NPP 残差最大,表明人类活动对中游地区的影响最大,其中对中游大部分植被类型的影响超过了 30 g C/(m² · a);上游地区的 NPP 残差处于第二梯度,残差主要分布在 5~20 g C/(m² · a);下游的 NPP 残差最小,均小于 2g C/(m² · a),大规模的生态工程虽改善了下游的植被覆盖条件,但改善区域多集中在河岸缓冲区内,对大范围的荒漠植被来讲,其本身对碳的固定能力很小,导致下游的 NPP 残差最小。

为了分析调水与生态建设工程对上、中、下游不同植被类型的影响力大小,本研究将分离出的 NPP 残差值与 CASA 模型估算的 NPP "实际值"相除,计算出调水与生态建设工程对实际 NPP 的贡献率大小,如图 3-18(b)所示。除了裸地与稀疏植被类型以外,调水与生态建设工程对中游各植被类型 NPP 的贡献率最大,平均值为 11.5%,其中对中游草地 NPP 的贡献率最大,达到了 18%。调水与生态建设工程对上游植被类型 NPP 的贡献率介于 4%~6%,平均值为 5.29%。调水与生态建设工程对下游植被类型 NPP 的贡献率介于 1.5%~7%,平均值为 3.23%,其中下游的裸地与稀疏植被类型受到调水的正面影响要大于上游、中游。从上、中、下游整体格局来看,调水与生态建设工程对植被 NPP 的贡献率呈现中游>上游>下游的分布格局。

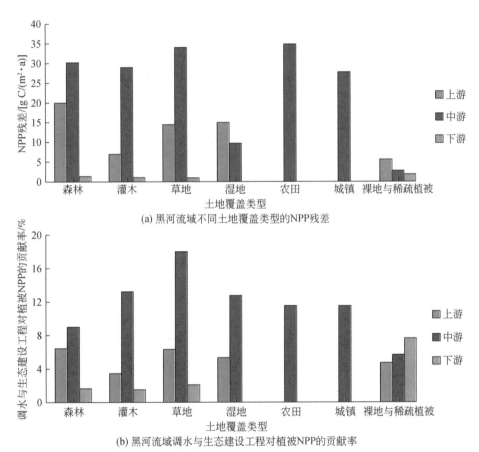

(a) 黑河流域不同土地覆盖类型的NPP残差

(b) 黑河流域调水与生态建设工程对植被NPP的贡献率

图 3-18　调水与生态建设工程对上、中、下游不同土地覆盖类型 NPP 的影响分析

3.3.4　讨论

1. NPP 与气象要素回归模型的适用性

本研究以黑河流域上、中、下游不同土地覆盖类型的统计平均值为基本尺度,对 NPP 与气象要素的回归关系进行了探讨。对上、中、下游进行划分有利于探讨在不同水热梯度

条件下的同一土地覆盖类型 NPP 与气象因子相关性的差异，并且以某一土地覆盖类型平均值为基本尺度可以去除同一土地覆盖类型中不同像元空间差异对 NPP 与气象因子线性回归关系的影响。通过反复试验，上、中、下游不同土地覆盖类型 NPP 平均值与气象因子平均值之间可以建立显著的回归关系，并可以基于建立的回归关系，对 NPP 残差和人类活动贡献率进行计算。

本研究利用基于 1998~2001 年上、中、下游植被 NPP 与气象要素数据建立的一元/多元回归模型对 2002~2007 年的植被 NPP 进行模拟。在建立 NPP 与气象要素线性回归方程过程中，若单因子变量一元回归关系已达到 $p < 0.05$ 显著性水平，则认为 NPP 与气象因子之间的回归关系具有显著的统计学意义，直接利用该一元线性方程对 NPP 进行模拟，其目的主要是减小建立回归方程时自变量之间的相关性；若单因子变量一元回归关系没有达到显著性水平，则选取与 NPP 相关性最高和第二高的气象因子变量来建立多元回归方程，使得该回归关系达到 $p < 0.05$ 的显著性水平。本研究对 1998~2007 年黑河上、中、下游的年降水量、年平均温度、年总辐射量进行了统计，如图 3-17 所示，1998~2007 年 3 个气象因子均呈现出上下波动形态，并没有出现显著的变化趋势，这与图 3-17 中 NPP 的变化趋势并不一致，这也说明了在此期间植被 NPP 并不完全受气象因子的驱动，其他人类活动也对植被 NPP 产生了影响。在建立 NPP 与气象要素统计回归关系的过程中只用到了 1998~2001 年的数据，虽然样本点数据有限，但样本点数据范围基本涵盖回归方程预测区间。从图 3-19 可以看出，1998~2001 年的数据值域基本大于等于 2002~2007 年的数据值域，由此可以进一步证明本研究 NPP 与气象要素回归模型的适用性。

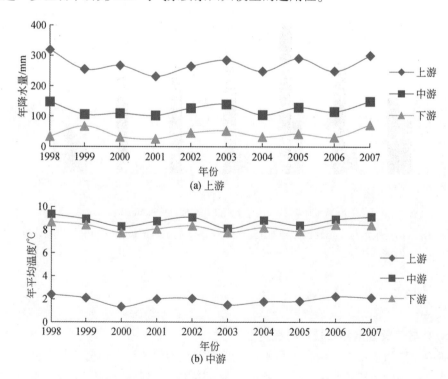

(a) 上游

(b) 中游

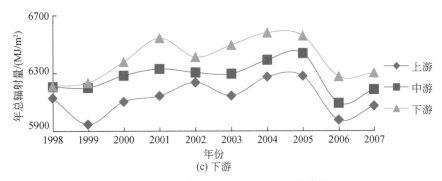

图 3-19　1998～2007 年黑河上、中、下游气象要素变化趋势

2. 误差分析

本研究利用大规模调水与生态建设工程实施之前（1998～2001 年）的数据建立了 NPP 与气象因子之间的回归关系，该回归关系建立在一个基本假设之上：2001 年以前研究区的植被系统、气候因子之间存在一种平衡，植被生长完全由气候因子驱动，没有受到任何人类活动的影响。但这一假设在现实中并不存在，基于这个假设的 NPP 与气象因子之间的统计回归关系也会带有少部分人类活动的影响。在建立的 NPP 与气象因子统计回归方程中，NPP 是利用 CASA 模型估算而来的，会存在一定的误差，气象因子也是利用插值方法计算得到的，也会存在一定的误差，自变量与因变量的自身误差会给统计回归方程带来误差累积效应。尺度问题也是影响研究结果的一个重要因素，本研究使用 1 km 尺度的数据进行计算分析，对植被茂密、地表均一的地区来说影响不大，但对黑河流域地表覆盖类型分布情况来说，1 km 尺度并不能完全有效表征黑河流域的地表覆盖异质性水平，尤其对植被覆盖稀疏的下游地区，几乎每个像元都是多种地类的混合像元，这也可能是下游地区 NPP 残差与人类活动贡献率值偏低的原因。

3.3.5　结论

本研究首先利用寒区旱区科学数据中心发布的 1998～2007 年黑河流域长时间序列 SPOT Vegetation NDVI 数据集、黑河流域土地覆盖分类图 MICLCover，中国气象数据网发布的气象站点数据及 SRTM DEM 数据，结合改进后的 CASA 模型对 1998～2007 年黑河流域地区的植被 NPP 进行了估算；然后基于该 NPP 时间序列数据集，对黑河流域不同土地覆盖类型和上、中、下游的 NPP 进行了统计分析；最后通过分离 2002～2007 年气候要素和人类活动对上、中、下游不同土地覆盖类型 NPP 的贡献率，对黑河流域调水与生态建设工程的实施效果进行了定量评估。可以得到以下初步结论：

1）通过计算 1998～2007 年黑河流域 NPP 年平均值，统计得到黑河全流域的年平均 NPP 为 76.657 g C/（$m^2 \cdot a$），黑河流域年平均 NPP 总量约为 10.97 Tg C，上、中、下游地区 NPP 平均值呈现上游>中游>下游的分布格局，该结论与陈正华等（2008）的研究结论一致。从植被类型上来说，农田覆盖区域的 NPP 平均值最大，为 281.732 g C/（$m^2 \cdot a$），主要分布在中游绿洲的灌溉区；裸地与稀疏植被的 NPP 平均值最小，主要分布在下游荒漠地带。1998～2001 年黑河流域植被 NPP 处于显著下降趋势，而 2001～2007 年黑河流域植被 NPP 处于显著上升趋势，2001 年成为这 10 年间 NPP 趋势变化的转折点，这与黑河流域实施调水与生态工程建设的时间点吻合。

2）对 1998～2001 年的上、中、下游不同土地覆盖类型 NPP 与气象因子建立线性回归关系，其中与 NPP 能够达到显著回归关系的气象因子均是降水量，且 NPP 与降水量的相关性大于与温度、辐射量的相关性。在上游与中游地区 NPP 与温度呈正相关关系，中游与下游地区 NPP 与辐射量均呈负相关关系。NPP 与气象因子的一元/多元线性回归模型均达到了 $p<0.05$ 的显著性水平。

3）在大规模黑河调水与生态保护建设之后（2002～2007 年）的 6 年间，黑河上、中、下游所有土地覆盖类型的 NPP 残差均大于 0，表明调水与生态工程建设已经取得成效，促进了黑河流域生态环境的改善。其中，NPP 残差在黑河流域中、上、下游呈梯度分布，中游地区的 NPP 残差最大，其中对中游大部分植被类型的影响超过了 30 g C/($m^2 \cdot a$)；上游地区的 NPP 残差处于第二梯度，残差主要分布在 5～20 g C/($m^2 \cdot a$)；下游的 NPP 残差量最小，均小于 2 g C/($m^2 \cdot a$)。从上、中、下游整体格局来看，调水与生态建设工程对植被 NPP 的贡献率呈现中游>上游>下游的分布格局。调水与生态建设工程对中游 NPP 的贡献率最大，平均值为 11.5%，其中对中游草地 NPP 的贡献率最大，达到了 18%。调水与生态建设工程对上游 NPP 的贡献率介于 4%～6%，平均值为 5.29%。调水与生态建设工程对下游 NPP 的贡献率介于 1.5%～7%，平均值为 3.23%。

3.4　土地利用变化空间格局模拟

3.4.1　CLUE-S 模型概述

CLUE-S 模型是由荷兰瓦赫宁恩农业大学的学者在 CLUE 模型的基础上改进的、适用于中小尺度区域土地利用变化空间模拟的模型。该模型是在对区域土地利用变化经验理解的基础上，定量总结土地利用类型变化与各种自然和社会经济因素之间的关系，进而对未来土地利用变化进行预测的经验量化模型。

CLUE-S 模型的运用有两个前提假设：区域土地利用变化主要受土地利用需求驱动；区域土地利用的空间布局、土地利用需求及自然与社会经济状况三者总是处于动态平衡中。CLUE-S 模型基于上述两项假设条件，采用系统论的方法量化不同土地利用类型之间的相互竞争关系，从而对各土地利用类型进行动态模拟。

（1）模型框架

CLUE-S 模型分为两个独立的模块：非空间需求模块和空间显式分配模块（图 3-20）。非空间需求模块在自然、社会经济和政策法规等土地利用变化驱动因子分析的基础上，计算历年研究区内各土地利用类型的需求面积。空间显式分配模块利用基于栅格的系统进行土地利用需求分配。CLUE-S 模型仅支持土地利用类型变化的空间分配，土地利用需求模块根据模型的需要可选择简单的趋势外推或复杂的经济模型，模型根据研究区内主要土地利用变化的性质和需要考虑的情景来选择。土地利用需求的空间分配是综合对土地利用的经验分析、空间变异分析及动态模拟实现的。

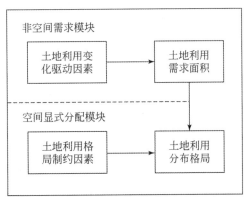

图 3-20　CLUE-S 模型结构示意图

　　CLUE-S 模型的运行需要 4 类信息，分别是空间政策与限制区域、土地利用类型转换规则、土地利用需求和空间特征（图 3-21）。这些信息集合起来创建一系列的条件和概率，使模型能够在迭代运算过程中获得最佳空间分配方案。

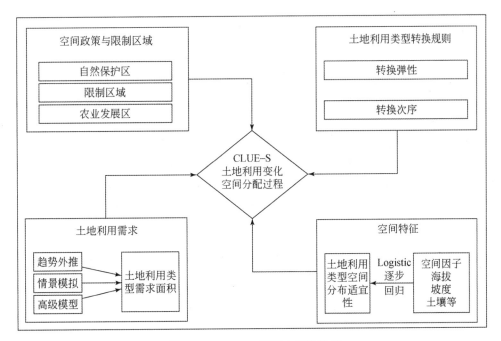

图 3-21　CLUE-S 模型中的数据流

空间政策与限制区域能够影响土地利用变化的模式，这种限制表现为两种形式：一种为区域限制因素，即限制区域内所有土地利用类型的转变，如自然保护区、农业发展区等；另一种为土地利用类型限制因素，通过政策限制某种土地利用类型向其他类型转变，如禁止采伐森林政策限制了林地向其他类型土地的转变。

土地利用类型转换规则包括两组参数：转换弹性和转换次序。转换弹性指研究区内土地利用类型之间相互转换的难易程度。除非有充分的需求，否则高资本投资的土地利用类型不容易转换成其他土地利用类型，如居住点和永久性作物（果树）。这种转换差异可以用转换成本近似表示。每种土地利用类型都要指定一个相对转换弹性，弹性值介于 0~1，0 代表容易转换，1 代表不可逆变化。相对转换弹性的值一般在综合考虑研究区土地利用变化历史及未来土地利用规划的基础上进行设置。相对转换弹性参数的设置取决于研究者对研究区社会经济状况，特别是土地利用变化历史及未来土地利用规划的认知和理解程度，因此，存在一定的主观因素。所以，需要在模型运行的过程中不断进行调试，以降低人为的不确定性因素对模拟效果的影响。转换次序通过土地利用类型之间的转移矩阵来设置。矩阵中定义的内容包括：各种土地利用类型之间能否实现转变，0 表示不能转变，1 表示可以转变；哪些区域允许发生转变，哪些区域不允许发生转变；一个区域的土地利用类型需要多少年时间才能转换成另一种土地利用类型。例如，一个开放的森林不能直接转换成封闭的森林，而是需要几年的时间。一种土地利用类型可以保持不变的最长年份，这种设置特别适用于轮耕系统上的作物种植，年份数主要受制于土壤养分的耗竭和杂草的干扰。需要强调的是，转换表中只给出土地利用类型转换的最长或最短年限，具体的数值取决于土地利用压力和具体的位置情况。

土地利用需求模块独立于 CLUE-S 模型，通过定义土地利用变化的总需求来限制模型的模拟。土地利用需求的计算方法可以根据研究区域和不同的情景设置进行选择。利用过去的土地利用资料进行趋势外推，计算研究区域未来的土地利用需求是一种常用的计算土地利用需求的方法。如果考虑政策目标，可以通过先进的宏观经济变化模型来分析土地利用变化。

空间特征表示土地利用类型的空间分布适宜性。通过计算各土地利用类型栅格上出现概率的大小，然后对比同一栅格上各地类出现的概率，从而确定占优势的土地利用类型。土地利用类型空间分布适宜性受研究区自然、社会经济等驱动因子的影响。

（2）模型参数文件

CLUE-S 模型需要输入的参数文件见表 3-27。

表 3-27   CLUE-S 模型输入参数文件

文件名	说明
main.1	模型主要参数设置文件
alloc.reg	回归方程参数文件
allow.txt	土地利用转换矩阵文件

文件名	说明
region_park *.fil	区域约束文件（*代表不同的约束文件）
demand.in*	土地利用需求输入文件（*代表不同的情景方案）
cov_all.0	模拟起始年份土地利用类型图
sc1gr*.fil	驱动因子文件（*代表不同的驱动因子）

main.1 是模型主要参数设置文件，其包含的参数及参数的格式见表 3-28。

表 3-28   main.1 文件中包含的参数及本研究参数值

行数	参数	格式	本研究参数值
1	土地利用类型数	整型	6
2	研究区域数	整型	1
3	单个回归方程中驱动因子最多个数	整型	12
4	总驱动因子个数	整型	12
5	研究区栅格行数	整型	1005
6	研究区栅格列数	整型	1094
7	单个栅格面积	浮点型	4
8	原点 X 坐标	浮点型	-508 348.965 101 64
9	原点 Y 坐标	浮点型	4 098 137.453 939 2
10	土地利用类型序号	整型	0 1 2 3 4 5
11	转换弹性系数	浮点型	0.9 0.7 0.8 0.6 1.0 0.5
12	迭代变量	浮点型	0 0.3 1
13	模拟的起始年份	整型	1986 2000
14	动态驱动因子的个数及序号	整型	0
15	输入/输出文件格式选择	1、0、-2、2	1
16	特定区域回归选择	0、1、2	0
17	土地利用历史初值	0、1、2	1 4
18	邻域计算的选择	0、1、2	0
19	区域特定优先值	整型	0
20	可选迭代参数	浮点型	0.05

（3）空间特征分析

CLUE-S 模型采用逐步回归分析的方法定量分析和评价土地利用空间布局与各驱动因子之间的关系。Logistic 逐步回归法是较为常用的一种方法，该方法根据一组影响土地利用空间布局的驱动因子，计算各栅格单元可能出现某一种土地利用类型的概率，从而解释各地类与其驱动因素之间的关系。Logistic 回归计算公式为

$$\lg\left\{\frac{P_i}{1-P_i}\right\} = \beta_0 + \beta_1 X_{1,i} + \beta_2 X_{2,i} + \cdots + \beta_n X_{n,i} \tag{3-41}$$

式中，P_i 为栅格中出现土地利用类型 i 的概率；X 为驱动因子；β_0，β_1，$\cdots$，β_n 为回归系数。Logistic 逐步回归可以筛选出对土地利用空间布局影响显著的因子，同时将不显著的因子剔除。Logistic 回归分析的结果是事件发生的概率，该概率是 Logistic 系数的指数，即指数 BExp（B）。当 Exp（B）>1 时，表示发生概率增加；当 Exp（B）= 1 时，表示发生概率不变；当 Exp（B）<1 时，表示发生概率减少。

关于 Logistic 回归效果的检验，目前普遍使用的是 Pontius 提出的 ROC（relative operating characteristics）方法。该检验方法的结果是 ROC 曲线，根据曲线下的面积（area under the curve of ROC，AUC）来判断模拟的土地利用类型空间布局与实际空间布局间的拟合度。AUC 值介于 0.5～1，值越大表明驱动因子对土地利用类型的解释能力越强。一般来说，AUC 大于 0.7，表明选择的驱动因子可以较准确地解释研究区的土地利用空间格局。

（4）空间分配过程

土地利用类型空间分配过程是在综合分析各地类的空间分布适宜性、转换规则及研究初期实际土地利用空间布局的基础上，根据总概率的大小对土地利用需求进行空间分配。空间分配过程通过迭代运算来实现，具体迭代过程如图 3-22 所示。

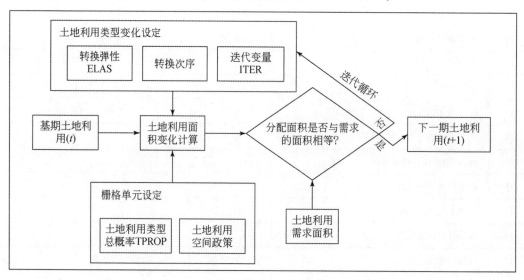

图 3-22　土地利用变化空间分配的迭代过程

首先定义允许土地利用类型变化的栅格单元,政策限制区域将不参与运算。每个栅格中各土地利用类型总概率的计算公式如下:

$$TPROP_{i,u} = P_{i,u} + ELAS_u + ITER_u \qquad (3\text{-}42)$$

式中,$P_{i,u}$ 为通过 Logistic 回归计算出的土地利用类型 u 在区域 i 的总概率;$ELAS_u$ 为土地利用类型 u 的转换弹性;$ITER_u$ 为土地利用类型 u 的迭代变量。初次分配时,所有土地利用类型的迭代变量赋予相同的值。通过计算每个栅格单元适于各土地利用类型的总概率,然后按概率大小对栅格单元的地类进行初次分配。将初次分配面积与土地利用需求面积相比较,如果分配面积小于土地利用需求面积,则增加该土地利用类型迭代变量的值。反之,在分配面积与土地利用需求面积没有达到平衡之前,重复以上步骤,直到两者相等时,保存该年的分配图,然后进行下一年的分配。

3.4.2 数据来源及处理

CLUE-S 模型的运行需要较多的空间数据及社会经济统计数据,包括土地利用空间分布图和影响土地利用变化的自然及社会经济等驱动因子。

研究采用的土地利用数据为 1986 年和 2000 年黑河中游山丹县、民乐县、甘州区、临泽县和高台县 5 个县(区)的土地利用图,数据来源于黑河计划数据管理中心。从获取的土地利用图中提取耕地、林地、草地、水域、建设用地和未利用土地 6 种土地利用类型。研究采用的 DEM 数据来源于地理空间数据云网站 90 m 分辨率的 SRTM 数据。黑河流域道路分布数据集、张掖灌溉渠系数据集、黑河流域河流分布数据集、黑河流域水库分布数据集、张掖市机采井空间分布数据集、黑河流域土壤质地数据、黑河流域 20 世纪 80 年代土壤类型数据集和黑河流域人口格网化数据集等影响土地利用变化的数据均来自黑河计划数据管理中心。

土地利用变化驱动因子的选取需要遵循的原则包括:数据的可获取性、驱动因子的定量化、在研究区内存在空间差异性、与研究区土地利用变化有较大的关联性、数据资料一致性及自然和社会经济因子并重。综合考虑以上原则,选取 12 个土地利用驱动因子如下:距河流的距离、距干支渠的距离、距机采井的距离、距水库的距离、距道路的距离、距居民点的距离、土壤类型、土壤结构、海拔、坡度、坡向和人口密度。距离因素是将研究区土地利用图与河流、渠道、机采井、水库、道路等图层叠加,然后利用 GIS 的空间分析功能计算研究区内每个栅格到各要素之间的距离。坡度和坡向因素是在 DEM 数据的基础上,通过 GIS 的 Surface Analysis 功能提取的。

因为 CULE-S 模型是以栅格的形式对土地利用进行空间分配,所以需要将所有空间数据转化成具有同一投影体系和地理坐标的栅格数据,并确保栅格的大小和数目保持一致。本研究采用的地理坐标系统为 GCS_ Krasovsky_ 1940,投影坐标系统为 Albers。要对土地利用类型和驱动因子进行 Logistic 回归,就要利用 GIS 的 Raster to ASCII 工具,将栅格数据转化成 ASCII 文件,然后用 CLUE-S 模型中的 File Converter 模块将所有 ASCII 文件转为单一记录的文件,并剔除文件中的空值,代码为 −9999。将转化后的单一文件导入 SPSS 软件中，进行二元 Logistic 回归分析，得到各土地利用类型与其驱动因子的回归模型。

由于土地利用变化格局及驱动机制的研究具有明显的尺度效应，合适规模尺度的选择对土地利用变化的模拟至关重要。本研究选择 200 m×200 m、500 m×500 m 和 1000 m×1000 m 三种尺度对土地利用类型及其驱动因子进行 Logistic 回归分析，绘制不同尺度下模拟结果的 ROC 曲线，然后通过 AUC 的大小来选择最佳模拟尺度。通过对比，200 m×200 m 尺度下，回归方程的总体拟合优度最好，各土地利用类型的 ROC 曲线如图 3-23 所示。从图中可以看出，驱动因子对建设用地的解释能力最强，AUC 值达到 0.946，其次是耕地（AUC=0.928）、未利用土地（AUC=0.875）、林地（AUC=0.864）和草地（AUC=0.730），回归方程对水域的模拟能力相对较弱，AUC 值为 0.698。但是，总体来说所选取的驱动因子在 200 m×200 m 尺度下对土地利用类型有较好的解释能力，可以满足模型的回归要求，能够应用于黑河中游土地利用空间布局的模拟。

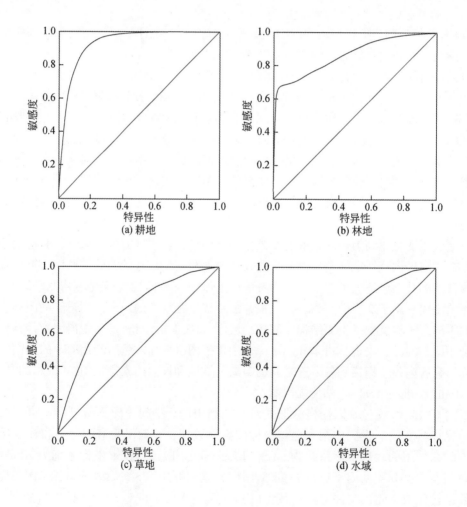

(a) 耕地

(b) 林地

(c) 草地

(d) 水域

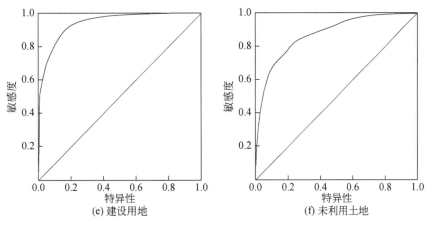

图 3-23　各土地利用类型的 ROC 曲线

3.4.3　模型参数设定

（1）主要参数设置文件（main. 1）

main. 1 文件包含了配置模型的所有重要参数，根据上述分析及模型的调试，确定各参数值见表 3-28。

（2）回归方程参数文件（alloc. reg）

根据上述 Logistic 逐步回归分析，影响各土地利用类型的驱动因子及其系数见表 3-29。

表 3-29　回归方程系数

驱动因子	耕地	林地	草地	水域	建设用地	未利用土地
距河流的距离	0.000 02	−0.000 19	−0.000 016	—	−0.000 02	0.000 04
距干支渠的距离	−0.000 27	—	−0.000 003	−0.000 09	0.000 09	0.000 03
距机采井的距离	−0.000 04	0.000 02	−0.000 015	−0.000 02	—	0.000 004
距水库的距离	−0.000 01	−0.000 07	0.000 038	−0.000 02	−0.000 01	0.000 003
距道路的距离	−0.000 11	0.000 16	0.000 028	−0.000 04	−0.000 18	0.000 05
距居民点的距离	−0.001 86	−0.000 15	−0.000 097	0.000 02	−0.002 28	0.000 35
土壤类型	−0.005 28	−0.017 58	0.022 494	0.009 19	−0.012 15	−0.006 88
土壤结构	−0.133 16	−0.129 14	−0.204 774	—	−0.118 48	0.200 85
海拔	0.001 87	0.001 15	0.000 327	0.000 39	0.001 05	−0.002 16

驱动因子	耕地	林地	草地	水域	建设用地	未利用土地
坡度	−0. 289 54	0. 098 44	0. 043 841	−0. 050 22	−0. 202 58	−0. 006 67
坡向	−0. 000 53	0. 000 56	0. 000 54	0. 000 43	−0. 000 64	0. 000 31
人口密度	−0. 000 37	−0. 000 63	−0. 000 731	−0. 000 78	0. 000 82	−0. 001 6
常数	−0. 500 99	−4. 545 53	−1. 713 195	−3. 415 15	−3. 002 88	1. 473 56

（3）土地利用转换矩阵文件（allow. txt）

结合研究区 1986～2000 年各土地利用类型间的相互转移情况，本研究的土地利用转移矩阵设置见表 3-30，研究期间，建设用地基本不向其他土地利用类型转变。

表 3-30　土地利用转移矩阵

土地利用类型	耕地	林地	草地	水域	建设用地	未利用土地
耕地	1	1	1	1	1	1
林地	1	1	1	1	1	1
草地	1	1	1	1	1	1
水域	1	1	1	1	1	1
建设用地	0	0	0	0	1	0
未利用土地	1	1	1	1	1	1

（4）区域约束文件（region_ park. fil）

因为研究区中不存在大面积的自然保护区或政策限制区域，因此整个研究区参与土地利用变化分析，对研究区的所有栅格赋值为 0，如图 3-24 所示。

（5）土地利用需求文件（demand. in*）

土地利用需求的计算独立于 CLUE-S 模型，一般采用 Markov 模型、Grey 模型、SD 模型，或通过线性内插的方法来获得。线性内插方法较为简单、快捷，一般在社会经济统计数据不够完善的区域，利用线性内插方法的效果较好，Verburg 等（2002，2006）、摆万奇等（2005）和张永民等（2003）均使用线性内插方法取得了良好的模拟效果。本研究采用 1986 年和 2000 年两期土地利用数据通过线性内插得出 1986～2000 年各年的土地利用需求面积（表 3-31）。

图 3-24　区域约束文件

表 **3-31**　土地利用需求文件　　　　　　　　　　　　　　　　（单位：hm²）

年份	耕地	林地	草地	水域	建设用地	未利用土地
1986	303 428	57 020	340 144	47 032	29 524	745 156
1987	304 984	56 890	338 929	46 771	296 36	745 093
1988	306 539	56 761	337 714	46 511	29 748	745 031
1989	308 095	56 631	336 499	46 250	29 860	744 968
1990	309 651	56 501	335 285	45 990	29 972	744 906
1991	311 207	56 371	334 070	45 729	30 084	744 843
1992	312 762	56 242	332 855	45 469	30 196	744 781
1993	314 318	56 112	331 640	45 208	30 308	744 718
1994	315 874	55 982	330 425	44 947	30 420	744 655
1995	317 429	55 853	329 210	44 687	30 532	744 593
1996	318 985	55 723	327 995	44 426	30 644	744 530
1997	320 541	55 593	326 781	44 166	30 756	744 468
1998	322 097	55 463	325 566	43 905	30 868	744 405
1999	323 652	55 334	324 351	43 645	30 980	744 343
2000	325 208	55 204	323 136	43 384	31 092	744 280

（6）模拟起始年份土地利用类型图（cov_all.0）

本研究采用1986年黑河中游的土地利用数据作为模型模拟初期的土地利用类型图，土地利用类型分为耕地、林地、草地、水域、建设用地和未利用土地6类，如图3-25所示。

图 3-25　1986 年土地利用类型图

（7）驱动因子文件（sc1gr*.fil）

根据研究区的实际情况和驱动因子选择的原则，本研究选取了12个驱动因子：距河流的距离（sc1gr0.fil）、距干支渠的距离（sc1gr1.fil）、距机采井的距离（sc1gr2.fil）、距水库的距离（sc1gr3.fil）、距道路的距离（sc1gr4.fil）、距居民点的距离（sc1gr5.fil）、土壤类型（sc1gr6.fil）、土壤结构（sc1gr7.fil）、海拔（sc1gr8.fil）、坡度（sc1gr9.fil）、坡向（sc1gr10.fil）和人口密度（sc1gr11.fil），各驱动因子的空间量化如图3-26所示。

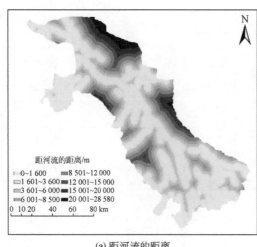

(a) 距河流的距离

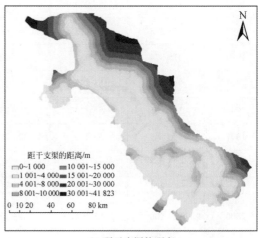

(b) 距干支渠的距离

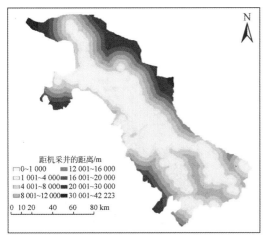

(c) 距机采井的距离

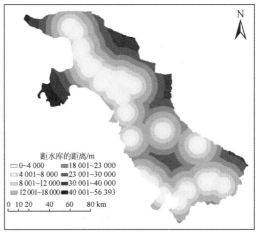

(d) 距水库的距离

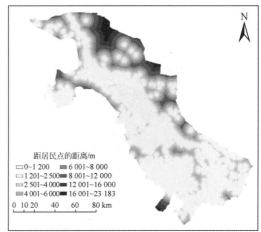

(e) 距道路的距离

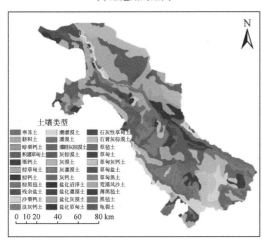

(f) 距居民点的距离

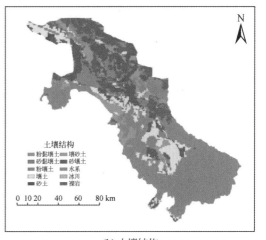

(g) 土壤类型

(h) 土壤结构

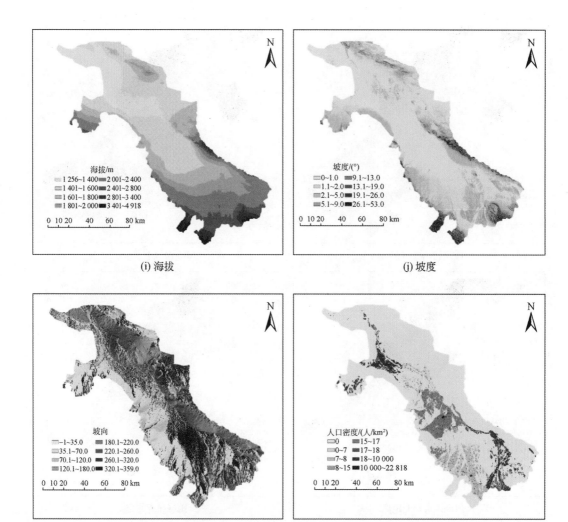

图 3-26　土地利用驱动因子空间量化图

3.4.4　模拟结果检验

（1）检验方法

CLUE-S 模型土地利用变化空间模拟精度的检验多采用 Kappa 指数法。Kappa 指数最早由 Cohen 于 1960 年提出，是用于评价遥感影像分类精度及比较图件一致性的指标，计算公式为

$$\text{Kappa} = \frac{P_o - P_c}{P_p - P_c} \tag{3-43}$$

式中，$P_o = \sum_{i=1}^{n} P_{ii}$，是正确模拟的比例；$P_c = \sum_{i=1}^{n} (R_i \times S_i)$，是随机情况下期望正确模拟的比例；$P_p = \sum_{i=1}^{n} R_i$，是理想情况下正确模拟的比例（表3-32）。一般认为，当 Kappa≥0.75 时，模拟土地利用类型图和实际土地利用类型图具有较高的一致性；当 0.4≤Kappa<0.75 时，一致性一般；当 Kappa<0.4 时，一致性较差。在 CLUE-S 模型模拟精度的评价中，Kappa 的值越高，表明模型拟合优度越高。

表 3-32　模拟与实际土地利用类型图的转移矩阵

模拟土地利用类型图	实际土地利用类型图					
	$i=1$	$i=2$	$i=3$	$\cdots$	$i=n$	合计
$i=1$	P_{11}	P_{12}	P_{13}	$\cdots$	P_{1n}	$S_1 = \sum_{i=1}^{n} P_{1i}$
$i=2$	P_{21}	P_{22}	P_{23}	$\cdots$	P_{2n}	$S_2 = \sum_{i=1}^{n} P_{2i}$
$i=3$	P_{31}	P_{32}	P_{33}	$\cdots$	P_{3n}	$S_3 = \sum_{i=1}^{n} P_{3i}$
$\cdots$	$\cdots$	$\cdots$	$\cdots$	$\cdots$	$\cdots$	$\cdots$
$i=n$	P_{n1}	P_{n2}	P_{n3}	$\cdots$	P_{nn}	$S_n = \sum_{i=1}^{n} P_{ii}$
合计	$R_1 = \sum_{i=1}^{n} P_{i1}$	$R_2 = \sum_{i=1}^{n} P_{i2}$	$R_3 = \sum_{i=1}^{n} P_{i3}$	$\cdots$	$R_n = \sum_{i=1}^{n} P_{ii}$	1

由于 Kappa 指数不能解释误差产生的原因，Pontius 和 Schneider 在其基础上提出了可以量化数量误差和位置误差的四个指数：数量 Kappa 指数、位置 Kappa 指数、标准 Kappa 指数和随机 Kappa 指数（Pontius，2000；Pontius and Schneider，2001）。数量误差是由两幅图像上土地利用类型百分比差异引起的，而位置误差是由同种土地利用类型空间错位引起的。在土地利用变化过程中，保持土地利用类型面积及确定其空间位置的能力均可分为完全（PQ、PL）、中等（MQ、ML）和无（NQ、NL）（表3-33）。

表 3-33　百分比正确程度的分类

保持数量能力	确定空间位置能力		
	无（NL）	中等（ML）	完全（PL）
无（NQ）	$1/i$	$1/i + K_{location} \times [NQPL-1/i]$	$\sum_{i=1}^{n} \mathrm{Min}(1/i, R_i)$

保持数量能力	确定空间位置能力		
	无（NL）	中等（ML）	完全（PL）
中等（MQ）	$\sum_{i=1}^{n}(S_i \times R_i)$	P_o	$\sum_{i=1}^{n}\mathrm{Min}(S_i, R_i)$
完全（PQ）	$\sum_{i=1}^{n}(R_i \times R_i)$	PQNL+Klocation×（1−PQNL）	1

在 CULE-S 模型模拟结果的检验中，标准 Kappa 指数和随机 Kappa 指数用来评价模型模拟土地利用类型变化空间布局的总体效果，位置 Kappa 指数用来评价土地利用类型空间拟合优度，数量 Kappa 指数用来评价土地利用类型数量拟合优度。各 Kappa 指数计算公式如表 3-34 所示。

表 3-34　各 Kappa 指数计算公式

指数	计算公式
标准 Kappa 指数	$(P_o-\mathrm{MQNL})/(1-\mathrm{MQNL})$
随机 Kappa 指数	$(P_o-\mathrm{NQNL})/(1-\mathrm{NQNL})$
位置 Kappa 指数	$(P_o-\mathrm{MQNL})/(\mathrm{MQPL}-\mathrm{MQNL})$
数量 Kappa 指数	$(P_o-\mathrm{NQML})/(\mathrm{PQML}-\mathrm{NQML})$

（2）精度评价

CLUE-S 模型生成的 2000 年土地利用分布信息以 ASCII 格式文件存储，需要利用 ArcGIS 工具将其转换为 grid 格式文件，生成可视化的土地利用空间格局模拟图（图 3-27），然后利用 2000 年的实际土地利用类型分布图对模拟结果的精度进行检验。

经检验，模型正确模拟的栅格数为 359 493 个，而研究区的栅格总数为 380 576 个，模拟的总体精度为 94.46%。模拟结果的数量 Kappa 指数为 0.999，表明在不考虑位置变化的情况下，模拟的结果与实际土地利用类型面积的一致性非常高。这主要是因为，在 CLUE-S 模型中土地利用需求面积是直接输入参数。模拟结果的位置 Kappa 指数为 0.917，表明如果不考虑数量变化，模拟的土地利用类型分布图在空间上仅有 8.3% 的栅格单元与实际土地利用类型分布图不吻合，具有较高的空间一致性。标准 Kappa 指数和随机 Kappa 指数综合了数量和位置的变化，可以量化综合信息的变化。模拟结果的标准 Kappa 指数为 0.917，表明在中等保持数量和空间位置的能力下，1986 年模拟的 2000 年土地利用类型分布图与实际的土地利用类型分布图一致性很好。模拟结果的随机 Kappa 指数为 0.934，表明在不考虑数量和空间位置的情况下，1986 年模拟的 2000 年土地利用类型分布图有

 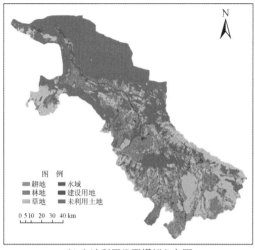

(a) 土地利用类型实际分布图　　　　　　　　(b) 土地利用类型模拟分布图

图 3-27　2000 年黑河中游土地利用类型实际和模拟分布图

6.6%的空间信息丢失，即模拟结果中仅有 6.6% 的栅格单元与 2000 年实际土地利用类型分布图不吻合，模拟的一致性较好。

综上所述，CLUE-S 模型在利用黑河中游 1986 年土地利用类型数据模拟 2000 年的土地利用类型空间分布时，模拟结果的位置 Kappa 指数、数量 Kappa 指数、标准 Kappa 指数和随机 Kappa 指数均大于等于 0.917，大于 0.75 表明模拟的 2000 年土地利用类型分布图与实际土地利用类型分布图从数量和空间位置上均具有较高的一致性。因此，CLUE-S 模型能较好地应用于黑河中游土地利用变化空间格局的模拟。

3.4.5　小结

本节首先从模型框架、模型参数文件、空间特征分析和空间分配过程对 CLUE-S 模型进行介绍，然后根据黑河中游土地利用变化的实际情况设定模型参数，基于黑河中游 1986 年的土地利用类型数据模拟 2000 年的土地利用类型空间格局，并用 2000 年的实际土地利用类型数据对模型的模拟结果进行检验。主要结论如下：

1）本研究选取距河流的距离、距干支渠的距离、距机采井的距离、距水库的距离、距道路的距离、距居民点的距离、土壤类型、土壤结构、海拔、坡度、坡向和人口密度 12 个土地利用驱动因子。

2）通过 ROC 检验，选取的驱动因子在 200 m×200 m 尺度下对土地利用类型具有较好的解释能力，各土地利用类型的 AUC 值分别为：耕地（0.928）、林地（0.864）、草地（0.730）、水域（0.698）、建设用地（0.946）和未利用土地（0.875），满足模型的回归要求。

3）模型模拟结果的位置 Kappa 指数、数量 Kappa 指数、标准 Kappa 指数和随机 Kappa 指数均大于等于 0.917，表明模拟的 2000 年土地利用类型分布图与实际土地利用类型分布图从数量和空间位置上均具有较高的一致性，模型能够较好地应用于黑河中游土地利用变化空间格局的模拟。

3.5　水资源系统对人类用水的响应规律

3.5.1　研究区水资源系统分析

1. 概述

21 世纪初，国家在"十五"计划建设期间，把实施西部大开发战略、促进地区的协调发展作为一项重要的战略任务，自此，大力开发西部地区成为我国经济建设的重点，西北地区在西部大开发战略中占据着重要的地位。水是地球上所有生命的源泉，对人类来说也扮演着至关重要的角色，无论是我们的日常生活，还是我们进行的生产活动，水都是不可或缺的物质，我国西北地区占国土面积的 1/3，而水资源仅占全国水资源量的 5%，因此水资源在我国西北地区社会经济发展过程中成为关键制约因素。由于自然气候条件、社会历史变迁等多方面因素，西北地区水利发展较为滞后，水资源配置不合理、水土流失、水污染、水资源开发利用效率低等问题严重制约了西北地区的社会经济发展和生态环境改善。因此，分析模拟水资源系统对西北地区的水资源合理配置，提高水资源管理水平和水资源开发利用效率具有重要意义，同时，弄清水资源系统内部各要素之间的相互作用关系，可以为当地发展水权水市场提供重要借鉴与参考。

水资源系统的特点是系统内部反馈关系错综复杂，系统与外部的联系又十分紧密，它是由水资源、人口、经济、社会、生态、环境等子系统及相关要素复合构成，各要素与子系统间有直接或间接的复杂关系，这种关系是线性还是非线性的不确定性较大，使得水资源系统问题的研究变得困难和复杂。系统动力学（system dynamics，SD）在研究过程中既有定量研究也有定性研究，能够对系统综合分析并进行动态模拟。系统动力学可以清晰地描述表现系统中各要素之间和要素与系统之间的反馈关系，在大型复杂系统的仿真模拟方面表现出较大的优势，所以为了更好地了解西北地区水资源系统的内部反馈调节机制，进而找到影响西北地区景观格局变化的关键水资源系统要素，本研究采用系统动力学模型（简称 SD 模型）对张掖市的水资源系统进行模拟分析，预测该地区未来用水结构变化，为后续水权交易模型的构建提供水市场背景分析与数据支持。

2. 研究方法

系统动力学是在 20 世纪中期首次提出的一种方法，其主要基于控制论、信息论和决策论等理论研究整个复杂系统。其原理是基于系统内部要素的因果反馈机制，在分析系统结构、掌握系统动态变化的基础上，对系统尤其是大型复杂系统的结构、功能和反馈机制进行研究，在长期动态的仿真分析方面具有较大的优势。水资源系统涉及水资源、社会、经济、生态等多方面,是一个非线性、随机性、多重反馈和复杂时变的大系统,针对水资源系统的这些特点,本研究采用系统动力学方法对张掖地区水资源系统进行研究分析。

系统动力学的系统结构以反馈回路为主,一阶反馈回路在系统构建过程中发挥着重要的作用,是整个系统结构的基本单元,是由状态变量(levels,简称 L)、速率变量(rate,简称 R)、辅助变量(auxiliary,简称 A)及常量(constant,简称 C)构成,大型复杂系统的由多个系统元素(如子系统、变量、常量等)和延迟、逻辑等元素之间的连接方式构成,按照一定的层次顺序组织,从而构成总系统结构。总体来说,构建系统动力学模型的方法为系统分析、结构分析、数学建模。

(1)系统分析

在构建系统动力学模型之前,要对所研究的系统进行深入、广泛的调查研究,提出研究所要解决的问题,明确研究目的。在确定研究目的的基础上,对整个系统、系统结构、系统所要解决的主要问题等方面进行分析,进而确定系统边界条件。在研究系统的基本矛盾和主要矛盾(即系统的内驱动与外驱动因素)的基础上,将相关联的变量整理分析归类。变量主要分为内生变量和外生变量。外生变量可以理解为自变量,是系统的输入,可人为改变;内生变量则可以理解为因变量,是系统运行的结果,不受人工控制。

确定系统边界之后,为了更清晰地描述系统结构可将系统划分为若干个相互关联的子系统,即:

$$S = (S_i \in S) \tag{3-44}$$

式中,S 为整个系统;S_i 为子系统。

(2)结构分析

结构分析是在变量定义与系统元素之间反馈机制分析的基础上,绘制因果回路图(causal loop diagram,CLD),它是描述和研究大型复杂系统反馈结构的重要工具,在构思模型的初级阶段起着非常重要的作用。因果回路图是由若干个变量及表征变量之间因果关系的因果链共同组成的。在因果回路图中,因果链连接各种变量,表达变量之间的因果反馈方式,其因果关系由因果链(带箭头的线)表达和描述,在因果回路图中重要的反馈回路会被明显地标出,因果链及反馈回路的定义见表3-35。

表 3-35　因果链及反馈回路的定义

项目	符号	定义	数学公式
正因果链	$x \xrightarrow{+} y$	在其他条件相同的情况下,如果 x 增加(减少),则 y 增加(减少)到高于(低于)它原有所应有的量。在累加的情况下,x 加入 y	$\dfrac{\partial y}{\partial x} > 0$ $y = \displaystyle\int_{t_0}^{t} (x_0 + \cdots + x_t)\,dt + Y_{t0}$
负因果链	$x \xrightarrow{-} y$	在其他条件相同的情况下,如果 x 增加(减少),则 y 减少(增加)到低于(高于)它原有所应有的量。在累加的情况下,x 从 y 中扣除	$\dfrac{\partial y}{\partial x} < 0$ $y = -\displaystyle\int_{t_0}^{t} (x_0 + \cdots + x_t)\,dt + Y_{t0}$

项目	符号	定义	数学公式
正反馈回路	↺	反馈回路中所含负因果链的个数为偶数则为正反馈回路	
负反馈回路	↺	反馈回路中所含负因果链的个数为奇数则为负反馈回路	

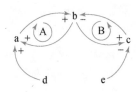

图 3-28　因果回路图

图 3-28 表示的是一个简单的因果回路图，A 和 B 是该回路图中的两个反馈回路，其中 a→b、b→a、b→c、d→a 为正因果关系，c→b、e→c 为负因果关系，A 是一个正反馈回路，B 是一个负反馈回路。通过绘制因果回路图，系统内部的层次组织顺序、系统元素之间的反馈机制和因果关系都可以被清晰地表示出来，从而为下一步模型的建立奠定基础。

（3）数学建模

在确定了系统内部因果关系和反馈机制之后，为了让模型有更好的模拟效果和精度，就需要用精确的数学语言描述系统元素、子系统之间的关系，在系统动力学模型中，系统内部关系用流程图和结构方程式来表达。系统结构流程图对整个系统至关重要，作为系统的核心组成部分，主要是由一些符号（如变量和箭头等）构成，在流程图中数量关系表达式被用来描述变量间的关系，能够更清晰地展现系统内部各要素之间的作用机制，流程图的一般形式如图 3-29 所示。

状态变量、速率变量、辅助变量和常量是系统中常见的四种变量类型，数学表达式或表函数的方式可以将变量之间的关系进行量化，通过这种方式实现模型的形式化和定量化，为实现仿真目的奠定基础。

1）状态变量。图 3-29 中的 L 即为状态变量，用来描述变量在一定时间内的累积效应。状态变量取值则是通过系统中的元素对某一时间段的累积计算得出，即元素的时间积分，在系统中其值可以在任何瞬间观测。

2）速率变量。图 3-29 中 R_1 和 R_2 即为速率变量，速率变量用来描述系统元素的时间累积速率，也就是状态变量的变化速率，即状态变量的时间导数，其特点是能够表达系统动态变化快慢程度。在某一时间点虽然不能观测到速率变量的值，但是可以通过一段时间的观测计算其平均值，或者可以通过计算某元素的时间导数得到速率变量。图 3-29 中状态变量和速率变量的关系可以表示为

$$L = L_0 + R_1 \Delta t - R_2 \Delta t \tag{3-45}$$

式中，L_0 为 L 的初始值；Δt 为时间间隔。

3）辅助变量。在系统动力学模型中，除了上述的状态变量和速率变量，在模型构建中还会经常用到辅助变量，辅助变量作为中间变量能够描述和表现出决策的过程，可以有效地对系统反馈结构进行分析，是系统动力学模型的重要组成部分。

4）常量。在对系统的研究中，也会用到常量，即变化很小可以忽略或者相对不变的量。

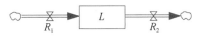

图 3-29　流程图的一般形式

模型建立之后，将模型的边界条件和初始条件输入模型中，通过模型中结构方程式和表函数等变量间数量关系的计算，得到模型中各变量的模拟值。经过对系统的模拟结果和真实观测值的对比分析，在不断地试运算过程中调整模型结构及修改模型参数，使模型能够最优地表达客观事实。得到的最优模型，其模拟值应该和观测值基本一致，其模型结构应该能够最合理地描述真实系统，在此基础上，利用优化后的模型对系统未来的情况进行预测。

3. 结果与分析

（1）模型构建与验证

水安全保障是一个涉及经济、社会、生态环境等多方面的系统工程，本研究在对张掖市水资源系统状况调查研究的基础上，将研究区水资源系统分为供水子系统、用水子系统、经济子系统、人口子系统及生态环境子系统。模型设定模拟时间为 2006～2020 年，其中 2006～2011 年作为模型验证年份，基准年为 2006 年，时间间隔为 1 年。利用系统动力学软件 VensimPLE 建立水资源系统动力学模型，模型所用数据来自《甘肃省水资源公报》和《甘肃年鉴》所记载的 2006～2012 年水文数据，水资源系统动力学模型流程图如图 3-30 所示。

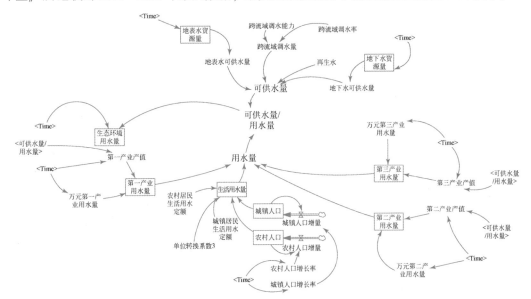

图 3-30　水资源系统动力学模型流程图

模型所用到的主要公式如下①:

$$可供水量=地表水可供水量+跨流域调水量+再生水量 \atop +地下水可供水量 \tag{3-46}$$

$$用水量=生活用水量+产业用水量+生态环境用水量 \tag{3-47}$$

$$生活用水量=(城镇人口×城镇人口用水定额+农村人口 \atop ×农村人口用水定额)/10^8 \tag{3-48}$$

$$产业用水量=产业产值×万元产业用水量/10^4 \tag{3-49}$$

研究区水资源系统动力学模型建立之后,将模型模拟的用水量数据作为各用水部门的用水量,利用2006~2011年各用水部门用水量数据对模型的有效性和适用性进行验证,以保证该模型能够模拟张掖市水资源系统的动态变化。本研究首先对模拟结果与实际数据进行对比分析,以验证模型的有效性,结果如图3-31所示,而后对张掖市水资源系统进行预测。

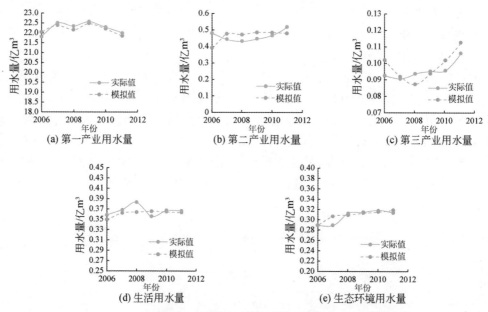

图3-31　模型历史检验结果分析

第一产业用水量、第二产业用水量、第三产业用水量、生活用水量和生态环境用水量模拟值与实际值的最大误差分别为1.11%、9.02%、9.91%、4.97%和6.23%,均未超过10%,表明本研究所构建的水资源系统动力学模型对研究区的适用性较高。

---

① 可供水量、地表水可供水量、跨流域调水量、再生水量、地下水可供水量、生活用水量、产业用水量、生态环境用水量的单位均为亿 m^3;城镇人口、农村人口的单位为人;城镇人口用水定额、农村人口用水定额的单位为 m^3/人;产业产值的单位为亿元;万元产业用水量的单位为 m^3。

（2）用水量预测

利用构建好的张掖市水资源系统动力学模型对该地区 2020 年的用水量进行预测，预测结果见表 3-36。

表 3-36　张掖市 2020 年各用水部门用水量预测结果　　　　（单位：亿 m³）

项目	第一产业用水量	第二产业用水量	第三产业用水量	生活用水量	生态环境用水量
用水量	16.74	0.39	0.25	0.35	0.33

从预测结果来看，第一、第二产业用水量呈下降趋势，第三产业、生态环境用水量呈上升趋势，生活用水量较为稳定，2012 年，国务院印发了《国务院关于实行最严格水资源管理制度的意见》，指出加快节水型社会建设，促进水资源可持续利用和经济发展方式转变，推动经济社会发展与水资源水环境承载能力相协调，保障经济社会长期平稳较快发展。2016 年通过的《中华人民共和国国民经济和社会发展第十三个五年规划纲要》指出必须坚持以经济建设为中心，从实际出发，把握发展新特征，加大结构性改革力度，加快转变经济发展方式，实现更高质量、更有效率、更加公平、更可持续的发展。从全国经济发展的尺度看，一方面要加大节水力度，建设节水型社会；另一方面要"转方式、调结构"，经济发展方式由粗放型增长到集约型增长，调整国民经济各组成部分的地位和相互比例关系，因此，耗水较多的农业、重工业在国民经济中所占比例相应下降。从这两个方面看，第一产业用水量、第二产业用水量应呈下降趋势。第三产业总体用水量呈上升趋势，图 3-32 为 SD 模型预测的第三产业万元用水量和第三产业产值变化趋势，第三产业万元用水量呈下降趋势，而第三产业产值呈增长趋势，第三产业产值的增长较第三产业万元用水量下降的幅度更快，因此总体用水量呈增长趋势。由以上分析，第一、第二、第三产业用水量的变化符合我国经济发展趋势。

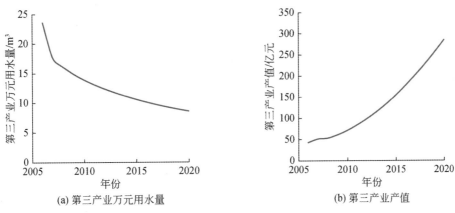

(a) 第三产业万元用水量　　　　　　　　(b) 第三产业产值

图 3-32　第三产业万元用水量、产值预测

人口变化是影响生活用水量的主要因素，城市人口呈增长趋势，农村人口呈下降趋势，因此生活用水量变化较小，符合我国城市化进程规律。张掖市位于中国西北部干旱区，生态环境较为脆弱，加快生态文明建设，加大植树造林力度是该地区进行生态文明体制改革的重要任务，因此，增加生态环境用水量也是该地区发展的必然趋势。

4. 小结

本研究在所建立的张掖市水资源系统动力学模型的基础上，分析了张掖市各用水部门的变化趋势，预测了各用水部门在 2020 年的用水量。主要结论如下：

1）张掖市水资源系统动力学模型的预测结果表明，2020 年第一产业用水量为 16.74 亿 m^3，第二产业用水量为 0.39 亿 m^3，第三产业用水量为 0.25 亿 m^3，生活用水量为 0.35 亿 m^3，生态环境用水量为 0.33 亿 m^3。

2）由模型预测结果可知，第一、第二产业用水量呈下降趋势，第三产业、生态环境用水量呈增长趋势，生活用水量较为稳定。

3.5.2 研究区 Mike Basin 模型的构建与模拟

流域水文循环中，除了自然生态系统的降水、下渗、产流、汇流等水文过程外，还有人类社会系统的取水、供水、用水、排水等过程影响水文循环机制。水权水市场作为人类社会调节优化水资源配置的管理工具，势必对整个流域的水文过程产生影响，在水权水市场和降水径流的双重作用下，流域的水文过程如何变化是本研究讨论的核心问题之一。Mike Basin 模型耦合了水资源优化配置模型和模拟降水径流的集总式概念性水文模型——NAM 模型，模拟人类社会和自然生态对水文过程的作用机制，能够很好地帮助解决社会水文学问题，因此，本研究使用 Mike Basin 模型对研究区建模。

Mike Basin 模型是丹麦 DHI 开发的一款多目标、基于地图的流域水资源分析、规划、管理决策工具，该工具可以解决国际、国内、区域多个流域尺度的水权规划分析问题，被广泛应用于当前国际上水利投资和水资源管理决策等方面，其优势有以下几个方面：①Mike Basin 模型操作简捷，可以在地图上构建流域水资源管理规划模型框架；②Mike Basin 模型的构建结合了 GIS 的特点与效用；③文本方式的模拟结果表达更加快捷和灵活；④Mike Basin 模型的仿真模拟能力经过十多年的发展趋于完善和成熟，其结果非常可靠；⑤水资源利用、水资源分配情况、水力发电量、水库泄流量、水资源损失、水量平衡等结果易查询且表达清晰；⑥Mike Basin 模型对水资源综合开发决策非常有效；⑦Mike Basin 模型可以模拟不同利益相关者在水资源开发利用中的博弈过程。

Mike Basin 模型被广泛应用于水资源配置、气候变化对水资源的影响、地下水与地表水资源利用的连接性、水库水电站运行优化、灌溉方案评估优化、综合性的水资源管理研究等领域。

1. 模型结构

（1）水资源配置模块

水资源配置模块的根本原理是水量平衡。Mike Basin 模型在地理信息系统中可表现流域中的河流、用水户、水库和分水节点等，并通过对这些要素设定相关的属性来对整个系统进行动态模拟。在水资源配置方面，该模型以用水户的用水优先级为基础，优先级有全局优先级和局部优先级之分，全局优先级包含一系列规则，这些规则主要与用水户的可利用水资源量和用水户可能面临的缺水情况有关；局部优先级则主要针对水资源的具体配置，是在全局优先级规则之下各个用水户更为详细的取用水规则。模型中的优先级规则可以通过人为设定来修改，进而以此为基础进行模型计算。

具体来讲，水资源配置模块包括以下步骤：第一，设置用水户取水节点，确定用水户取水优先级，如果从水库引水，还需对水库调度进行设定；第二，设置用水户回水节点和回水量；第三，设置水源，即地下水取水和河道引水情况；第四，设置灌溉制度（针对灌溉用水）；第五，根据流域的来流量、降水径流量、河道损失、水库调节规则等在水量平衡的原理下计算整个流域用水户的供水、用水、耗水、排水情况。

（2）水文模块

Mike Basin 模型中的水文过程模拟使用的是集总式概念性水文模型——NAM 模型，NAM 模型基于物理公式和半经验公式来模拟降水–径流过程。集总式概念性水文模型的特点是将整个流域作为一个整体来研究，因此在 NAM 模型中的各种参数和变量均代表整个流域的平均值，在这种模型结构中，一些参数可以直接使用物理公式得到，而一些参数最终通过观测水文过程的时间序列来不断地试算率定。

图 3-33 是 NAM 模型结构，表现了陆地水文循环过程的各个状态，降水–径流过程模拟是 NAM 模型的主要功能，其中水的储存状态分为 4 种不同而又相互联系的类型，代表了自然界中流域不同的元素，这些水的储存状态类型有积雪、地表水、壤中流、地下水。另外，NAM 模型可以模拟人类对水文过程的干扰，如抽取地下水。

输入气象数据和流域基本数据（蒸散发量、土壤湿度、地下径流量、地下水位等），NAM 模型可以计算出整个流域的径流量，其结果包括地表径流、壤中流和基流。通过参考 DHI 的 Mike Hydro 用户手册，本研究总结得到模型计算机理如下。

1）蒸散发量。当地表水量 U 小于潜在蒸发量 E_p 时，蒸发量先从地表水量中扣除，其余的部分再从壤中流里蒸发，壤中流里蒸发的水量 E_a 计算公式为

$$E_a = (E_p - U) \frac{L}{L_{max}} \tag{3-50}$$

式中，L 是根系带实际含水量（mm）；L_{max} 是根系带最大含水量（mm）。

2）地表径流量。当地表水量 U 大于最大地表水含量 U_{max} 时，净雨量 P_N 一部分转化为下渗水量，一部分形成地表径流（这里用 QOF 表示地表径流），QOF 在计算过程中假设与净雨量 P_N 为线性关系，其计算公式为

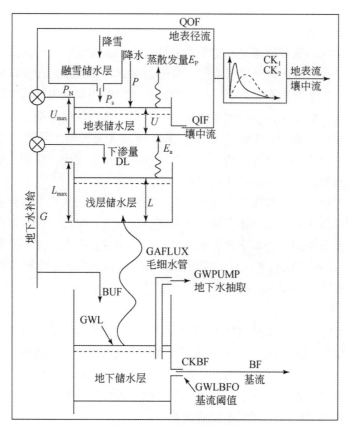

图 3-33 NAM 模型结构

资料来源：解恒燕等，2017

$$QOF = \begin{cases} CQOF \times \dfrac{\dfrac{L}{L_{max}} - TOF}{1 - TOF} \times P_N, & \dfrac{L}{L_{max}} > TOF \\ \\ 0, & \dfrac{L}{L_{max}} \leq TOF \end{cases} \tag{3-51}$$

式中，CQOF 是地表径流系数；TOF 是地表径流阈值。

净雨量 P_N 中转化为下渗水量（P_N-QOF）中的一部分将增大土壤含水量，其余部分将继续下渗到更深的含水层补给地下水。

3）壤中流。壤中流 QIF 在计算中假设与地表水量 U 为线性关系，并与相对土壤湿度有关，其计算公式为

$$QIF = \begin{cases} CKIF^{-1} \times \dfrac{\dfrac{L}{L_{max}} - TIF}{1 - TIF} \times U, & \dfrac{L}{L_{max}} > TIF \\ \\ 0, & \dfrac{L}{L_{max}} \leq TIF \end{cases} \tag{3-52}$$

式中，CKIF 是壤中流出流时间常数；TIF 是根系带补给壤中流阈值。

4）地表径流和壤中流出流计算。壤中流的出流是通过两个有相同时间常数 $CK_{1,2}$ 的线性水库进行计算的，地表径流的出流也是利用线性水库的概念进行计算的，但是时间常数 CK 是一个变量。出流计算公式为

$$OF = \begin{cases} CK_{1,2} \times \left(\dfrac{OF}{OF_{min}} \right)^{-\beta}, & OF \geq OF_{min} \\ CK_{1,2}, & OF < OF_{min} \end{cases} \quad (3-53)$$

式中，OF 是出流（mm/h）；OF_{min} 是线性出流的上边界（0.4mm/h）；β 是来自曼宁公式中的系数，取值为 0.4，以计算出流。式（3-53）在实际应用中确保了地表径流出流计算的动态性。

5）地下水补给。下渗水量 G 补给了地下水的水量，而 G 则与根系带土壤水含量有关，其计算公式为

$$G = \begin{cases} (P_N - QOF) \times \dfrac{\dfrac{L}{L_{max}} - TG}{1 - TG}, & \dfrac{L}{L_{max}} > TG \\ 0, & \dfrac{L}{L_{max}} \leq TG \end{cases} \quad (3-54)$$

式中，TG 是根系带补给地下水阈值。

6）土壤水含量。浅层含水层指根系带水含量，净雨量中除了地表径流和下渗到地下含水层的水量外，剩余的部分增加了土壤水含量 L，增加值 ΔL 计算公式为

$$\Delta L = (P_N - QOF - G) \quad (3-55)$$

7）基流。基流 BF 是利用线性水库出流的原理计算出来的，线性水库的时间常数为 CKBF。

2. 模型数据

Mike Basin 模型需要两方面的数据输入，第一，研究区用水户用水数据；第二，研究区气象水文数据。张掖市甘州区属于张掖市的核心区域（图 3-34），图中绿色部分为甘州区的位置，甘州区位于莺落峡和高崖两个水文站之间，区内的 8 个灌区在流域上同属一个子流域，且在行政上同属一个区，该区域的气象水文数据和用水户用水数据在计算过程中是一致的。该地区有张掖气象站，气象水文资料较丰富。甘州区工业、农业都比较发达，统计资料均较充足，因此本研究以张掖市甘州区为对象构建 Mike Basin 模型。

（1）气象水文数据

本研究选取 2003~2007 年为率定期，2008~2011 年为验证期，计算步长为月，因此均使用月数据。模型所需的气象数据为降水量和蒸发量，来自中国气象数据网所统计的 2003~2011 年的数据。

（2）用水户用水数据

由于缺少甘州区详细的用水数据资料，本研究中的用水户用水数据以《甘肃省水资源公报》所统计的 2003~2011 年张掖市各行业用水量、耗水量为基础，甘州区用水量具体

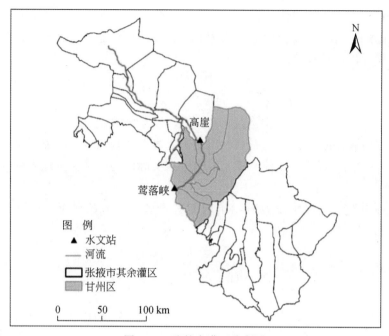

图3-34　张掖市灌区分布图

计算公式如下：

$$甘州区第一产业用水量=\frac{甘州区第一产业产值}{张掖市第一产业产值}×张掖市第一产业用水量 \quad (3-56)$$

$$甘州区第二产业用水量=\frac{甘州区第二产业产值}{张掖市第二产业产值}×张掖市第二产业用水量 \quad (3-57)$$

$$甘州区第三产业用水量=\frac{甘州区第三产业产值}{张掖市第三产业产值}×张掖市第三产业用水量 \quad (3-58)$$

$$甘州区居民生活用水量=\frac{甘州区人口}{张掖市人口}×张掖市居民生活用水量 \quad (3-59)$$

$$甘州区生态环境用水量=\frac{甘州区面积}{张掖市面积}×张掖市生态环境用水量 \quad (3-60)$$

对于月用水数据，第二、第三产业用水量、居民生活用水量是将年数据平均分到各月中，用平均值表示月用水量。对于第一产业用水量和生态环境用水量，在从中国科学院寒区旱区科学数据中心下载的"黑河流域中下游需水量预测数据"中得到现状年黑河中游第一产业用水量与生态环境用水量各个月份用水量的比例（表3-37），那么第一产业月用水量和生态环境月用水量计算方法如式（3-61）和式（3-62）。

甘州区第一产业月用水量=张掖市第一产业用水量×第一产业月用水比例系数

$$(3-61)$$

甘州区生态环境月用水量=张掖市生态环境用水量×生态环境月用水比例系数

$$(3-62)$$

表 3-37   黑河中游第一产业、生态环境月用水比例系数

月份	第一产业、生态环境月用水比例系数
1	0
2	0
3	0.008 073
4	0.052 472
5	0.122 099
6	0.191 726
7	0.182 644
8	0.201 816
9	0.067 608
10	0.064 581
11	0.108 981
12	0

注：第一产业月用水比例系数和生态环境月用水比例系数均由植被生长过程的需水变化计算得出，所以两者一致

3. 模型构建

Mike Basin 模型构建主要分为模型设置、河网设置、流域设置、用水户设置、水库设置，模型的基本形态如图 3-35 所示。

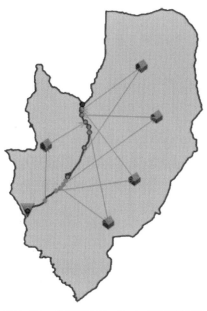

图 3-35   甘州区 Mike Basin 模型结构图

（1）模型设置

选取降水-径流模拟和流域模拟，率定期设置为 2003 年 1 月到 2007 年 12 月，验证期设置为 2008 年 1 月到 2011 年 12 月，计算步长为 1 个月。

（2）河网设置

本研究只设置一条主河道，即黑河在莺落峡到高崖之间的河道，长度为 46.97 km。

（3）流域设置

流域面积为 4240 km²，降水-径流计算采用 NAM 模型，使用模型自动参数率定，试算次数为 2000 次，降水和蒸发数据输入张掖气象站所统计的月降水量、蒸发量数据，观测站使用高崖水文站所统计的月径流量数据。部分模型参数初始值见表 3-38。

表 3-38　部分模型参数初始值

参数	含义	数值
U_{max}	最大地表水含量	15
L_{max}	根系带水含量	200
CQOF	地表径流系数	0.3
CKIF	壤中流出流时间常数	1000
$CK_{1,2}$	地表径流出流时间常数	10
CKBF	基流出流时间常数	2000
TG	根系带补给地下水阈值	0.5

（4）用水户设置

共设置 5 个用水户，分别为第一产业、第二产业、第三产业、居民生活、生态环境，取水来自水库，并输入回水率。优先级先后顺序分别为居民生活、第三产业、第二产业、第一产业和生态环境。

（5）水库设置

对水库的设置采用默认值。

4. 参数率定

NAM 模型中的各种参数与变量是整个流域的平均值，参数值的确定只能在物理过程、气候特征、土壤特性等流域属性的基础上在一定范围内尽可能地接近真实水平，而不可能确定一个准确无误的数值，因此，大多数参数是经验性和概念性数据，参数的最终值是在与观测值不断对比试算的过程中逐步得到的。在率定过程中主要原则有：①径流的平均值与实测值一致；②模拟值与实测值的水文过程线一致；③模拟值与实测值的水文过程峰值一致；④模拟值与实测值的最小值一致。

本研究使用 Nash-Sutcliffe 效率系数（E_{NS}）来评价模型模拟精度，其计算公式为（Nash and Sutcliffe，1970）：

$$E_{\text{NS}} = 1 - \frac{\sum\limits_{i=1}^{n} (O_i - P_i)^2}{\sum\limits_{i=1}^{n} (O_i - \overline{O})^2} \qquad (3\text{-}63)$$

式中，O_i 为 i 时刻的观测值；P_i 为 i 时刻的模拟值；$\overline{O}$ 为模拟的平均值，最佳拟合值为 1。

本研究实测值选用高崖水文站 2003～2007 年的月平均流量数据，并做出水文过程线进行比较。参数率定值见表 3-39。

表 3-39　参数率定值

参数	变量	率定值
最大地表水含量	$U_{\max}$	13.827
根系带水含量	$L_{\max}$	239.077
地表径流系数	CQOF	0.511
壤中流出流时间常数	CKIF	700.022
地表径流出流时间常数	$CK_{1,2}$	21.083
根系带补给地表径流阈值	TOF	0.483
根系带补给壤中流阈值	TIF	0.686
根系带补给地下水阈值	TG	0.409
基流出流时间常数	CKBF	1882.283

经计算，率定期模型模拟的 Nash-Sutcliffe 效率系数为 0.618，模拟值与实测值对比如图 3-36 所示。从图中可以看到，月平均径流量的模拟值与实测值变化趋势一致，多数月份的匹配程度良好，能够满足后续研究区实行水权交易情景模拟的要求。

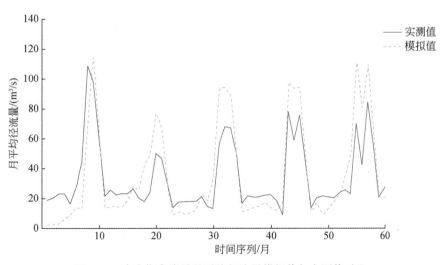

图 3-36　率定期高崖站月平均径流量模拟值与实测值对比

5. 模型验证

当在某一个流域使用水文模型时，首先要对模型进行参数率定，得到参数的最优解；其次要将与率定期不同的气象水文等资料输入水文模型，对模型进行检验。当模型在率定期和验证期都表现出较高的模拟水平时，才适用于这一流域。

本研究使用张掖市 2008~2011 年的气象水文数据和用户取用水数据进行处理，得到甘州区的数据，然后运行 Mike Basin 模型，验证期模拟值与实测值对比如图 3-37 所示。从图中不难看出，验证期模拟值与实测值在大多数情况下变化趋势一致，数值大小相差不大，Nash-Sutcliffe 效率系数为 0.657，表明该模型模拟精度较高，可以在甘州区继续使用以进行情景模拟。

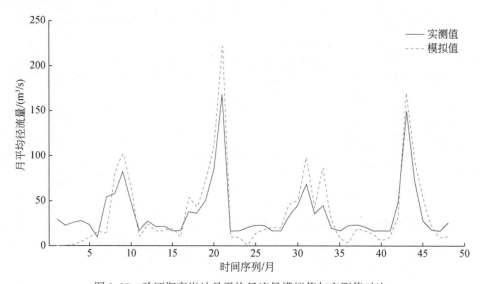

图 3-37 验证期高崖站月平均径流量模拟值与实测值对比

6. 小结

本节以张掖市甘州区为研究区，介绍了 Mike Basin 模型结构和模型数据，并进行了参数率定和模型验证，表明该模型模拟精度较高，为后续水权交易模型与 Mike Basin 模型的耦合分析奠定了良好的基础。

3.5.3 水权交易模型与 Mike Basin 模型的耦合分析

水市场中的水权交易从根本上来讲，是资金与水资源的转移，水资源的转移势必会导致水文过程的变化，进而导致自然生态系统的变化，而资金的流动也会影响社会经济的发展。由以上讨论可见，社会经济系统、自然生态系统均与水权水市场的发展有关，因此，讨论水权水市场与社会经济系统、自然生态系统之间的关系，弄清水权水市场与社会经济系统、自然生态系统的相互影响机制，对我国进行水权交易显得十分重要。

本研究已经从人均资源禀赋的角度出发构建了水权交易模型，并以甘州区为对象构建了 Mike Basin 模型，前者能够模拟水权交易的社会经济效益，后者能够模拟水权交易的自然生态效益。因此，本研究对水权交易模型和 Mike Basin 模型进行耦合分析，探讨水权交易对社会经济系统和自然生态系统的影响。

1. 研究方法

本节通过水权交易模型已经模拟了不同人均资源禀赋情景下的张掖市农业-工业水权交易价格及交易水量，以及不同交易成本对水权交易的影响。本研究首先以甘州区的实际人均资源禀赋水平为情景 1，使用 Mike Basin 模型模拟 2008～2011 年实行水权交易后高崖水文站的径流过程。2008～2011 年的水文、气象数据保持不变。通过情景 1 的模拟可以对比分析进行水权交易前后流域径流量的变化，以及产业产值的变化。其次，设置不同的人均资源禀赋（即不同的农村人口）水平，观察不同人均资源禀赋的情况下（情景 2）水权交易对流域径流量的影响，以及产业产值的变化。最后，设置不同的交易成本，观察不同交易成本的情况下（情景 3）水权交易对流域径流量的影响，以及产业产值的变化。

通过 3 个情景的模拟，分析水市场对自然生态系统和社会经济系统的影响，为合理进行水权交易提供建议与参考。

2. 数据处理

（1）气象水文数据

在情景模拟过程中，使用已率定好的 Mike Basin 模型，气象水文数据使用 2008～2011 年的降水、蒸发数据，径流量和月平均流量使用莺落峡站的统计数据。

（2）用水户用水数据

由于本研究的水权交易模拟是针对农业-工业的水权交易模式，仅对第一产业和第二产业用水量进行改动，其余用水户用水量使用 2008～2011 年的数据。

表 3-40 表示的是 2008～2011 年和 2014 年张掖市产业产值比例和产业用水比例，不难看出，2008～2011 年的产业产值比例数据和产业用水比例数据与 2014 年的水平基本一致，因此 2008～2011 年情景下的水权交易量使用 2014 年水权交易量的模拟数据，实行水权交易的控制水量数据也使用实行水权交易后的控制水量。

表 3-40　张掖市产业产值比例和产业用水比例　　　　　　（单位：%）

年份	产业产值比例		产业用水比例	
	第一产业	第二产业	第一产业	第二产业
2008	28.90	38.33	94.77	1.83
2009	27.93	37.76	94.90	1.83
2010	29.31	35.45	94.66	1.98
2011	28.06	37.41	94.42	2.21
2014	26.69	34.38	93.99	2.93

进行水权交易后张掖市农业年用水总量、工业年用水总量分别为 14.8 亿 m³ 和 0.39 亿 m³，甘州区农业年用水总量用第一产业用水量表示，计算方法见式（3-64）。甘州区工业年用水总量用第二产业用水量表示，计算方法见式（3-65），各月用水量用年用水量平均到各月的平均值表示。

$$甘州区第一产业用水量 = \frac{甘州区第一产业产值}{张掖市第一产业产值} \times (张掖市第一产业用水量 - 交易水量)$$

$$(3\text{-}64)$$

$$甘州区第二产业用水量 = \frac{甘州区第二产业产值}{张掖市第二产业产值} \times (张掖市第二产业用水量 + 交易水量)$$

$$(3\text{-}65)$$

3. 模型耦合

水权交易模型与 Mike Basin 模型的耦合方式如图 3-38 所示。

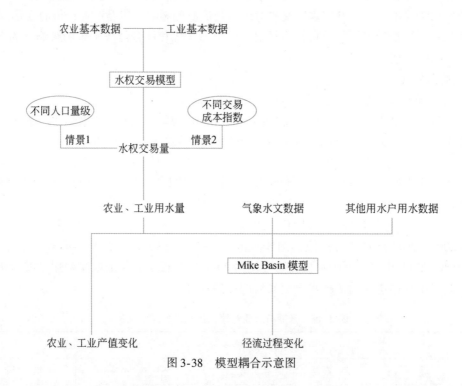

图 3-38　模型耦合示意图

由本研究所构建的水权交易模型，可以得到不同交易成本指数和不同人均资源禀赋条件下的水权交易量，张掖市 2010 年农村人口（N_F）为 71.26 万人，人口等级属于 100 万人，通过水权交易模型，得到年交易水量（表 3-41）。然后通过 Mike Basin 模型模拟不同交易成本下张掖市水权交易所带来的径流过程变化。

表 3-41　张掖市不同交易成本指数下的年交易水量　　　（单位：亿 m³）

交易成本指数	$\varphi = 1.5$	$\varphi = 1.0$	$\varphi = 0.6$
年交易水量	0.121 813	0.684 425	1.149 038

此外，随着中国城市化进程的推进，农村人口逐步向城市转移，农村人口的减少将带来人均资源禀赋的增加，因此，本研究还将在不同人口量级水平的情况下，计算水权交易量（表 3-42），而后通过 Mike Basin 模型模拟不同人口量级水平下张掖市水权交易所带来的径流过程变化。

表 3-42　不同人口量级水平下的年交易水量（$\varphi = 1.0$）

人口/人	年交易水量/亿 m³
100	1.24
1 000	1.13
10 000	0.96
100 000	0.81
1 000 000	0.68

4. 结果分析

通过水权交易模型和 Mike Basin 模型的耦合模拟，分别得到了不同交易成本指数水权交易情况下高崖站的月平均径流量变化和不同人口量级水权交易情况下高崖站的月平均径流量变化，结果如图 3-39 和图 3-40 所示。

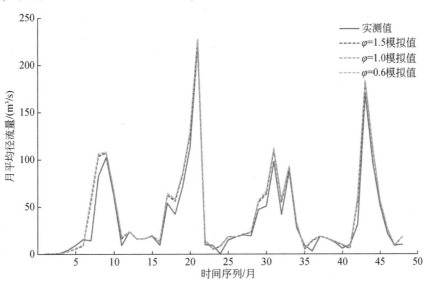

图 3-39　不同交易成本指数水权交易情况下高崖站的月平均径流量模拟结果

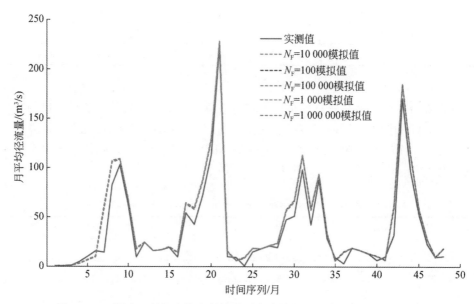

图 3-40　不同人口量级水权交易情况下高崖站的月平均径流量模拟结果

在模拟过程中，引入水权交易机制，而控制气候、下垫面条件（降水量、蒸发量、黑河在莺落峡站的径流量等）不变（仍使用 2008～2011 年数据资料），因此径流量变化的原因仅来自水权交易。从图中不难看出，无论是不同人口量级的水权交易，还是不同交易成本指数的水权交易，在大多数时间月平均流量都要大于 2008～2011 年的实测值，表明水权交易能够明显地增大河流径流量，节约水资源。为了能够更明显地看出不同人口量级和不同交易成本指数的水权交易对河流的影响，本研究使用控制变量的方法对不同水权交易情况下的黑河径流量变化进行了模拟，即控制气候、下垫面条件（降水量、蒸发量、黑河在莺落峡站的径流量等）不变，模拟不同交易成本指数和不同人口量级的水权交易对黑河径流量的影响，并绘制了不同情景下模拟的高崖站年径流量变化图（图 3-41 与图 3-42）。

由黑河高崖站年径流量变化可看出，当人口量级一致（即人均资源禀赋一致），交易成本指数变化的情况下，交易成本指数越低，年径流量越大；当交易成本指数一致，人口量级变化（即人均资源禀赋变化）的情况下，人口量级越低（即人均资源禀赋越大），年径流量越大。由此可知，交易成本指数越低、人口量级越低（即人均资源禀赋越大），交易水量越大，由此可见，从农业到工业的水量交易能够增大河流的径流量。

从社会经济角度来看，水权交易能够增强农民的受益（通过水权交易卖水），水权交易模型所计算得到的交易价格与交易水量的乘积则是农民通过水权交易得到的总收入。水权交易成本指数和人口量级对农民收益的影响见表 3-43 和表 3-44。由计算结果可看出，交易成本指数越低，农民人均增加年收入越高，目前来说，水权交易对农民的收入影响非常小，当交易成本指数为 1.5 时，农民人均增加年收入仅为 14.80 元。然而，当人均资源禀赋非常大，即 $N_F=100$ 时，通过水权交易农民人均增加年收入可达到 2 213 456.72 元，水权交易的吸引力较大，水权市场的活跃度也较高。

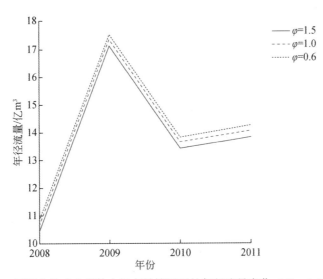

图 3-41　不同交易成本指数水权交易情况下的年径流量变化（$N_F = 1\,000\,000$）

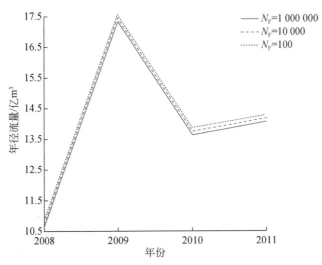

图 3-42　不同人口量级水权交易情况下的年径流量变化（$\varphi = 1.0$）

表 3-43　不同交易成本指数情况下的水权交易对农民收益的影响（$N_F = 1\,000\,000$）

项目	$\varphi = 1.5$	$\varphi = 1.0$	$\varphi = 0.6$
交易价格/（元/m³）	1.22	1.27	1.31
农民增加年总收入/万元	1 480.28	8 666.15	15 069.09
农民人均增加年收入/元	14.80	86.66	150.69

表 3-44　不同人口量级情况下的水权交易对农民收益的影响（$\varphi=1.0$）

项目	$N_F=100$	$N_F=1000$	$N_F=10\ 000$	$N_F=100\ 000$	$N_F=1\ 000\ 000$
交易价格/(元/m³)	1.78	1.35	1.30	1.28	1.27
农民增加年总收入/万元	22 134.57	15 272.92	12 462.76	10 381.57	8 666.15
农民人均年增加收入/元	2 213 456.72	152 729.24	12 462.76	1 038.16	86.66

水权交易同时能够增加工业产值，单从水资源的角度出发，利用 2014 年的万元工业增加值用水量计算张掖市由水权交易而增加的产值，并减去购买交易水量的费用，得到工业增加的净产值，结果见表 3-45 和表 3-46。

表 3-45　不同交易成本指数情况下的水权交易对工业产值的影响（$N_F=1\ 000\ 000$）

项目	$\varphi=1.5$	$\varphi=1.0$	$\varphi=0.6$
工业增加的年产值/万元	150 785.803	846 865.5	1 421 229

表 3-46　不同人口量级情况下的水权交易对工业产值的影响（$\varphi=1.0$）

项目	$N_F=100$	$N_F=1000$	$N_F=10\ 000$	$N_F=100\ 000$	$N_F=1\ 000\ 000$
工业增加的年产值/万元	1 528 300.22	1 393 946.66	1 188 534	1 004 475	846 865.5

由计算结果可看出，整体上水权交易对工业产值的影响比较大，在当前人均资源禀赋的情况下，当交易成本指数为 0.6 时，工业增加的年产值可达 1 421 229 元；而当交易成本指数为 1.0，人均资源禀赋较大时，即 $N_F=100$，工业增加的年产值可达 1 528 300.22 元。

5. 小结

本研究在已构建的水权交易模型和 Mike Basin 模型的基础上，对两者进行耦合分析，并使用控制变量的方法在不同人口量级（即不同人均资源禀赋）和不同交易成本指数的水权交易两种情景下进行模型的耦合模拟分析，主要结论如下：

1）研究区的水权交易能够增大黑河的径流量，节省水资源。

2）交易成本指数越低，人口量级越低（人均资源禀赋越大），黑河的年径流量越大。

3）以研究区现在的实际情况来讲，水权交易对农民的收入影响很小，而对工业产值的影响较大。

4）当人口量级很低（人均资源禀赋很大），交易成本指数也较低的情况下，水权交易能够给农民带来丰厚的收入，同时能够增大工业产值。

5）如果张掖市进行水权交易，从提高水市场的社会总福利角度来讲，应尽可能地降低水权交易成本，增大人均资源禀赋。

3.5.4 结论

本研究整体上是从社会水文学的角度研究水权水市场问题，探讨水权水市场对自然生态系统和社会经济系统的影响。首先，本研究以张掖市为研究区构建了系统动力学模型，对水资源系统进行模拟，分析了张掖市水资源系统的变化趋势，预测了未来张掖市的水资源利用情况；然后在水资源分析的基础上，本研究结合经济学（收益最大化函数、柯布-道格拉斯生产函数）和水量平衡原理等跨学科的理论与方法构建了张掖市农业-工业两部门水权交易模型，模拟研究区水权水市场的表现，着重探讨了人均资源禀赋和交易成本指数对水权交易价格、交易水量、总剩余量等变量的影响；接着，本研究在张掖市甘州区构建了 Mike Basin 模型，模拟甘州区的降水-径流过程，作为研究区水文过程模拟的主要手段和方法；最后，本研究对 Mike Basin 模型与水权交易模型进行耦合分析，模拟了甘州区进行水权交易情景下黑河径流量变化的情况，同时，也分析了水权交易对农民收入、工业产值的影响。主要研究结论如下：

1）通过水资源系统分析，张掖市第一、第二产业用水量呈下降趋势，第三产业、生态环境用水量呈增长趋势，生活用水量较为稳定。预测结果表明，2020 年第一产业用水量为 16.74 亿 m³，第二产业用水量为 0.39 亿 m³，第三产业用水量为 0.25 亿 m³，生活用水量为 0.35 亿 m³，生态环境用水量为 0.33 亿 m³。

2）通过农业-工业两部门水权交易模型的模拟分析，发现人均资源禀赋显著影响水权交易市场的绩效，人均资源禀赋越小，市场交易量越小、水权交易价格越低，交易收益则越低；如果人均资源禀赋很小，水权交易市场存在的条件较苛刻，则市场对交易成本的敏感度较高；人均资源禀赋越小，水权交易市场经济效率越低，交易所带来的社会福利就越少。中国等人均资源禀赋较少的国家需要谨慎地进行制度选择，采取以水价政策为主的水资源管理方式，在部分有条件的地区局部开展非正式的水权市场作为补充，以更好更稳健地应对水资源的危机。

3）以张掖市甘州区为对象构建的 Mike Basin 模型，通过模型的数据准备、参数率定和模型验证，发现该模型适用于甘州区，模型表现良好，可以为研究水权水市场对自然生态环境的影响提供模拟平台。

4）通过对水权交易模型与 Mike Basin 模型的耦合分析与模拟，发现研究区的水权交易能够增大黑河径流量，节省水资源；交易成本指数越低，人口量级越低（人均资源禀赋越大），黑河的年径流量越大。以研究区现在的实际情况来讲，水权交易对农民的收入影响很小，而对工业产值的影响较大；当人口量级很低（人均资源禀赋很大），交易成本也较低的情况下，水权交易能够给农民带来丰厚的收入，同时能够增大工业产值。

5）如果张掖市进行水权产易，从提高水市场的社会总福利角度来讲，应尽可能地降低水权交易成本，增大人均资源禀赋。

第二篇

黑河冰川–生态–水文–灌溉耦合模型

第4章 | 生态水文模型开发的理论基础

生态水文模型的开发过程，本质上是将水文模块和生态模块进行耦合的过程。在耦合过程中，必然遇到不同模块间参数如何传递的问题；由于水文过程和生态系统的时空尺度可能存在差异，还可能遇到尺度不统一的问题；此外，生态模块的加入，必将给模型引入更多参数，参数如何确定也是需要考虑的重要问题之一。本章即针对上述问题提出解决方案，作为生态水文模型开发的基本策略。

4.1 生态–水文过程的耦合模拟

总结前述生态水文模型的建模需求，可以发现生态水文模型不仅要能够对历史过程进行模拟，还需要满足对未来的预测和不同情景的模拟；不仅需要对水文过程进行定量表达，还需要对气象要素、人类活动和生态过程进行描述，其中气象要素通常作为模型输入，对于生态系统通常划分为天然生态系统和人工生态系统（即农田生态系统）进行描述。此外，模型还需要考虑土壤特征（土壤水力学特性和热传导特性），通常这些特性通过模型参数进行表达，并假定在模拟时段内保持不变。所以，生态水文模型对气象要素和土壤要素的描述相对简单，重点和难点是对生态过程和人类活动的刻画。

一个具有明确物理机制的生态水文模型需对水量传输过程、碳氮传输过程进行描述，如有必要还需要考虑能量传输过程。其中，水量传输过程主要反映自然界的水文循环过程，主要包括蒸散发过程、土壤水分运动过程、植被根系吸水过程等；碳氮传输过程主要包括植被的光合作用和呼吸作用，模型可能包含的能量传输过程则包含辐射传输和能量平衡。这些过程所涉及的基本物理准则涵盖水量平衡原理（即质量守恒原理在水文循环中的具体表达）和能量平衡原理。针对植被光合作用的模拟，Farquhar 开发的光合作用模型是公认的物理机制较为健全的模型；土壤水分运动则普遍采用 Richards 方程进行模拟。根据模型作用的不同和所研究科学问题的差异，不同领域的学者关注不同的过程，对水文学研究而言，地表产汇流过程更受关注，这个过程则主要涉及截留、蒸散发、土壤水分运动等，其中蒸散发涉及植被的光合作用和呼吸作用过程，土壤水分运动涉及植被的根系吸水过程。

很明显，在对生态水文过程进行描述时，无法忽视植被所发挥的作用。目前的水文模型多将遥感植被产品（如 NDVI、LAI 等）作为模型输入，反映植被的变化过程。类似于前面提及的土地利用/覆被变化过程，该种做法无法应用于情景模拟和对未来情况的预测。因此，需要在水文模型的基础上耦合植被模块，用于描述植被的生理过程。目前，生态水文耦合的发展趋势为"双向耦合"，即考虑生态和水文过程的相互作用机制，以模拟步长为节点进行实时反馈。彭辉等（2010）按照模型种类对目前的耦合研究进行了很好的总结，将涉及植被生理过程的模型归纳为生物地球化学模型、陆面生物物理模型、动态植被模型等。这些模型虽然复杂程度不一（对植被生理过程的概化程度不一），但这些模型与水文模型耦合后发挥的作用基本一致，即输出植被状态参数。已有的生态水文耦合模拟研究中，多采用 LAI、NDVI、植被盖度等作为植被参数，参与水文过程的模拟。对于植被参数的计算，根据是否具有明确的物理机制，主要可以分为两类：一类是考虑植被碳同化过程，具有明确的物理机制；另一类是根据植被参数与环境变量（气象因子、水文模块输出的土壤水分参数等）的经验关系模拟获得。前者能够反映水分-碳通量对植被的影响，不但可以输出生态水文过程所需的植被参数，还能输出作物产量等，因此，还可以应用于气候变化对作物产量的影响研究等，具有较好的应用前景，但由于所需参数较多，可与物理机制明确的水文模型进行耦合。后者较为简单，所需参数较少，适宜与半物理机制、概念性水文模型进行耦合。总之，在开展生态-水文过程的耦合模拟研究时，需要根据两方面模型的复杂程度，选取适宜的模型进行耦合。

4.2 生态-水文过程的多尺度嵌套

过去几十年来，尺度问题一直是不同环境过程耦合模拟所面临的重要问题之一，在生态-水文过程的耦合模拟中同样存在这个问题。小尺度（如斑块尺度、田间尺度）观测获得的规律是否能够推广到流域尺度，是生态水文学研究中的重要命题之一。理论上，时空尺度越小，模型的概化程度越小，模型将越接近自然界的真实情况。事实上，这不仅会增大模型的计算量，也会使模型的率定和验证面临实测值与模拟值尺度不匹配的问题。就空间尺度而言，水文过程模拟的适宜空间尺度为 $1km \times 1km$，而生态过程模拟的常用空间尺度往往较小，多数植被模型为站点或田间尺度；就时间尺度而言，水文过程模拟多采用日尺度对径流过程进行模拟，当涉及场次洪水的预报时，则采用小时尺度，而对植被生化过程的模拟则多采用小时尺度。由此可见，生态和水文过程模拟所采用的尺度并不一致，因此，在将生态-水文过程进行耦合模拟时，研究人员普遍采用多尺度嵌套的方法。

多尺度嵌套，就是根据不同物理过程（如水文过程和生态过程）最佳的时空尺度，对各过程分别进行模拟，再通过尺度转换方法进行尺度匹配，最终实现不同过程的耦合。一般而言，将小尺度过程状态变量升尺度（upscaling）到大尺度较为简便，多采用体积（面积）平均法、求和法、最大最小值法、马赛克法等。当小尺度过程需要大尺度过程输出的状态变量作为输入时，如以小时为时间尺度的生态过程需要以日为时间尺度的水文过程输出的土壤含水量作为输入，目前常用的做法是假定该日内的环境变量（如土壤含水量）保持不变，以此进行尺度匹配。

4.3 生态水文参数提取与优化

水文过程与生态过程的耦合模拟，必然引入更多的模型参数。水文模型的参数，如土壤属性参数、下垫面条件参数、河道属性参数等，由于模拟的空间尺度较大，往往无法直接测量获得，实际操作中一般通过长序列水文资料率定获得。目前，常用的模型参数优化方法多为全局优化算法，如遗传算法（genetic algorithm，GA）、SCE-UA、MOCOM-UA、ACO 及其衍生版本等，对于生态水文模型也可以采用类似方法对参数进行率定，并且生态水文模型引入的生态模块可以为模型提供更多输出，除径流外，生态水文模型还可以利用土壤水、蒸散发、植被指数、作物产量等多个变量对模型进行多目标参数优化。美国匹兹堡大学梁旭教授的研究组在对其开发的 VIC+生态−水文过程模型进行参数率定的过程中，创造性地利用模型中不同模块模拟获得的同一状态变量（如 Ohm's Law 模拟获得的植被蒸腾量与 Penman-Monteith 方程模拟获得的植被蒸腾量；Farquhar 光合作用模型模拟获得的碳同化速率与 Ball-Berry-Leuning 模型模拟获得的碳同化速率）进行交叉验证。用于同一状态变量模拟的不同模块之间的交叉验证，也为生态水文模型的参数优化提供了新的思路。

参数优化方法是目前获取模型参数最主要的方法，但它通常会导致模型参数的"过度优化"，使得虽然模拟结果很好，但参数已超出正常范围，失去物理意义；另外，对于生态水文参数，很多流域尚属于资料缺乏地区，缺少长序列历史资料，无法通过率定获得模型参数，这使得生态水文模型的应用受到很大的制约。

众多学者尝试了不同途径获取模型参数。随着定量遥感技术的日益成熟，越来越多的研究通过遥感影像对模型参数进行提取。例如，已有众多学者借助遥感资料对 SCS 产流模型中的 CN 值进行了确定；Sun 等（2015）通过遥感影像确定水面宽度，间接提取河流径流数据对模型参数进行率定。这些研究都为生态水文参数的确定提供了良好的研究思路。然而，遥感手段只能对可由地表特征直接或间接计算的参数进行提取，对于土壤属性参数等"深埋"于地下或涉及人类活动（如农业灌溉制度等）的参数则无能为力。人类活动对生态水文过程的影响不断加深而使得有资料地区又演变成为新的资料缺乏或无资料地区。因此，如何在现有研究基础上发展新的模型参数提取方法，成为生态水文模型研究新的热点与难点。

4.4 生态水文模型开发的关键技术

随着水文科学的不断进步，大量新技术也已应用到水文模型的开发当中。其中，遥感与地理信息技术可为模型提供输入数据处理、运行和结果展示平台；并行计算技术可为模型提供"计算时间长、计算效率低"等问题的解决方案；云平台与物联网技术为模型的远程操作与开发、实时监控提供了可能。需要指出的是，本节所涉及的关键技术为生态水文模拟研究的发展趋势，本研究模型开发中应用了遥感与地理信息技术。

4.4.1 RS 与 GIS 技术

遥感是从空间通过电磁波观测地球表面，获取陆面信息的技术手段。任何温度在绝对零度以上的物体都具有反射、吸收和辐射不同频率电磁波的特性，遥感技术正是基于这一特性获取地物特征信息，其特点是观测范围广，能够较好地反映陆面的空间异质性。遥感技术的特性决定了其必然成为分布式生态水文模型参数获取的重要途径。然而，遥感技术也存在着受天气影响大、时间角度的观测不连续、参数提取不确定性大等问题。因此，如何提高遥感产品获取的生态水文参数精度，减少反演模型的不确定性，仍然是需要深入研究的科学命题。

随着无人机（unmanned aerial vehicle，UAV）技术的逐渐成熟，国外学者已尝试利用无人机对区域尺度的生态、水文过程进行观测。无人机观测技术本质上是遥感手段的一种，融合了星载遥感和机载遥感的优点，能够低成本获取高时空分辨率遥感影像，并且观测尺度灵活，既可对区域水文、生态过程进行观测，也可对单一植株（如一棵树的冠层）进行360°环绕观测，绘制植株冠层的三维影像。无人机技术作为一种新兴的观测手段，应用前景广阔，可用于区域农业种植结构获取、植被生长发育状况监测等诸多领域，对生态水文模拟研究将起到极大的推动作用。

GIS 技术是获取、存储、分析和显示空间数据的重要工具，能够为生态水文模型提供强大的数据存储、分析功能。近年来，基于 GIS 开发的具有图形用户界面（graphical user interface，GUI）的水文模型具有易使用、模拟结果后处理简便等特点。在生态水文模型开发中使用 GIS 技术，将使得生态水文模型的数据管理、生态水文参数提取、计算过程与结果可视化处理得到极大的简化。

4.4.2　并行计算技术

随着生态水文模型的不断发展，模型所采用的数据的时空分辨率越来越精细，模拟涉及的过程也从传统的单一水文过程逐渐发展到生态–水文耦合过程，今后还会耦合人类活动等过程。所以，模型的计算过程越来越复杂，对计算机计算能力提出了更高的要求，传统串行计算技术已不能满足模型的计算需求，因此，并行计算技术开始在水文模型领域得到应用。

实现水文模型的并行计算，需要硬件和软件作为基础条件。中央处理器（central processing unit，CPU）、图形处理器（graphics processing unit，GPU）、超级计算机集群等都为并行计算的实现提供了硬件基础；而 MPI、OpenMP、CUDA、OpenCL 等并行编程标准和函数库降低了并行算法程序化的难度（江净超等，2014）。目前，分布式水文模型的并行计算尚处于起步阶段，成熟的研究案例并不多见，很多问题仍需深入研究。在具备了并行计算的硬件和软件基础后，实现生态水文模拟并行计算的关键在于模型的并行化算法，即如何改写现有的串行计算模型代码，将模型的计算任务合理分配到各计算核心。并行计算要求各计算核心的计算任务不存在先后依赖关系，否则必须进行串行计算。分布式生态水文模型将流域空间离散化为多个模拟单元（栅格、子流域、水文响应单元等），这为生态水文模型的并行计算提供了先决条件。生态水文模型中的模拟过程可以分为垂向和水平过程，其中垂向过程不涉及模拟单元之间的拓扑关系，包括截留、融雪、蒸散、下渗等水文过程，以及呼吸作用、光合作用、碳同化等生态过程，这些过程符合并行计算的要求，只要并行算法合理，完全可以实现生态水文模型中垂向过程的并行计算，大幅提升生态水文模型的计算效率。然而，双向耦合的生态水文模型中生态-水文过程实现了实时反馈，存在严密的先后依赖关系，所以，生态过程和水文过程并不能实现并行计算。对于模型的汇流过程，由于涉及上下游之间的拓扑关系，也必须采用串行计算。

目前，并行计算在分布式水文模型研究领域已取得了初步研究成果，但总体仍处于起步阶段，理论和方法尚不成体系。今后的研究工作中，分布式水文模型的并行算法仍是并行计算技术在水文领域的研究重点和难点。

4.4.3 物联网与云平台技术

生态水文模型涉及水文过程及生态过程，模型所需驱动数据众多，数据的采集、管理成为模型发展的重要瓶颈。物联网和云平台技术的引入，将使得生态水文数据的高效采集、管理、有效分享、实时分析成为可能。物联网技术，期初被称作传感网，试图通过传感器、全球定位系统等信息传感设备将任何物品与互联网连接，进行信息传输与交换。事实上，该项技术早已在水文领域得到应用，河流水位、土壤墒情远程实时监测等都是物联网技术应用的典型案例。物联网技术具备复杂程度低、传感终端成本较低、部署方便、数据采集时空连续性好等优点，适合于对大范围水文环境变量进行监测。结合云平台技术，可以将传感终端采集的环境变量存储到云端服务器，并进行科学计算。基于物联网和云平台技术，以生态水文模型为依托，设计开发生态水文模型云服务平台，将使生态水文参数实时监测、水文情势及植被生长发育状况实时预报成为可能，为决策者提供有力的数据支撑。

4.5 小 结

本章从生态水文模型开发策略和生态水文模型开发的关键技术两个层面，指出了生态水文模型开发及应用中无法避免的耦合策略、多尺度嵌套、参数提取与优化三大问题，针对这些问题进行了探讨并提出解决策略。同时，对生态水文模型开发与应用中涉及的关键技术进行了梳理，指出了生态水文模型开发中关键技术的发展趋势。

第 5 章 | 生态水文过程模拟原理与方法

根据第 4 章生态水文模型开发的理论基础，基于前人在黑河流域开展的生态水文研究及本研究第 2 章、第 4 章所得到的生态水文过程基本认识，确定了生态水文模型需要集成的 7 个模块：蒸散发模块、农作物生产力模块、天然植被生产力模块、灌溉取用水模块、融雪水量模块、最大冻土深度模块和产汇流模块。本章对 7 个模块的基本原理、参数确定方法等进行详细介绍，暂不涉及模块间耦合方法，模块间耦合方法将在第 6 章进行介绍。

5.1 蒸散发量模拟

陆面实际蒸散发（actual evapotranspiration，AET）是水文循环的重要组成部分，同时也是植被生态过程的一部分，因此水文过程和生态过程的模拟研究都应重视蒸散发模拟。此外，准确估算蒸散发量对流域水资源管理有着极其重要的意义，尤其是在极其缺水的我国西北内陆河流域。目前，估算蒸散发量的方法较多，在水文学领域往往先通过模型计算陆面潜在蒸散发量，继而获得考虑土壤水分亏缺条件下的陆面实际蒸散发量。因此，准确估算陆面潜在蒸散发量成为蒸散发量计算的关键。

5.1.1 潜在蒸散发量模拟

潜在蒸散发（potential evapotranspiration，PET）是指充分供水条件下陆面的蒸散发能力，影响它的主要因素分为空气动力学要素和辐射要素两大类，具体包括辐射、气温、湿度、风速等。考虑到不同 PET 模型对数据的要求不同，并且不同研究区的观测数据情况也不同，模型集成了复杂程度不一的若干 PET 模型，其中包括具有明确物理机制的 Penman-Monteith（P-M）和 Shuttleworth-Wallace（S-W）2 种模型，以及对输入要素种类要求较低的 Turc、Makkink（Mak）、Jensen-Haise（J-H）、Hargreaves（Har）、Doorenbos-Pruitt（D-P）和 Priestly-Taylor（P-T）6 种半物理机制半经验性 PET 模型。S-W 模型需要 LAI 作为输入，用于构建生态–水文耦合模型中的蒸散发模块，其他各 PET 模型均单独运行。

1. P-M 模型

《FAO-56 作物腾发量作物需水计算指南》中提及的 Penman-Monteith 模型是得到各国公认并被联合国粮食及农业组织推荐使用的 PET 模型，该模型具有适用范围广、物理机制较为明确等优点，在我国大部门地区都得到了广泛的研究和应用。同时，该模型也具有"大叶"假定、需求参数相对较多等局限。本模型集成了上述 Penman-Monteith 模型，作为

PET 的标准计算模块。上述 Penman-Monteith 模型公式如下：

$$PET = \frac{0.408\Delta\ (R_n-G)\ +\dfrac{900\gamma U_2\ (e_s-e_a)}{T_{mean}+273}}{\Delta+\gamma\ (1+0.34U_2)} \tag{5-1}$$

式中，PET 为潜在蒸散发量（mm/d）；Δ 为饱和水汽压曲线斜率（kPa/℃）；R_n 为作物表层净辐射量［MJ/（m²·d）］；G 为土壤热通量［MJ/（m²·d）］；T_{mean} 为日平均气温（℃）；γ 为干湿计常数（kPa/℃）；U_2 为地面以上 2 m 高处风速的观测值（m/s）；e_s 和 e_a 分别为饱和水汽压和实际水汽压（kPa）。

2. S-W 模型

S-W 模型为双源 PET 计算模型，认为陆面 PET 由植被冠层腾发和冠层间（或冠层下）裸土蒸发两部分组成。

上面介绍的 P-M 模型虽应用广泛，但它将研究区域假定为均一的"大叶"，并不考虑土壤蒸发量，因此并不适用于计算植被稀疏区（如我国西北内陆河流域）和作物全生育期的蒸散发量。Shuttleworth 和 Wallace 考虑植被冠层和冠层间（或冠层下）裸土表面双源蒸散发过程，在 P-M 模型的基础上构建了适用于植被稀疏区的 S-W 模型。该模型具有明确的物理机制，结构复杂且所需的输入数据较多，包括气象要素和地表覆被（植被）特征要素两大类数据。因此，S-W 模型自问世以来并未得到广泛应用。近年来，随着观测技术的不断进步，S-W 模型的应用成为可能。由于 S-W 模型考虑了植被要素的时空变化特征，以 LAI 作为模型输入之一，为实现水文–生态过程耦合模拟，本模型将其集成在内。S-W 模型公式如下：

$$\lambda PET = C_c PET_c + C_s PET_s \tag{5-2}$$

$$PET_c = \frac{\Delta\ (R_n-G)\ +[(24\times3600)\ \rho c_p\ (e_s-e_a)\ -\Delta r_a^c\ (R_n^s-G)]/(r_a^a+r_a^c)}{\Delta+\gamma[1+r_s^c/\ (r_a^a+r_a^c)]} \tag{5-3}$$

$$PET_s = \frac{\Delta\ (R_n-G)\ +[(24\times3600)\ \rho c_p\ (e_s-e_a)\ -\Delta r_a^s\ (R_n-R_n^s)]/\ (r_a^a+r_a^s)}{\Delta+\gamma[1+r_s^s/(r_a^a+r_a^c)]} \tag{5-4}$$

模型中的参数用如下公式进行估计：

$$C_c = \frac{1}{1+(R_c R_a)/[R_s(R_c+R_a)]} \tag{5-5}$$

$$C_s = \frac{1}{1+(R_s R_a)/[R_c(R_s+R_a)]} \tag{5-6}$$

$$R_a = (\Delta+\gamma)r_a^a \tag{5-7}$$

$$R_c = (\Delta+\gamma)r_a^c+\gamma r_s^c \tag{5-8}$$

$$R_s = (\Delta+\gamma)r_a^s+\gamma r_s^s \tag{5-9}$$

式中，PET_c 为郁闭冠层腾发蒸发量［MJ/（m²·d）］；PET_s 为裸土地面蒸发量［MJ/（m²·d）］；R_s 为太阳辐射［MJ/（m²·d）］；λ 为蒸发潜热（MJ/kg）；C_c 和 C_s 为比例系数，表示冠层蒸发和裸土蒸发对陆面潜在蒸散发的贡献，两者和为 1；R_n 为作物表层净辐射量［MJ/（m²·d）］，用下垫面的辐射能量平衡计算，地表反射率为 LAI 的函数；R_n^s 为土壤表面净辐射量

$[MJ/(m^2 \cdot d)]$；ρ 为平均空气密度（kg/m^3）；c_p 为空气定压比热，取 1.013×10^{-3} $MJ/(kg \cdot ℃)$；r_s^c 为冠层空气阻力（s/m），受 LAI 和环境变量的影响；r_a^c 为冠层边界阻力（s/m）；r_a^s 和 r_a^a 分别为土壤表面到冠层、冠层到参考高度间的空气动力学阻力（s/m）；r_s^s 为土壤表面阻力（s/m）；其他变量同 P-M 模型。该模型中的空气动力学阻力参数（r_a^c、r_a^s 和 r_a^a）均通过 Shuttleworth 提出的方法估算。

3. 半物理机制半经验性模型

鉴于西北干旱内陆河流域气象站点稀疏，多数区域气象观测值难以满足 P-M 模型和 S-W 模型的数据要求，本模型还集成了表 5-1 中的 6 种半物理机制半经验性 PET 模型。

表 5-1　半物理机制半经验性 PET 模型

方法名称	公式
Turc 模型	$PET = \begin{cases} a\dfrac{T}{T+15}(R_s+50), & RH>50 \\ a\dfrac{T}{T+15}(R_s+50)\left(1+\dfrac{50-RH}{70}\right), & RH \leqslant 50 \end{cases}$
Mak 模型	$PET = a\dfrac{\Delta}{\Delta+\gamma}\dfrac{R_s}{58.5}+b$
J-H 模型	$PET = C_t(T-T_x)R_s$
Har 模型	$PET = a(T+b)R_s$
D-P 模型	$PET = a\dfrac{\Delta}{\Delta+\gamma}R_s+b$
P-T 模型	$PET = a\dfrac{\Delta}{\Delta+\gamma}\dfrac{R_n}{\lambda}+b$

注：C_t、a、b 为经验系数，以 P-M 模型的站点 PET 估计结果为率定目标，通过参数优化方法获取，其他变量同 P-M 模型

5.1.2　实际蒸散发量模拟

1. 双作物系数法

由于直接计算实际蒸散发量难度较大，且实际蒸散发模型的参数多而复杂，大大限制了模型的适用范围。因此，联合国粮食及农业组织推荐使用作物系数法，基于 PET 估算 AET。本研究在吸取传统水文模型开发经验的基础上，改进并丰富传统单作物系数法，在模型中引入双作物系数法对传统水文模型中已有的 AET 估计方法进行改进，并考虑生态-水文动态耦合及全生育期作物状态的动态演变过程，对双作物系数法进行改进。

作物系数法根据系数的多少和模型的概化程度可以分为单作物系数法和双作物系数法，该方法本质上是具有简单物理机制的经验性方法，但由于其结构简单、所需参数较少，已在多数区域得到了应用，并且获得了令人满意的结果。SIMdualKc 模型公式如下：

$$AET = (K_s K_{cb} + K_e) \times PET \tag{5-10}$$

式中，AET 为陆面实际蒸散发量（mm/d）；K_{cb} 为反映植被腾发的作物系数，与植被生长

发育阶段及状况有关；K_e 为土壤蒸发系数，主要受土壤墒情的影响；K_s 为植被腾发的水分胁迫系数，同样受土壤墒情的影响，当植被根区供水不足时，植被腾发受到水分胁迫。将括号展开可获得植被腾发和土壤蒸发两项：

$$\text{AET}_c = K_s K_{cb} \times \text{PET} \tag{5-11}$$

$$\text{AET}_s = K_e \times \text{PET} \tag{5-12}$$

该模型参考《FAO-56 作物腾发量作物需水计算指南》中推荐的方法，将作物（本研究中为黑河流域中游地区的主要作物——春小麦和制种玉米）的整个生育期分为生长初期、发育期、生长中期和生长后期四个阶段，分别计算这四个阶段的作物系数单点值，中间过程值通过线性内插获得。作物系数单点值通过式（5-13）获得

$$K_{cb} = K_{cb,rec} + \left[0.04 (u_2 - 2) - 0.004 (\text{RH}_{min} - 45) \right] \left(\frac{h}{3} \right)^{0.3} \tag{5-13}$$

式中，$K_{cb,rec}$ 为 K_{cb} 的推荐值，可根据研究区状况进行参数优化；u_2 为地面以上 2 m 高处风速的观测值（m/s）；RH_{min} 为日平均最小相对湿度（%）；h 为作物冠层高度（m）。

当根区表层湿润时，土壤蒸发不受水分胁迫，作物系数 K_{cb} 取最大值 $K_{cb,max}$。土壤蒸发系数通过式（5-14）进行计算：

$$K_e = K_r (K_{cb,max} - K_{cb}) \leqslant f_{ew} K_{cb,max} \tag{5-14}$$

式中，K_r 为土壤蒸发衰减系数；$K_{cb,max}$ 为 K_{cb} 的最大值；f_{ew} 为栅格裸露湿润土壤表面平均比值。$K_{cb,max}$ 及 K_r 通过式（5-15）、式（5-16）进行计算：

$$K_{cb,max} = \max \left\{ 1.2 + \left[0.04 (u_2 - 2) - 0.004 (\text{RH}_{min} - 45) \right] \left(\frac{h}{3} \right)^{0.3}, K_{cb} + 0.05 \right\} \tag{5-15}$$

$$K_r = \frac{\text{TEW} - D_{e,i-1}}{\text{TEW} - \text{REW}} \tag{5-16}$$

式中，$D_{e,i-1}$ 为第（i-1）天土壤累积蒸发深度（mm）；TEW 为 $K_r = 0$ 时的最大累积蒸发深度（mm）；REW 为能量限制阶段的累积蒸发深度（mm）。TEW 通过式（5-17）计算：

$$\text{TEW} = 1000 (\theta_{FC} - 0.5 \theta_{WP}) Z_e \tag{5-17}$$

式中，θ_{FC} 和 θ_{WP} 分别为土壤田间持水量和萎蔫点含水率（m³/m³）；Z_e 为植被蒸发可利用的根区水量（m），即土壤根区蓄水容量（Sr），其估计方法详见第 8 章 Sr 估计方法。

$$f_{ew} = \min (1 - f_c, f_w) \tag{5-18}$$

式中，$1 - f_c$ 为裸露土壤平均比值，受植被生长发育状况影响，可通过植被参数进行计算；f_w 为降水湿润土壤表面平均比值。根据 FAO 推荐的方法，双作物系数法的 f_c 通过式（5-19）进行估计：

$$f_c = \left[\frac{K_{cb} - K_{cb,min}}{K_{cb,max} - K_{cb,min}} \right]^{1+0.5h} \tag{5-19}$$

式中各变量含义同上所述。

第 i 天土壤累积蒸发深度 $D_{e,i}$ 通过式（5-20）进行计算：

$$D_{e,i} = D_{e,i-1} - (P_i - \text{RO}_i) + \frac{\text{AET}_{s,i}}{f_{ew}} + \text{AET}_{c,i} + \text{DP}_{e,i} \tag{5-20}$$

式中，P_i 为降水量（mm）；RO_i 为地表径流量（mm）；$AET_{s,i}$ 为第 i 天土壤蒸发量（mm）；$AET_{c,i}$ 为第 i 天植被蒸发量（mm）；$DP_{e,i}$ 为通过地表蒸发损失的土壤深层渗透量（mm）；其他变量同上所述。

式（5-11）中的植被腾发的水分胁迫系数通过式（5-21）进行计算：

$$K_s = \begin{cases} 1, & D_r \leq RAW \\ \dfrac{TAW - D_r}{TAW - RAW}, & D_r > RAW \end{cases} \tag{5-21}$$

式中，D_r 为土壤植被根区中消耗的水量（mm）；TAW 为土壤根区总有效水量（mm）。

2. Penman-Monteith-Leuning 模型

P-M 模型虽具有较为健全的物理机制，但模型中依旧含有经验性参数，如土壤热通量 G。前人研究中，将 P-M 模型改进为双源蒸散发模型，即将陆面蒸散发拆分为植被腾发和土壤蒸发两部分进行计算，因此又引入新的参数，即植被冠层导度（G_c）。土壤热通量是影响蒸散发的重要参数，而植被冠层导度则是影响植被腾发的重要参数。前人研究中多通过设定经验值的方法确定这两个重要参数，然而由于时空异质性，这种方法大大限制了模型的精度和物理机制的完善性。

Leuning 等（2008）通过替换 P-M 模型中土壤热通量和植被冠层导度的估算方法开发了 Penman-Monteith-Leuning（PML）模型，该模型利用具有物理机制的植被生物模块对植被冠层导度进行估计，用这种方法估计获得的植被冠层导度能够考虑日照和大气湿度对植被气孔导度的影响。理论而言，PML 模型较 P-M 模型的物理机制更为明确，能够更为细致地刻画植被冠层导度的时空异质性，是流域尺度生态水文模型 AET 计算的理想模型，因此本模型将 PML 模型集成，以探讨 PML 模型在流域尺度生态水文模拟中的适用性，并试图提高生态水文耦合模拟的精度。

PML 模型的公式如下：

$$\lambda AET = \frac{\varepsilon A_c + (\rho c_p/\gamma) D_a G_a}{\varepsilon + 1 + G_a/G_c} + \frac{f\varepsilon A_s}{\varepsilon + 1} \tag{5-22}$$

式中，等式右边第一项为植被腾发，第二项为土壤蒸发。其中，植被腾发项通过植被冠层净辐射量 [A_c，MJ/(m²·d)]、参考高度水汽压差（D_a，kPa）、空气动力学导度 [G_a，MJ/(m²·d)] 和植被冠层导度 [G_c，MJ/(m²·d)] 进行估计。此外，λ 为蒸发潜热（MJ/kg）；γ 为干湿计常数（kPa/℃）；ρ 为空气密度（kg/m³）；这三个变量均与 P-M 模型一致。c_p 为常压下空气比热 [J/(kg·℃)]；f 为土壤蒸发系数；ε 为温度-饱和水汽压曲线斜率与干湿表常数的比值。PML 模型中，假定陆面吸收的净辐射 A 可被分割为 A_c（植被冠层净辐射量）和 A_s（土壤净辐射量）两项，这两项通过式（5-23）、式（5-24）进行计算：

$$A_c = (1 - \tau) A \tag{5-23}$$

$$A_s = \tau A \tag{5-24}$$

式中，τ 为经验性分割系数，与 LAI 相关，通过下式进行计算：

$$\tau = \exp(-K_A LAI) \tag{5-25}$$

式中，K_A 为净辐射衰减系数。

式（5-22）中右侧第二项土壤蒸发由平衡蒸发率 $\varepsilon A_s/(1+\varepsilon)$ 和土壤蒸发系数 f 进行计算。f 受土壤墒情影响，当土壤表面湿润时，f 取 1，当土壤表面干燥时，f 取 0。前人研究表明，当 LAI>2.5 时，PML 模型的精度对 f 的敏感性几乎可以忽略不计，很明显这并不适用于植被稀疏的黑河中游地区，因此本模型用式（5-26）计算 f：

$$f = \min\left[\frac{\sum\limits_{n=-N}^{N} P_n}{\sum\limits_{n=-N}^{N} E_{\text{eq, s, } n}},\ 1\right] \tag{5-26}$$

式中，P_n 为每 8 天一个计算时段的降水量（mm/d）；$E_{\text{eq,s,}n}$ 为各计算时段（8 天）平均平衡蒸发率，通过式（5-27）进行计算：

$$E_{\text{eq,s,}n} = A_{\text{s,}n}(\varepsilon/\lambda)/(\varepsilon+1) \tag{5-27}$$

PML 模型中，植被冠层导度通过式（5-28）进行计算：

$$G_c = \frac{g_{sx}}{K_Q}\ln\left[\frac{Q_h+Q_{50}}{Q_h\exp(-K_Q\text{LAI})+Q_{50}}\right]\left[\frac{1}{1+D_a/D_{50}}\right] \tag{5-28}$$

式中，g_{sx} 为植被冠层顶部最大气孔导度（m/s），本模型中通过参数优化获得；K_Q 为可见光辐射衰减系数，取 0.6；Q_h 为植被冠层顶部可见光辐射通量密度 $[\text{MJ}/(\text{m}^2\cdot\text{d})]$，本模型中通过参数优化获得；$Q_{50}$ 和 D_{50} 分别为气孔导度为最大值的 1/2 时所对应的可见光辐射通量密度和湿度差。

PML 模型中，空气动力学导度通过式（5-29）进行计算：

$$G_a = \frac{k^2 u_m}{\ln\left[(z_m-d)/z_{0m}\right]\ln\left[(z_m-d)/z_{0v}\right]} \tag{5-29}$$

式中，z_m 为风速和湿度观测高度（m）；d 为零平面位移高度（m）；z_{0m} 和 z_{0v} 分别是影响动量和水汽传输的糙率；k 为冯卡曼系数，取 0.41；u_m 为风速（m/s）。式中 $d=2h/3$，$z_{0m}=0.123h$，$z_{0v}=0.1z_{0m}$，h 为植被观测高度（m）。

由于本模型中不具备植被冠层高度模拟模块，且风速数据空间分辨率远小于 1km，故本模型中，G_a 通过参数优化获得。不同下垫面条件 G_a 的推荐值如下：森林为 0.033；灌木为 0.0125；草地和作物均为 0.010。模型进一步改进，增加植被冠层高度模拟模块后，可对 G_a 进行模拟。

5.2　农作物生产力

AquaCrop 是联合国粮食及农业组织于 2009 年向全世界推广的水分生产力模型，由气候模块、作物模块等模块组成。它的基本原理是假定作物生产量由土壤根区的可供水量决定，能够模拟作物生物量对水分供应的响应状况，尤其适用于水分亏缺的干旱地区，能够很好地反映这些地区农作物生产状况。故本模型将 AquaCrop 的作物模块提取并集成，作为模型的农作物生长发育模块。

联合国粮食及农业组织认为作物产量和水分的关系如下：

$$\left(1 - \frac{Y_p}{Y_a}\right) = K_y \times \left(1 - \frac{\text{PET}}{\text{AET}}\right) \tag{5-30}$$

式中，Y_p 和 Y_a 分别为作物的潜在生产能力和实际产量；PET 和 AET 分别为潜在蒸散发量和实际蒸散发量，由模型的潜在蒸散发和实际蒸散发模块进行估算；K_y 为相对蒸散发量损失和相对产量损失的比例。因此，不同作物该值不一致，如作物为冬小麦时，K_y 的推荐值为 1.05，该参数值可通过实验获取，该模型中通过总结前人研究结果获得。

地表累积生物量通过归一化水分生产力与作物蒸腾占潜在蒸散发量的比例计算获得，如式（5-31）：

$$B = K_{sb} \times \text{WP}^* \times \sum_{i=1}^{n} \frac{\text{AET}_c}{\text{PET}} \tag{5-31}$$

式中，K_{sb} 为温度胁迫系数；WP^* 为归一化水分生产力；AET_c 和 PET 分别为作物腾发量和潜在蒸散发量（mm/d），由模型蒸散发模块模拟。

在获得地表累积生物量的基础上，再乘以收获指数，获得作物产量，如式（5-32）：

$$Y = f_{HI} \times HI_0 \times B \tag{5-32}$$

式中，f_{HI} 为调整参数，反映气温、湿度等因子对产量的综合胁迫效应；HI_0 为作物收获指数，本模型中使用 AquaCrop 模型的推荐值。

5.3　天然植被生产力

如上文所述，天然植被和人工植被（农作物）受到气象、土壤等众多环境影响因子的影响程度并不一致。黑河流域的天然植被处于不受农业管理措施的干预下，是典型的"有水则生，无水则亡"的荒漠带植被生态系统。普遍而言，植被的生长发育依靠光照、水分、养分等诸多外在因素，然而荒漠植被由于其所处环境的特殊性，它的生长发育主要依赖土壤根区的可供水量，属于"水分胁迫型植被"。相对而言，养分等因素对植被生长发育的制约可以忽略不计。

植被的生产力模拟主要可以分为三类：统计模型、半物理半经验模型和生态过程模型。其中，生态过程模型根据生态学理论建立，物理机制最为健全，本模型采用该类模型。考虑黑河流域天然植被的特征，本模型基于 Rodriguez-Iturbe 和 Porporato（2007）的理论，并考虑模型中对水文过程的概化程度，开发基于"水箱理念"并适用于干旱区半干旱区的天然植被模块。

Rodriguez-Iturbe 和 Porporato（2007）的研究成果表明，相对叶生物量可以通过植被腾发量和植被生物量进行计算。因此，可用式（5-33）进行表达：

$$\frac{dR}{dt} = \left(\frac{A_{nmax}}{B_{pot}}\right) \times \left(\frac{T}{T_{max}R}\right)^c - k \times (1 + K_s) \times R \tag{5-33}$$

式中，R 为相对叶生物量；A_{nmax} 为最大净同化速率 $[t/(hm^2 \cdot a)]$；B_{pot} 为潜在叶生物量（t/hm^2）；T_{max} 为植被最大腾发量（mm）；T 为植被腾发量（mm）；c 为形状指数；k 为叶片脱落速率（d^{-1}）；K_s 为土壤水分胁迫系数，用式（5-21）进行计算。

获得相对叶生物量 R 后，通过乘以潜在叶生物量，获得叶生物量，用式（5-34）计算：

$$R_t = R \times B_{pot} \tag{5-34}$$

式中，R_t 为叶生物量（t/hm²）。继而计算 LAI，如式（5-35）：

$$LAI = R_t \times SLA \tag{5-35}$$

式中，SLA 为比叶面积（specific leaf area）。

本模型的天然植被模块根据 Rodriguez-Iturbe 等的水分利用效率（water use efficiency，WUE）理论，通过实际蒸散发量与水分利用效率计算植被的净初级生产力。

$$NPP = 0.75 \times (1-\mu) \times AET \times WUE \times \rho \times w \tag{5-36}$$

式中，NPP 为净初级生产力，kg（干重）/(m²·d)；μ 为昼夜 CO_2 交换比；AET 为实际蒸散发量（mm），通过蒸散发模块计算；WUE 为水分利用效率（kg/kg）；ρ 为水的密度（kg/m³）；w 为 CO_2-干物质转换系数，kg（干重）/kg(CO_2)。本模型中 μ、WUE 和 w 均通过参数率定获得。计算获得 NPP 后，通过分配系数 Φ 计算地表绿色生物量，如式（5-37）：

$$\frac{dB_g}{dt} = NPP \times \Phi - k_{sg} \times B_g \tag{5-37}$$

式中，B_g 为地表绿色生物量（above ground green biomass）；k_{sg} 为地表绿色生物量的衰减系数（d⁻¹）。计算获得地表绿色生物量后，再乘以其比叶面积获得 LAI，如式（5-38）：

$$LAI_g = c_g B_g \tag{5-38}$$

式中，c_g 为地表绿色生物量的比叶面积。

5.4 灌溉取用水量估算

农业活动，尤其灌溉是黑河流域中游地区对水文过程影响较大的过程之一。前人研究表明，如不考虑中游地区的灌溉取用水过程，黑河流域上中游地区的径流和农作物生产力模拟精度将受到严重的不利影响。因此，本模型集成了灌溉取用水模块，以期提高模型精度。本模型集成的灌溉取用水模块基于农业水利领域常用的灌溉需水量概念进行估计，然后将估计获得的灌溉需水量从天然河道径流量中扣除。

灌溉需水量计算公式如下：

$$M_{净,次} = \sum_{i=1}^{n} w_i \times m_i \tag{5-39}$$

$$M_{净} = \sum_{j=1}^{n} M_{净,次} \tag{5-40}$$

式中，w_i 为第 i 种作物的灌溉面积（km²），通过土地覆被类型图获取；m_i 为第 i 种作物的次灌水定额（m³/km²）；$M_{净,次}$ 为灌区某次灌水所需的净灌溉用水量（m³）；$M_{净}$ 为灌区全年净灌溉总用水量（m³）。毛需水量通过净需水量除以灌溉水利用系数获得。

灌水定额通过式（5-41）进行计算：

$$m = W_t - W_0 - W_r - P_0 - l_g + \text{AET} \tag{5-41}$$

式中，W_t 和 W_0 分别为某次灌水的某一时间点 t 和灌水前的土壤根区含水量（m^3/km^2）；W_r 为由于根区湿润层改变而增加的水量（m^3/km^2）；P_0 为有效降水量（m^3/km^2）；l_g 为地下水补给水量（m^3/km^2）；AET 为作物需水量（m^3/km^2）。

水文模型的模拟步长为日，故将上述公式在日尺度进行计算，如式（5-42）：

$$m_t = W_t - W_{t-1} - W_{r,t} - P_{0,t} - l_{g,t} + \text{AET}_t \tag{5-42}$$

式中，各变量含义同式（5-41），时间尺度为日。

5.5　融雪水量模拟

黑河流域上游发源于祁连山脉，融雪水对莺落峡站出山流量的贡献率高达 20% 以上。因此针对该特征，本模型基于质量守恒原理，开发了融雪水量模块对黑河流域上游融雪水量进行模拟。该模块认为雪水当量的变化量即为融雪水量，而雪水当量可通过积雪深度数据进行计算，因此通过积雪深度的变化量计算雪水当量的变化量即可。

融雪水量模块公式如下：

$$\text{SWE} = H_s \times \frac{\rho_s}{\rho_w} \tag{5-43}$$

式中，SWE 为雪水当量（mm）；H_s 为积雪深度（mm），该数据通过站点观测数据或遥感产品获得；ρ_s 为积雪颗粒密度（kg/m^3），其值通常介于 $100 \sim 600$ kg/m^3，本模型中通过经验公式估计；ρ_w 为水的密度（kg/m^3），本模型中取 1000 kg/m^3。

根据上述融雪水量模块的基本原理，通过雪水当量的变化量计算融雪水量，如式（5-44）：

$$\text{SW}_{d,i+1} = \begin{cases} \text{SWE}_i - \text{SWE}_{i+1}, & \text{SWE}_i > \text{SWE}_{i+1} \\ 0, & \text{SWE}_i \leqslant \text{SWE}_{i+1} \end{cases} \tag{5-44}$$

当第 $i+1$ 天的雪水当量小于前一天的雪水当量时，则有融雪水量产生；反之，融雪水量则为 0。

与土壤类似，雪盖也是多孔介质，具有一定的含蓄水量能力，因此估算融雪水量时需考虑雪盖的含蓄水量能力。雪盖的含蓄水量能力通过式（5-45）进行计算：

$$c = k \times H_s \times e \times \left(1 - \frac{\rho_0}{\rho_s}\right) \tag{5-45}$$

式中，c 为雪盖的含蓄水量能力（mm）；k 为雪盖持水系数；e 为自然常数，取值约为 2.72；ρ_0 为新雪颗粒密度（kg/m^3），本模型中取 100 kg/m^3；ρ_s 为相应时刻的积雪颗粒密度（kg/m^3），通过上面提及的经验公式进行计算。

5.6　最大冻土深度模拟

黑河流域上游的祁连山脉处于青藏高原的东北侧，属于高寒区。由于气温极低，该区域常年存在冻土（7 月至次年 6 月），对水文过程中的产汇流及蒸散发过程产生重要影响。因此，在黑河流域上游考虑冻土深度模拟十分重要。本模型中基于度日因子原理，对最大冻土深度进行模拟。公式如下：

$$Z = \sqrt{2k_f n_f \tau / (L_f \rho_w \theta_{liq})} \times \sqrt{DDF} \tag{5-46}$$

式中，Z 为最大冻土深度（m）；k_f 为冻土的导热系数［W/(m×K)］；n_f 为度日因子；τ 为时长（s/d），本模型中取 8.64 万 s/d；L_f 为熔解潜热（J/kg），本模型中取 3.34×10^5 J/kg；ρ_w 为水的密度（kg/m³），本模型中取 1000 kg/m³；θ_{liq} 为冻土平均含水量（m³/m³）；DDF 为冻结度日数（℃·d），基于气温进行计算：

$$DDF = \sum_{i=1}^{m} |T_i| \times D_i, \quad T_i < 0℃ \tag{5-47}$$

式中，T_i 为第 i 月的月平均气温（℃）；m 为月平均气温小于 0℃ 的月数；D_i 为第 i 月的天数。

通常冻土含水量通过模型模拟得到或者被设定为常数，本模型中基于前期降水情况进行计算。首先，计算前期降水指数，如式（5-48）：

$$P_a(t) = \alpha_y P_a(t-1) + \alpha_m P_{m(Oct)} + \alpha_m^2 P_{m(Sep)} + \alpha_m^3 P_{m(Aug)} + \alpha_m^4 P_{m(Jul)} \tag{5-48}$$

式中，$P_a(t)$ 为前期降水指数（mm）；$P_a(t-1)$ 为上一时段的前期降水指数；P_m 为月降水量（mm），本模型中计算对冻结期影响最大的 10 月、9 月、8 月和 7 月的月降水量；α_y 和 α_m 为回归系数，通过参数率定获得。

在前期降水指数的基础上，计算冻土平均含水量，如式（5-49）：

$$\theta_{liq}(t) = P_a(t) / D_s \tag{5-49}$$

式中，D_s 为土壤层参考厚度（m），根据我国第二次土壤调查结果，设置为 2.0 m（Qin et al.，2016）。

式（5-46）中的导热系数通过式（5-50）进行计算：

$$k_f = (k_{sat} - k_{dry}) \times K_e + k_{dry} \tag{5-50}$$

式中，k_{sat} 和 k_{dry} 分别为饱和土壤和干燥土壤的导热系数［W/(m·K)］；K_e 为 Kersten 数，通过式（5-51）进行计算：

$$K_e = \theta_{liq} / \theta_{sat} \tag{5-51}$$

式中，θ_{sat} 为饱和含水量（m³/m³）。

式（5-50）中饱和土壤的导热系数通过式（5-52）进行计算：

$$k_{sat} = \lambda_s^{1-\theta_{sat}} \times \lambda_w^{\theta_{liq}} \times \lambda_i^{\theta_{sat}-\theta_{liq}} \tag{5-52}$$

式中，λ_w 和 λ_i 分别为水和冰的导热系数［W/(m×K)］，本模型中分别设定为 0.57 W/(m·K) 和 2.20 W/(m×K)；λ_s 为土壤中固体颗粒的导热系数，通过式（5-53）进行计算：

$$\lambda_s = \lambda_q^{\delta} \times \lambda_o^{1-\delta} \tag{5-53}$$

式中，λ_q 和 λ_o 分别为石英和其他矿物的导热系数［W/(m×K)］，本模型中分别设定为 7.7 W/(m·K) 和 2.0 W/(m·K)；δ 为石英占土壤的体积比，本模型中设定为沙粒体积的 1/2。

式（5-50）中干燥土壤的导热系数通过式（5-54）进行计算：

$$k_{dry} = (0.135\rho_d + 64.7) / (2700 - 0.947\rho_d) \tag{5-54}$$

式中，ρ_d 为土壤颗粒密度（kg/m^3）。

式（5-46）中的度日因子 n_t 反映近地表能量平衡过程，可根据土地覆被类型、气温和地表温度进行估计，本模型中采用前人的研究结果。各土地覆被类型的度日因子取值见表 5-2。

表 5-2　各土地覆被类型的度日因子

项目	草地	裸地	灌木	农田	森林	湿地	积雪、冰川
n_t	0.78	0.75	0.77	0.87	0.80	0.90	0.88

5.7　产汇流过程模拟

本模型的产汇流模块参考水箱模型的概化理念，从垂向上将陆面划分为表层、土壤层、地下水层、河道层 4 层，每一层均概化为若干水箱。每个水箱具备垂向和侧向出流/入流口，使得各个水箱之间可以进行垂向和侧向的水量交换。各层水箱的数学表达如下。

5.7.1　表层水箱

本模型中土壤顶部的腐殖层概化为表层水箱，蒸散发首先在该层水箱发生，水量无法满足时，由下层水箱进行补充；产流也发生在该层，本模型采用混合产流模型，同时考虑蓄满产流和超渗产流。该层的水量平衡可用式（5-55）进行表达：

$$\frac{\mathrm{d}h_1}{\mathrm{d}t} = P + Q_{r0} + Q_{b0} - \mathrm{ET} - Q_{s1} - Q_{s2} - Q_{c0} - Q_{x0} \tag{5-55}$$

式中，h_1 为表层水箱水位（mm）；t 为模拟时间步长；P 为净雨量（mm）；Q_{r0} 和 Q_{b0} 分别为上游表层水箱和下部土壤层水箱补给水量（mm）；ET 为实际蒸散发量（mm）；Q_{s1} 和 Q_{s2} 分别为蓄满产流和超渗产流产生的地表径流量（mm）；Q_{c0} 为侧向出流量（mm）；Q_{x0} 为下渗水量（mm）。

1）蓄满产流。当入流水量超过表层水箱的持水能力，即当表层水箱水位 h_1 超过表层层高 sf_2 时，则发生蓄满产流，如式（5-56）：

$$Q_{s1} = \frac{(h_1 - \mathrm{sf}_2)^{5/3} \times \sqrt{i} \times L}{n} \tag{5-56}$$

式中，h_1 为表层水箱水位（mm）；sf_2 为表层层高（mm）；i 为坡度（°）；L 为栅格边长（mm）；n 为曼宁糙率系数，根据下垫面条件确定。

2）超渗产流。雨强超过表层稳定下渗率时，则发生超渗产流，如式（5-57）：

$$Q_{s2} = (P_i - f_0) \times \left(1 - \frac{f_0}{P_i}\right) \times A \times \mathrm{tha} \tag{5-57}$$

式中，P_i 为雨强（mm/d）；f_0 为表层稳定下渗率（mm/d）；A 为栅格面积（mm^2）；tha 为表层水箱的出流系数。

3）侧向流。当表层水箱水位超过表层侧向流出口高度时，则发生侧向出流，如式（5-58）：

$$Q_{c0} = \frac{h_1 \times A}{a} \tag{5-58}$$

式中，a 为侧向出流系数。

4）下渗。当表层水箱水位超过表层水箱下渗口高度（sf_0）时，则发生下渗，如式（5-59）：

$$Q_{x0} = f_0 \times \frac{h_1}{sf_2} \times A \tag{5-59}$$

5.7.2 土壤层水箱

本模型将植被根系所处的土层概化为土壤层水箱，该层是作物根系与土壤水分发生交换的场所，因此是生态水文模拟中的"关键"地带。该层的水量平衡方程为

$$\frac{dh_2}{dt} = Q_{x0} + Q_{r1} + Q_{b1} - Q_{b0} - Q_{c1} - Q_{x1} \tag{5-60}$$

式中，h_2 为土壤层水箱水位（mm）；Q_{r1} 和 Q_{b1} 分别为上游栅格补给水量和地下水补给水量（mm）；Q_{b0} 为下部土壤层水箱补给水量（mm）；Q_{c1} 和 Q_{x1} 分别为土壤层侧向流量和下渗水量（mm）。

与表层水箱类似，当土壤层水位达到相应高度时，则发生侧向出流和下渗，水量分别通过式（5-61）、式（5-62）计算：

$$Q_{c1} = k_x \times \frac{h_2}{s_2} \times i \times A \tag{5-61}$$

$$Q_{x1} = k_z \times \frac{h_2}{s_2} \times A \tag{5-62}$$

式中，k_x 和 k_z 分别为土壤层侧向和垂向水力传导度（mm^{-1}）；s_2 为土壤层层高（mm）。

当表层水箱水位 h_1 低于表层侧向流出口高度 sf_1 时，表层水箱开始接受土壤层水箱的补给：

1）当土壤层水箱水位 h_2 高于土壤层侧向流出口高度 s_1 时，补给水量为

$$Q_{b0} = f_0 \times (h_2 - s_1) \times A \tag{5-63}$$

2）当土壤层水箱水位 h_2 低于土壤层侧向流出口高度 s_1，但高于土壤层下渗口高度 s_0 时，补给水量为

$$Q_{b0} = f_0 \times \frac{sf_0 - h_1}{sf_2 - sf_0} \times A \tag{5-64}$$

3）当土壤层水箱水位 h_2 低于土壤层下渗口高度 s_0 时，不发生补给，补给水量为

$$Q_{b0} = 0 \tag{5-65}$$

5.7.3　地下水层水箱

本模型将植被根区下方的沉积层和风化层概化为地下水层水箱，该层水箱虽将非承压水和承压水概化为一层，但可分别计算非承压水层和承压水层的侧向出流量。该层水量平衡方程为

$$\frac{\mathrm{d}h_3}{\mathrm{d}t}=Q_{x1}+Q_{r2}-Q_{b1}-Q_{c2}-Q_{c3} \tag{5-66}$$

式中，h_3 为地下水层水箱水位（mm）；Q_{r2} 为地下水层水箱入流量（mm）；Q_{c2} 和 Q_{c3} 分别为非承压水层和承压水层的侧向出流量（mm）。

地下水层水箱中，非承压水层和承压水层各有一个侧向出流口，出流口高度分别为 ss_2 和 ss_1（$ss_2 > ss_1$）。当 h_3 高于 ss_2 时，非承压水层和承压水层同时发生侧向出流，侧向出流量分别通过式（5-67）、式（5-68）计算：

$$Q_{c2}=A_u^2\times(h_3-ss_1)^2\times A \tag{5-67}$$

$$Q_{c3}=A_g\times\frac{h_3}{ss_2}\times A \tag{5-68}$$

式中，A_u 为非承压水层侧向出流系数（$\mathrm{m}^{-1/2}/\mathrm{d}^{1/2}$）；$A_g$ 为承压水层侧向出流系数（1/d）。

与表层水箱类似，当土壤层水箱水位 h_2 低于该层侧向流出口高度 s_1 时，土壤层水箱开始接受地下水层水箱的补给，同样可分为 3 种情况。

1）当 h_3 高于 ss_2 时，补给水量为

$$Q_{b1}=k_z\times(h_3-ss_1)\times A \tag{5-69}$$

2）当 h_3 低于 ss_2，高于 ss_1 时，补给水量为

$$Q_{b1}=k_z\times\frac{s_0-h_2}{s_2-s_0}\times A \tag{5-70}$$

3）当 h_3 低于 ss_1 时，不发生补给，补给水量为

$$Q_{b1}=0 \tag{5-71}$$

5.7.4　河道层水箱

本模型汇流模块将河道单独概化为一层水箱，该层水箱水量平衡方程如下：

$$L\times B\times\frac{\mathrm{d}h_4}{\mathrm{d}t}=P+Q_{r3}-ET-Q_{out3} \tag{5-72}$$

式中，L 为河长，即栅格长度（mm）；B 为河宽（mm）；Q_{r3} 为河道层水箱入流量（mm）；h_4 为河道层水箱水位（mm）；ET 为实际蒸散发量（mm）；Q_{out3} 为河道层水箱出流量（mm）。

模型中，河道层水箱出流量由曼宁公式进行计算，如式（5-73）：

$$Q_{out3}=\frac{1}{n}\times B\times h^{5/3}\times i^{1/2} \tag{5-73}$$

式中，h 为河道水深（mm）；i 为坡度（°）。河宽 B 基于上游栅格面积进行计算，如式（5-74）：

$$B = k \times A_{up}^{s} \tag{5-74}$$

式中，k 和 s 均为修正系数，模型推荐值为 $k=7.0$，$s=0.5$；A_{up}^{s} 为经验参数。

5.8 小　结

本章详细介绍了 ECHOS 模型各模块的基本原理，模型不仅考虑了已有水文模型所涵盖的降水、截留、蒸发、下渗、地下水补给等过程，还针对黑河特点和生态水文相互作用的基本特征集成了蒸散发模块、农作物生产力模块、天然植被生产力模块、灌溉取用水模块、融雪水量模块、最大冻土深度模块和产汇流模块。表 5-3 罗列了 ECHOS 模型与已有水文模型的对比。

表 5-3　ECHOS 模型各模块创新点及特点

模块名称	ECHOS 模型的创新点	ECHOS 模型的特点	已有水文模型的特点
蒸散发	首次集成考虑植被过程的 S-W 模型和 PML 模型	集成多种方法，其中包含考虑植被过程的 S-W 模型和 PML 模型	多采用基于气象要素的 P-M 模型及其简化模型，不考虑植被过程
农作物生产力	针对干旱区内陆河流域特点，采用"水分生产力"和"水分利用效率"理论，集成已有模型	与天然植被分开，针对水分胁迫环境，基于水分生产力理论	或合并模拟，不对天然植被和农作物加以区分，或物理机制明确，参数众多且难以获取，与基于 Bucket 的水文模型复杂程度不匹配，无法"门当户对"
天然植被生产力		与农作物分开，基于水分利用效率理论	
灌溉取用水	将"模拟法"和"实测资料法"融合提出，可兼顾过去与未来	将模型模拟与实测资料相结合的融合法，同时适用于对过去和未来的模拟	采用实测资料输入法，无法对未来进行预测
融雪水量	基于质量守恒原理提出	基于质量守恒原理，不确定性较低	度日因子法或基于能量平衡原理，不确定性较大
最大冻土深度	针对黑河流域上游特点，集成已有模型	基于气温模拟，结构简单，半物理机制模型	少有考虑
产汇流	—	分布式模拟，基于 Bucket 理论，结构简单，同时兼顾物理机制	与 ECHOS 模型类似或稍弱，如 SWAT 为半分布式模拟，采用经验产流公式，VIC 为分布式模拟，需单独运行汇流模块

第6章 生态水文过程耦合模拟原理

本章在第5章介绍各模块计算原理的基础上，从过程–模块–参数三个层面分析并阐释模型的耦合方法，对耦合模型的计算步骤进行详细阐释。需要耦合的模块包括生态模块（天然植被、农作物生产力模块）与水文模块的耦合；灌溉取用水量模块与生态模块、水文模型的耦合；冰川、生态、水文、农业灌溉全过程耦合。

6.1 生态–水文过程耦合原理

6.1.1 生态–水文耦合模拟的关键模块

生态–水文过程耦合模拟，顾名思义是要对生态过程和水文过程各模块在分别模拟的基础上，将第5章中描述的各个模块通过某种方式联系起来。自然界中，水和生态系统的相互作用关系极其复杂，涉及多个学科的专业知识。因此，如何对生态过程和水文过程进行耦合，是生态–水文过程耦合模拟的关键。总体而言，生态–水文过程耦合的基本原理，是自然界中生态–水文交互作用的自然规律；耦合的基本目标是将自然界中生态–水文交互作用以数学公式表达的方式尽可能还原；耦合的最终结果需要通过生态–水文耦合模拟结果对照观测值进行验证。

目前，针对自然界生态–水文耦合机理的观测、试验研究尚处于起步、发展阶段，现有对生态水文过程进行统一模拟的成熟数学模型尚不多见。正是受到这种限制，国内外学者多分别对生态过程和水文过程进行模拟，在此基础上将各个模块间的公共参数进行"参数传递"，最终对生态–水文过程进行耦合模拟，以在模型中表现生态过程和水文过程之间的相互作用关系。

通过前面的论述可以发现，生态–水文过程耦合模拟的关键，目前而言就是参数如何传递的问题。针对这个问题，国内外学者已进行了一定的探讨。目前大多数生态–水文耦合模型均对生态–水文过程进行单向耦合，换言之生态和水文模块之间，只存在单向的"参数传递"。具体而言，单向耦合就是将模型中水文模块的模拟结果（主要是土壤含水量等直接影响植被生长发育的水文要素）作为输入变量驱动模型中的生态模块。显而易见，这种单向耦合的方式并未考虑生态模块的模拟结果对水文过程的作用，在还原自然界生态–水文过程的基本规律方面仍有提升空间。因此，生态–水文过程的双向耦合成为研究的热点和难点。

本研究中，生态–水文过程耦合的方式为双向耦合，即生态、水文参数进行双向传递，互为输入，驱动彼此的模块进行模拟。根据黑河流域上中游地区生态、水文的基本特征，着重考虑植被和水文过程间的相互作用关系。首先，根据第 4 章中植被对水文气象要素的响应及第 5 章中所描述的生态、水文各主要模块的基本原理，选取模型可进行耦合的模块，在此基础上进一步确定模块间可进行传递的关键生态水文参数。总之，生态–水文的双向耦合可以概括为过程–模块–参数三个层面。

为解决过程间（水文过程和生态过程）的双向耦合问题，模型以水文过程中土壤水模块和蒸散发模块为纽带，在过程层面将两者耦合起来。具体耦合框架如图 6-1 所示。

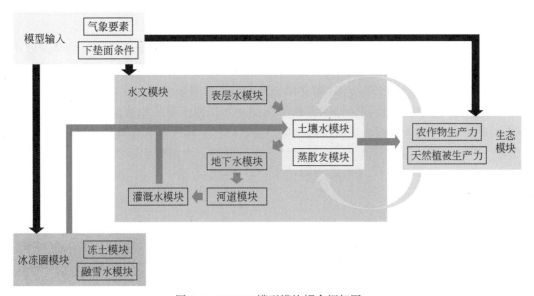

图 6-1 ECHOS 模型模块耦合框架图

以下从水文过程对植被过程的影响和植被过程对水文过程的影响两个方面详细阐释过程层面模型的耦合思想。

（1）水文过程对植被过程的影响

众所周知，植被的生长发育离不开气象要素、水文要素和营养元素。具体地，气象要素主要为气温和日照，以维持植被的光合作用；水文要素主要为土壤墒情，为植被的光合作用和呼吸作用提供必要的水分；而营养元素在水分胁迫型的生态系统中，对植被的生长发育的影响几乎可以忽略不计，因此本模型并未考虑营养元素的运移过程。模型中气温和日照等气象要素为模型输入，因此可以作为生态模块的输入直接驱动模块；而土壤墒情由水文过程中的土壤水模块提供，作为生态模型的输入。当水分充足时，植被生长发育不受胁迫，反映为生态模块输出的植被指数正常；当水分无法满足植被生长发育时，植被受到水分胁迫，植被指数乘以响应水分胁迫系数，小于正常值。同理，农作物产量对水分的响应也是如此。

（2）植被过程对水文过程的影响

在生态学、植被生理学领域，关于植被的生长发育对土壤水的影响研究较多。伴随着植被的生长发育，植被的生产力逐渐提升，使得植被的光合作用和呼吸作用速率提高。因此，植被对水分的需求也相应提高，如此便影响土壤墒情，使土壤含水率下降，从而影响水文过程中的产汇流等子过程。此外，作为光合作用的重要过程，植被腾发也受到植被生长发育不同阶段的影响，而植被腾发是陆面蒸散发的重要组成部分，直接影响产流过程。此外，自然界中的实际蒸散发可以划分为植被腾发和陆面蒸发，因此植被在栅格中的覆盖程度还影响到冠层空气阻力等空气动力学参数（详见 5.1 节），从而影响陆面蒸发，最终影响水文过程。

6.1.2　生态-水文耦合模拟的参数传递

如 6.1.1 节所述，模型中蒸散发模块和土壤水模块为生态-水文耦合模拟的关键模块，而目前生态-水文耦合模拟的关键为"参数传递"。因此，如何在蒸散发模块和土壤水模块中选取需要传递的参数则为生态-水文耦合模拟的根本问题。

一般而言，能够在模块间传递的参数多为同时参与两个模块运算的公共参数。例如，土壤水模块中，土壤含水率为该模块的模拟结果，同时土壤含水率还是植被模块的重要输入条件。因此，显而易见土壤含水率是需要传递的参数。本模型从寻找"输出-输入"的公共变量出发，确定了生态-水文耦合模拟中需要传递的参数，生态-水文耦合计算流程图如图 6-2 所示。

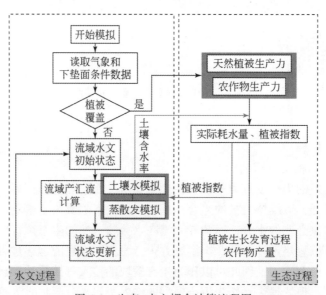

图 6-2　生态-水文耦合计算流程图

如图 6-2 所示，耦合模型的模拟流程分成以下四个主要步骤。

步骤 1：模型读取输入数据，如下垫面条件（包括土地利用类型、DEM 等）、气象数据（包括日降水量、日平均气温、日最高气温、日最低气温、日平均气压、日平均相对湿度、近地面风速、日照时数 8 个气象要素）。

步骤 2：根据土地利用类型，判定栅格是否有植被覆盖，若没有植被覆盖，则跳过生态模块，直接进行流域产汇流计算；若存在植被覆盖，则需要运行生态模块。

步骤 3：运行生态模块时，天然植被生产力和农作物生产力需要土壤含水率作为输入。模型中将土壤水模块模拟获得的第 $t-n$ 天（n 为模型参数，表征植被过程对水文过程的滞后响应天数）的土壤含水率输入生态模块进行模拟。生态模块所需的气象要素等来源于步骤 1 中的模型输入。

步骤 4：生态模块将模拟获得的第 t 天植被指数反馈给水文模块的蒸散发模块，水文模块对第 t 天的蒸散发、土壤水等进行模拟，从而进行流域产汇流计算，更新流域水文状态，获得第 t 天的水文要素。

循环步骤 1~步骤 4，直到模拟时段结束为止。输出各模块模拟结果的时间序列。

需要特别指出的是，当土壤含水率输入生态模块中后，生态模块首先根据植被的生长阶段对土壤含水率是否能够满足天然植被生长需求进行判定，若能够满足则天然植被正常生长发育，若不能满足则根据水分亏缺情况乘以相应的水分亏缺系数；对需要灌溉的农作物，则默认灌溉水量充足，农作物生长发育不受水分胁迫。

6.2 灌溉取用水量模拟

人类活动对水文过程的影响不容忽视，国内外学者已开展了大量研究。相关研究表明，黑河流域中游地区人类活动对水文过程的影响贡献率较大，可达 70% 左右。因此，在水文过程模拟中，对人类活动的考虑很有必要。人类活动纷繁复杂，对水文过程产生直接影响的人类活动主要可以分为土地利用变化、农业灌溉、生活生产取用水量等几个方面。其中，土地利用变化对水文过程的影响主要体现在下垫面条件的改变，继而对产汇流过程产生影响，然而由于土地利用变化的机理属于社会学、经济学等多学科交叉范畴，机理尚不明确，目前的水文模型中多将土地利用类型作为模型输入，在模拟时段内固定不变。而对于农业灌溉、生活生产取用水量，则可对具体的取用水量进行数据收集或估算，从而在径流模拟中扣除相应水量，以确保水量过程的准确性。

我国西北地区受干旱半干旱气候的影响，常年降水稀少，如黑河流域中游地区多年平均降水量仅为 200 mm 左右。因此，为维持作物正常的生长发育，该区域的农业活动主要依赖灌溉措施，以弥补天然降水的不足。灌溉取用水对水文过程有着重要影响，一方面灌溉取用水来源于径流，影响径流过程；另一方面，灌溉影响土壤含水量继而对蒸散发产生影响，是诸多人类取水行为中对水文过程影响较大的活动之一。因此，本模型着重考虑灌溉取用水过程，以精确刻画灌溉对水文过程的影响。

事实上，已有水文模型并非对流域水文过程的灌溉活动毫无考虑。已有水文模型一般通过综合流域灌溉时间、取水量、取水点等灌溉关键因素，采用对径流水量扣除的方法完成对灌溉活动的考虑，灌溉对蒸散发的影响则通过将灌溉水量平铺到灌溉区域的方法进行分析（该方法下称灌溉制度法）。这种方法的优点在于，它能够较好地模拟灌溉取用水对径流过程的影响，确保径流模拟的精度。然而，该方法也存在无法回避的缺点，首先，该方法只能用于对过去水文过程的模拟，且模拟精度取决于灌溉资料的完整性和可靠性，对未来的灌溉水量则无法考虑；其次，该方法将灌溉水量平铺到灌溉区域，无法考虑不同种类作物的灌溉对区域蒸散发的影响，因而也无法模拟不同作物种植结构对灌溉水量、蒸散发及径流过程的影响。

随着遥感技术的不断进步，遥感蒸散发产品已在水文研究中得到了越来越广泛的应用，也为流域灌溉模拟提供了新的思路（该方法下称遥感产品法）。该方法的优点在于能够反映蒸散发的空间异质性，从而更好地反映灌溉水量在空间上的分布。然而，该方法无法与现有的水文模块进行耦合，只能将遥感数据作为模型输入。另外，与灌溉制度法类似，遥感产品法主要依赖对过去蒸散发的观测，当模型用于预测时则无能为力。

针对上述两种方法的优缺点，本模型考虑将两种方法的优点融合，开发基于作物种植结构的灌溉制度修正法（该方法下称融合法）。该方法的基本思路是，提高模型土地利用类型输入数据的空间分辨率，从空间上识别作物种植结构。根据作物种植结构，确定各栅格的作物类型，继而通过模型中集成的农作物生产力模块，对该生长发育阶段各栅格的作物需水量进行估计，并与土壤水模块输出的土壤含水率进行对比，计算亏缺水量。基于"灌溉措施使得农作物不会受到水分胁迫"的基本假定，若亏缺水量大于 0，则需要灌溉，灌溉取用水量即为亏缺水量除以灌溉水利用系数（详见 5.4 节）。然而，现实中的灌溉取用水量并不一定与估算获得的灌溉取用水量一致，这是由于灌溉水利用系数难以精确测量，常通过估算获得。因此，融合法中加入水量修正过程，即通过收集获得的灌溉制度资料得到实际灌溉取用水量，并与估算获得的灌溉水量求比例，获得修正系数，再将各栅格估算获得的灌溉取用水量乘以该修正系数，获得修正后的灌溉取用水量。该方法的优点在于既能刻画灌溉对土壤水、蒸散发影响的空间差异，也能保证灌溉取用水量的准确性，从而精确刻画灌溉对土壤水、蒸散发和径流过程的多方面影响。融合法灌溉取用水量估算流程图如 6-3 所示。

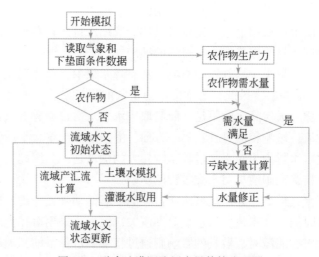

图 6-3 融合法灌溉取用水量估算流程图

融合法估算灌溉取用水量，并与水文过程耦合的具体计算流程如下：

1）根据河道文件和灌溉渠系文件，寻找交叉点，确定河道取水点，并确定该取水点所控制的灌区。

2）根据土地利用数据，确定灌区内作物种植结构，即灌区内各栅格的作物类型，并赋予相应作物参数。根据作物生长发育节点时间判定该作物所处的生长阶段，利用农作物生产力模块估算作物需水量。

3）读取土壤含水量，并与作物需水量进行对比，计算亏缺水量，获得估算的灌溉取用水量。

4）进行水量修正。读取灌溉制度数据（表 6-1），计算实际灌溉取用水量和修正系数，继而计算修正后的灌溉取用水量。

5）计算灌区灌溉取用水量，从河道扣除。

6）完成灌溉取用水量计算。

表 6-1　灌溉制度示意图

灌溉时间	灌溉取用水量/mm
2008-05-16	3.10
2008-05-17	1.90
2008-05-18	3.70
2008-05-19	4.50
2008-05-20	3.80
2008-05-21	2.10
2008-05-22	4.10
2008-05-23	5.50
2008-05-24	2.20
2008-05-25	4.50
2008-05-26	0.20
2008-05-27	4.90
2008-05-28	3.10
2008-05-29	4.50
2008-05-30	4.60
2008-05-31	5.70
2008-06-01	5.30
2008-06-02	6.80
2008-06-03	6.70
2008-06-04	6.70
2008-06-05	2.60
2008-06-06	6.50
2008-06-07	5.60
2008-06-08	4.60
2008-06-09	6.20

6.3 冰川–生态–水文–农业灌溉全过程模拟

流域是水文研究和水资源管理的最佳单元。然而对于整个流域而言，影响水文过程的因素极为复杂，不仅有下垫面条件、气象要素等，还包含了人类活动和生态过程等。因此，流域尺度的水文过程模拟，需要综合考虑这些要素，以确保精确还原自然界的水文过程。黑河流域是复杂流域的典型代表，该流域水资源交互极为频繁，上中下游的地貌特征迥异。黑河流域上游为径流形成区，黑河流域的水资源主要来源于上游，该区域冰川覆盖面积大，积雪、冻土对水文过程影响大；黑河流域中游为径流耗散区，上游输入的水资源在中游被消耗，主要用于农业、工业和生活用水。其中，农业耗水量占中游耗水量的70%左右；黑河流域下游为荒漠生态系统，主要受中游下泄水量影响。

在我国西北部，与黑河呈现类似生态水文特征的流域并不在少数，塔里木河、石羊河及疏勒河均与黑河存在较大的相似性。因此，构建针对黑河生态水文特征的冰川–生态–水文–农业灌溉全过程模型，不但对黑河生态水文过程模拟存在重要意义，对我国西北类似的内陆河流域的生态–水文研究、水资源管理等也具有十分重要的作用。

本节阐述前面提及的冰川（积雪、冻土）、生态、水文、人类活动4个部分主要过程的整体模拟方法。本模型从黑河流域上游开始，将黑河流域上中游地区作为一个整体进行全过程模拟。模型主要分为4个部分：

1）水文部分。水文部分是生态–水文模型的主干，其余各过程均作为模块与水文过程进行耦合。水文模块采用全分布式将空间进行离散化，将黑河流域上中游地区离散化为若干正方形栅格，考虑研究区大小和数据空间分辨率，最终确定栅格空间分辨率为1km。

水文部分的输入数据包括高程（DEM）、气象数据、土壤类型、土地利用类型、河网、汇流顺序文件。其中，河网和汇流顺序文件通过ArcGIS的水文模块基于DEM进行提取。通过读取河网文件，模型将研究区分为河道和普通栅格，普通栅格又从垂向上分为3层（详见5.7节）。

土壤属性和土地利用类型影响流域产汇流过程，本模型中土壤参数基于推荐值并在物理意义允许的范围内进行参数优化。涉及植被生长发育过程的关键生态水文参数"根区土壤蓄水容量"通过物理方法估算获得（详见第7章）。

2）冰川部分。冰川部分主要原理如5.5节和5.6节所述，对黑河流域上中游地区的融雪水量和冻土深度进行模拟。融雪水量与降水合并后，作为产流模块的水量输入。最大冻土深度影响土壤水分布，继而影响产流过程。模型首先计算冻土深度，判定是否存在冻土，然后进行产流计算。

3）生态部分。生态部分主要考虑流域植被过程，根据生长发育规律的不同，将植被分为天然植被和农作物分别进行考虑。其中，天然植被根据植被类型的不同分为针叶林、阔叶林、灌木和草地4类。农作物考虑黑河流域中游地区主要农作物——春小麦、制种玉米。作物属性的不同通过模型参数进行区别，若植被参数满足，可根据研究需要增加植被种类。

4）人类活动部分。人类活动部分主要考虑灌溉措施，兼顾工业和生活用水。其中，灌溉水量通过 5.4 节进行水量估计，并通过 6.2 节所述方法与水文模块耦合。工业和生活用水通过资料调查获得取水量资料，直接从河道水量中扣除，本模型中不再进行单独模拟。

需要指出的是，模型虽由 4 部分构成，但并非所有栅格均运行 4 个部分模块。为提高模型的计算效率，模型根据土地利用类型的不同，选择运行 4 个部分模块中的若干模块。例如，若栅格的土地利用类型为旱地，则运行水文模块、农作物生产力模块和灌溉取用水模块，根据气温和积雪深度数据判定是否运行冰川部分，不运行天然植被生产力模块。

虽耦合了生态、冰川等模块，但模型的操作流程与传统水文模型基本一致，主要分为数据收集与处理、参数设置、运行模型 3 个步骤。从数据收集与处理开始，主要包括以下具体操作。

步骤 1：收集数据。收集研究区高程（DEM）、土壤类型、土地利用类型、气象数据、人类取水量数据 5 类数据。

步骤 2：提取河网。基于步骤 1 中获得的 DEM，利用 ArcGIS 水文分析模块确定各栅格水流方向、水流累积量、河网，并确定各栅格间的汇流演算次序。

步骤 3：气象数据插值。传统水文模型使用的气象数据多为站点数据，并基于空间插值方法进行插值。随着数据产品的日益丰富，本模型推荐使用栅格气象数据。可综合考虑 DEM、土壤类型、土地利用类型的空间分辨率，利用反距离插值法、考虑高程的反距离插值法等简便常用的方法，将气象数据插值到整个研究区。

步骤 4：根据土地利用类型，设定初始的天然植被和农作物参数。

步骤 5：将 DEM、土壤类型、土地利用类型、气象数据、河网数据、汇流顺序文件、人类取水量数据及参数文件 7 类数据准备完毕，构成模型输入数据库，准备运行模型。

双击可运行文件 .exe 后，模型自动运行，主要包含以下计算步骤，将上述各模块包含在内。

步骤 1：读取各类数据，存储到计算机内存中。

步骤 2：根据模拟时段，开始逐日模拟。一日内，首先根据土地利用类型判定是否存在植被，若存在植被，则运行植被模块计算植被指数、植被需水量等生态参数，并与土壤含水率进行对比，确定亏缺水分状况。进一步判定是否为农作物，若为农作物，则计算灌溉需水量。

步骤 3：读取植被模块获得的植被参数，计算蒸散发，继而进行产流计算。

步骤 4：按照汇流顺序，进行汇流计算。

步骤 5：根据输入的人类取水量，对灌溉需水量进行调整，从河道水量中扣除。至此，获得该日的实际蒸散量、土壤含水率、植被指数、生物量等生态、水文变量。

步骤 6：重复步骤 2 ~ 步骤 5，直至模拟时段结束。

模型耦合了上述 4 个部分，与传统水文模型相比，集成了生态、冰川等模块，增加了模型的功能，为我国西部干旱区半干旱区内陆河流域的水文学研究提供了新的工具。ECHOS 模型过程、模块、输出变量见表 6-2。

表 6-2 ECHOS 模型过程、模块、输出变量

过程	模块	输出变量
水文	蒸散发、产汇流	潜在蒸散发量、实际蒸散发量、土壤含水率、径流量
冰川	融雪、冻土	雪水当量、融雪水量、最大冻土深度
生态	农作物、天然植被	水分生产力、植被指数、作物产量
人类活动	灌溉	灌溉水量

第 7 章　　黑河上中游流域水文过程模拟研究

7.1　基础数据与模型参数

7.1.1　气象及水文数据

本研究所使用的气象数据包括日平均气温、日最高气温、日最低气温、日平均气压、日平均相对湿度、近地面风速和日照时数 7 个要素。其中，日平均气温、日最高气温、日最低气温、日平均气压、日平均相对湿度、近地面风速来源于"中国区域高时空分辨率地面气象要素驱动数据集"（可在中国科学院寒区旱区科学数据中心网站下载，http://data. casnw. net/portal/）。该数据集由中国科学院青藏高原研究所开发，以国际上现有的 Princeton 再分析资料、全球陆面数据同化系统（global land data assimilation system, GLDAS）资料、全球地表辐射卫星产品（GEWEX-SRB）辐射资料，以及 TRMM（tropical rainfall measuring mission）降水资料为背景场，融合中国气象局常规气象观测数据制作而成，已在多项研究中得到应用，其精度较为可靠。数据的时间分辨率为 3 h，水平空间分辨率为 0.1°，数据时段为 1959～2010 年。本研究采用的日数据由数据集数据基于反距离权重（inverse distance weighting, IDW）法插值到 1 km×1 km 栅格，通过平均 3 h 数据而获得。考虑植被数据序列长度，气象数据时段为 2000～2010 年。日照时数由研究区域内的 8 个气象站点的逐日观测资料（可在中国气象数据网下载，http://data. cma. cn/）采用 IDW 法插值到 1 km×1 km 栅格获得。

本研究中用于驱动水文模型的降水数据亦由"中国区域高时空分辨率地面气象要素驱动数据集"提取，通过求均值获得黑河上游流域日平均降水量。

本研究季节划分采用 3～5 月为春季，6～8 月为夏季，9～11 月为秋季，12 月至次年 2 月为冬季的划分原则。

本研究雪盖厚度栅格数据来源于"中国雪深长时间序列数据集"（由中国西部环境与生态科学数据中心提供），数据集时间分辨率为 1 天，空间分辨率为 25 km。

7.1.2　植被、DEM 及土地覆被数据

本研究使用的 DEM 数据可在中国科学院寒区旱区科学数据中心网站（http://data. casnw. net/portal/）下载，空间分辨率为 1 km×1 km。土地覆盖数据来源于"中国

1：25 万土地覆盖遥感调查与检测数据库"中的 2005 年全国土地覆盖数据（可在国家地球系统科学数据中心共享服务平台下载，http://www.geodata.cn），空间分辨率为 1 km×1 km。该数据将土地覆盖分为森林、草地、农田、聚落、湿地和荒漠 6 个一级类型，25 个二级类型。

7.1.3　模型参数设定

如前所述，ECHOS 模型将土壤划分为 3 层，基于唐振兴等（2012）对不同土地覆被类型的土壤水力学参数的测定结果，根据土地覆被类型的不同设定 ECHOS 模型表层参数（表 7-1）。

表 7-1　ECHOS 模型表层参数

模型参数	土地覆被类型					
	森林	草地	农田	聚落	湿地	荒漠
sf_2/m	1	0.8	0.5	0.1	0.5	0.5
sf_1/m	0.5	0.4	0.3	0.01	0.3	0.3
sf_0/m	0.2	0.2	0.1	0.01	0.05	0.1
$f_0/(m/d)$	0.004	0.002	0.001	0.0004	0.001	0.004
tha	0.24	0.28	0.28	0.32	0.24	0.32
$n/(m^{-1/3}/d)$	0.7	2.0	1.5	0.3	0.03	0.7

土壤层参数根据胡立堂（2008）对各种类型的土壤渗透性系数的研究结果进行设定。需要说明的是，土壤层层厚及土壤层初始水位均为相对值，通过土壤相对含水量反映该层水分的变化情况。ECHOS 模型土壤层参数见表 7-2。

表 7-2　ECHOS 模型土壤层参数

模型参数	土壤渗透性		
	小	中	大
s_2/m	30	40	50
s_1/m	10	10	10
s_0/m	5	5	5
$k_z/(m/d)$	0.0001	0.0005	0.001
$k_x/(m/d)$	0.0005	0.002	0.008

与土壤层参数的设定方法类似，地下水层的参数根据地质类型分类，按照土壤渗透性大、中、小的不同进行赋值。ECHOS 模型地下水层参数见表 7-3。

表 7-3　ECHOS 模型地下水层参数

模型参数	岩石透水性能		
	小	中	大
ss_3/m	30	40	50
ss_2/m	10	15	20
ss_1/m	10	10	10
$A_u/(m^{-1/2}/d^{1/2})$	0.000 1	0.000 2	0.000 3
$A_g/(1/d)$	0.000 02	0.000 04	0.000 08

7.2　考虑融雪的径流过程模拟

本研究针对以黑河为代表的"上游冰川-中游绿洲-下游荒漠"典型内陆河流域开发水文模型，考虑到"上游冰川、融雪水量对径流贡献较大"的产流特征，模型中集成了融雪模块。该模块基于雪盖厚度数据产品进行运算，以质量守恒为基本原理，是一种全新的融雪水量估算方法，因此需对其适用性和可靠性进行检验。本节以黑河上游流域及我国不同气候带典型流域为代表流域，运行水文模型以检验本研究提出的融雪水量估算方法在我国各气候带典型流域径流模拟中的适用性。

7.2.1　水文模型参数率定方法及误差指标

为验证集成了融雪水模块的水文模型在水文过程模拟中的适用性，本研究选取融雪影响显著的黑河上游流域及处于我国不同气候带的典型流域运行模型（流域资料见表 7-4）。本研究基于黑河上游出口莺落峡站 1990~2000 年日径流深序列，采用广泛使用的 SCE-UA 参数优化算法对模型进行参数率定，目标函数如下：

$$J_{ob} = (1 - E_{NS}) + 5 \left| \ln(1 + E_r) \right|^{2.5} \tag{7-1}$$

式中，E_{NS} 为 Nash-Suttcliffe 效率系数；E_r 为水量平衡误差（%），计算公式如下：

$$E_{NS} = \frac{\sum (R_{i,o} - \overline{R_o})^2 - \sum (R_{i,s} - R_{i,o})^2}{\sum (R_{i,o} - \overline{R_o})^2} \tag{7-2}$$

$$E_r = 100\% \times \frac{\sum R_{i,s} - \sum R_{i,o}}{\sum R_{i,o}} \tag{7-3}$$

式中，$R_{i,o}$ 和 $R_{i,s}$ 分别为各旬对应的平均径流深的实测值和模拟值（mm）；$\overline{R_o}$ 为旬平均径流深的实测值（mm）。

表 7-4 典型流域基本属性及径流数据序列长度

流域名称	气候带	流域面积 /km²	多年平均气温/℃	多年平均降水量/mm	多年平均融雪水量/mm	干旱指数	模型率定期	模型验证期
西苕溪	湿润带	1 598	8.9	1513	1	0.5	1991~1993 年	1994~1997 年
南甸峪	湿润带	765	6.2	871	59	0.9	1988~1995 年	1997~2000 年
潮河	半湿润带	8 288	7.4	518	12	1.6	1988~1991 年	2000~2005 年
三川河	半湿润带	5 326	8.8	461	15	1.8	1980~1983 年	1984~1987 年
莺落峡	寒旱带	12 198	1.9	234	71	2.6	1991~1994 年	1995~2000 年
拉萨河	寒旱带	38 682	−1.8	306	86	3.1	1989~1994 年	1995~2000 年

验证期模拟结果评价采用两个指标，分别为 E_r、E_{NS}。这两个指标分别从不同角度评价模型的模拟效果，E_r 用于表征模拟时段内模拟值与实测值的水量平衡误差，其值越接近0，模拟结果越好；E_{NS} 用于表征模拟时段内模拟值与实测值的拟合程度，其值越接近1，模拟结果越好。

7.2.2 黑河上游流域出口站径流过程模拟效果对比

本研究基于上述数据和参数优化算法，利用 ECHOS 模型在黑河上游莺落峡站对日径流深进行模拟。模拟分别按照考虑融雪过程和不考虑融雪过程两种情景进行：考虑融雪过程时模型运行融雪模块，将融雪模块估算获得的融雪水量与其他降水过程一并作为模型的水量输入，参与产汇流计算；不考虑融雪过程时模型跳过融雪模块，模型的水量输入即为降水量，其他模块运行情况完全一致。径流数据序列长度为 1990~2000 年，其中 1991~1994 年作为模型率定期，1995~2000 年作为模型验证期，1990 年作为模型预热期，使模型获得更为贴近现实的初始状态。

表 7-5 展示了两种情景下模型在莺落峡流域的率定期和验证期的误差指标。结果显示，集成了融雪模块的 ECHOS 模型经过参数率定，能够对莺落峡站的出口日径流过程进行很好的模拟，验证期和率定期的 E_{NS} 均大于等于 0.85，水量平衡误差绝对值则均小于等于 0.10。值得一提的是，模型率定期的误差指标均优于模型验证期，说明考虑了融雪过程的水文模型具有较好的表现。

表 7-5 模型率定期和验证期误差指标

流域名称	考虑了融雪过程的径流过程模拟				未考虑融雪过程的径流过程模拟			
	率定期 E_{NS}	验证期 E_{NS}	率定期 E_r	验证期 E_r	率定期 E_{NS}	验证期 E_{NS}	率定期 E_r	验证期 E_r
西苕溪	0.72	0.80	−0.16	0.12	0.72	0.80	−0.16	0.12
南甸峪	0.80	0.79	−0.04	0.01	0.78	0.75	−0.05	0.01
潮河	0.76	0.73	−0.17	−0.14	0.76	0.73	−0.17	−0.14

流域名称	考虑了融雪过程的径流过程模拟				未考虑融雪过程的径流过程模拟			
	率定期 E_{NS}	验证期 E_{NS}	率定期 E_r	验证期 E_r	率定期 E_{NS}	验证期 E_{NS}	率定期 E_r	验证期 E_r
三川河	0.78	0.85	0.09	0.18	0.78	0.85	0.09	0.18
莺落峡	0.85	0.87	−0.10	0.05	0.75	0.81	−0.18	0.02
拉萨河	0.82	0.85	−0.30	−0.17	0.70	0.76	−0.32	−0.18

为了检验集成融雪模块后，模型模拟精度是否得到提升，关闭融雪模块，在其他条件均一致的条件下运行模型，结果见表 7-5。结果显示，关闭融雪模块后，模型的率定期和验证期的 E_{NS} 分别为 0.75 和 0.81，水量平衡误差绝对值则分别达到 0.18 和 0.02。虽然关闭融雪模块的模型精度尚且可以接受，但是与考虑融雪过程的模型相比，模拟精度明显下降。换言之，集成了融雪模块的水文模型使得径流过程模拟精度有明显提高，率定期 E_{NS} 的提高幅度达到了 13% 左右。而水量平衡误差也有所改观，尤其是率定期的水量平衡误差从 −0.18 提升到 −0.10，虽然提升幅度有限，但是改善了关闭融雪模块低估径流深的现象。

很明显，从理论的角度讲，集成了融雪模块的 ECHOS 模型更加明确地描述了流域融雪过程，物理机制更为明确，并且模拟效果也得到了明显提升。因此可以认为，集成了融雪模块的 ECHOS 模型能够更好地模拟黑河上游流域的径流过程。

7.2.3 我国不同气候带典型流域径流过程模拟效果对比

为验证考虑融雪过程的模型在我国多种气候带的模拟精度，本研究还将 ECHOS 模型应用于西苕溪流域、辽河南甸峪流域、潮河流域、三川河流域和拉萨河流域（图 7-1）。其中，西苕溪流域和南甸峪流域处于湿润带，多年平均气温分别为 8.9℃ 和 6.2℃；潮河和三川河处于半湿润带，多年平均气温分别为 7.4℃ 和 8.8℃；拉萨河与黑河上游（即莺落峡）类似，地处青藏高原，属于寒旱带，多年平均气温为 −1.8℃。这些流域中，南甸峪和拉萨河流域多年平均融雪水量均在 50 mm 以上，其余流域的融雪水量均小于等于 15 mm（表 7-4）。

表 7-5 罗列了考虑融雪过程的 ECHOS 模型在各代表流域的模拟精度。结果显示，考虑融雪过程的水文模型不仅在黑河上游具有较高的模拟精度，在我国不同气候带的典型流域也能精确模拟径流过程。所有流域的率定期和验证期的 E_{NS} 均在 0.70 以上，并且在多数流域，验证期的精度与率定期基本相当或更优。说明考虑了融雪过程的水文模型在我国多气候带均具有较高的适用性，不仅能有效模拟融雪水量较大的流域，在融雪水量很小甚至几乎不存在积雪的流域也能较好地模拟径流过程。

同样地，将模型的融雪模块关闭后在 5 个代表流域再次进行径流模拟，与考虑融雪过程的模拟结果进行比较。结果显示，在拉萨河和南甸峪流域考虑融雪过程对提高径流模拟精度具有明显的作用，而在其他流域精度提高并不明显。总体而言，在融雪水量对径流贡献越大的区域，考虑融雪模块后模型精度提升得越明显，该结果充分证明了模型集成融雪模块的科学性和适用性。

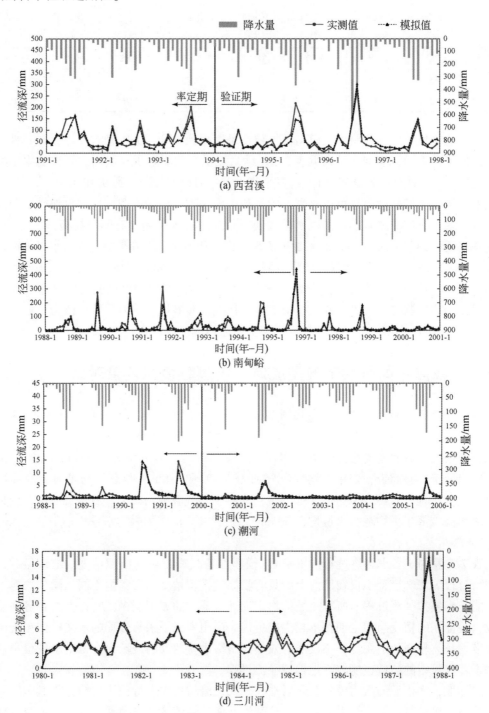

(a) 西苕溪

(b) 南甸峪

(c) 潮河

(d) 三川河

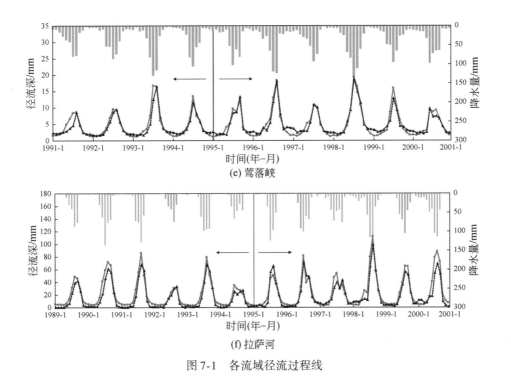

图 7-1　各流域径流过程线

7.3　缺资料地区蒸散发模拟方法比较

为了适应不同气候条件、不同下垫面条件、不同数据条件流域的蒸散发模拟要求，本研究的水文模型集成了 P-M 模型及其简化模型、S-W 模型及 PML 模型等 9 种（潜在）蒸散发模型。其中，P-M 模型及其简化模型均将模拟区域简化为"一整片叶子"，因此这些模型属于"大叶模型"，在植被覆盖条件较好的区域较为适用。而 S-W 模型和 PML 模型能够考虑植被生长发育过程中 LAI 对蒸散发的影响，可以兼顾土壤和植被双源蒸散发过程，因此这两个模型更适用于植被稀疏的内陆干旱区流域。同时，这两个模型也因为将植被指数作为模型的输入变量之一，而被作为生态水文耦合的关键模块。

如前所述，水文模型的输入包括气象数据、DEM、土壤类型、土地利用类型、河网、汇流顺序文件等。其中，气象数据的内涵最为复杂，包括日降水量、日平均气温、日最高气温、日最低气温、日平均气压、日平均相对湿度、近地面风速、日照时数 8 个气象要素。这 8 个气象要素当中，直接参与产汇流计算的仅为日降水量数据，其余 7 个要素均为蒸散发量计算所需要的变量。然而，在气象观测尚不能满足条件的区域，模型所需要的 8 个气象要素难以全部获取。因此，如何简化蒸散发模块，在尽量少的变量支撑下运行水文模型对缺资料地区的水文模拟具有十分重要的意义。

本节首先从数据条件的角度出发，通过比较 1990～2000 年 P-M 模型及其简化模型在黑河流域代表站点的模拟精度，比较缺数据条件下蒸散发模拟方法的优劣，从而为水文模型在缺资料地区干旱流域的应用提供参考。

7.3.1　评价指标

由于获取 PET 实测资料较为困难，FAO 专家小组建议简化 PET 估算方法，在使用前先利用 P-M 模型进行检验。很多学者以 P-M 模型为标准来检验其他 PET 估算方法。本研究也采用 P-M 模型与所选方法进行比较分析，采用平均绝对误差（mean absolute error, MAE）、平均相对误差（mean relative error, MRE）及确定性系数（R^2）作为估算精度的量化评价指标，MAE、MRE 越接近于 0，R^2 越接近于 1，估算精度越高。此处给出两种误差评价指标和相关性指标的计算公式，即式（7-4）~式（7-6）。

平均绝对误差：
$$\text{MAE} = \frac{1}{n} \sum_{i=1}^{n} \left| \text{PET}_{\text{PM}i} - \text{PET}_{2i} \right| \tag{7-4}$$

平均相对误差：
$$\text{MRE} = \frac{1}{n} \sum_{i=1}^{n} \frac{\left| \text{PET}_{\text{PM}i} - \text{PET}_{2i} \right|}{\overline{\text{PET}_{\text{PM}i}}} \tag{7-5}$$

确定性系数：
$$R^2 = \left[\frac{n \sum_{i=1}^{n} \left(\text{PET}_{\text{PM}i} \text{PET}_{2i} \right) - \sum_{i=1}^{n} \text{PET}_{\text{PM}i} \sum_{i=1}^{n} \text{PET}_{2i}}{\sqrt{n \sum_{i=1}^{n} \text{PET}_{\text{PM}i}^2 - \left(\sum_{i=1}^{n} \text{PET}_{\text{PM}i} \right)^2} \sqrt{n \sum_{i=1}^{n} \text{PET}_{2i}^2 - \left(\sum_{i=1}^{n} \text{PET}_{2i} \right)^2}} \right]^2 \tag{7-6}$$

式中，$\text{PET}_{\text{PM}i}$ 为 PM 法计算的 PET 值；PET_{2i} 为简化方法计算的 PET 值。

7.3.2　使用推荐参数的蒸散发模拟方法比较结果分析

由于 16 个站点的冬季气温较低，某些方法计算获得的 PET 日值存在负值，在累加日值计算月值、年值时需将负的日值剔除。计算各站点年值 MAE、MRE 及 R^2，采用 16 个站点各指标的均值来量化表征区域整体估算精度，结果见表 7-6。

表 7-6　调参前 6 种方法年值估算结果分析（除 P-M 外）

方法名称	PET/mm	MAE/mm	MRE/%	R^2
P-M	956.08	—	—	—
D-P	512.00	444.08	46.91	0.91
Har	919.96	91.47	9.65	0.95
J-H	805.48	180.90	20.63	0.90
Mak	869.84	102.67	9.74	0.92
P-T	902.87	119.62	11.83	0.92
Turc	848.89	165.42	19.02	0.89

由表7-6可以看出，P-M模型求得的1990~2000年黑河流域多年平均PET为956.08 mm，6种方法的估算值介于512.00~919.96 mm。6种方法均低估了PET，从误差指标来看，D-P法误差最大，而Har法误差最小。从R^2来看，6种方法的R^2分布于0.89~0.95，仅Turc法的R^2小于0.90，表明这些方法与P-M模型估算结果的相关性较好。6种方法中，Har的R^2最大，为0.95，其误差指标均为最小，可以认为采用初始参数时Har法在6种方法中的估算精度最高。

图7-2给出了调参前P-M模型与6种方法PET年值计算结果的比较。6种方法在各年均低估了PET，D-P法低估现象最为明显。除P-T法和D-P法外，各方法计算结果的年际变化趋势与P-M模型均较为吻合，峰谷明显，表明这些方法能够较好地反映PET的年际变化。P-T法和D-P法不能充分反映PET的逐年变化特点，与统一采用了公式中的初始参数有一定关系。Har法的估算结果与P-M模型最为接近，年际变化趋势也基本一致，因此可以认为采用初始参数时，Har法估算PET年值的效果最好。

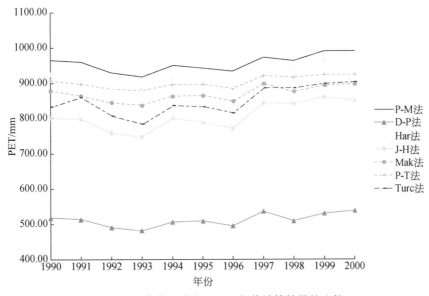

图7-2 调参前7种方法PET年值计算结果的比较

将6种方法估算的PET月值与P-M模型的计算结果进行对比分析，计算结果见表7-7。J-H法和D-P法的估算误差较其他方法大。D-P法在所有站点的估算误差在6种方法中均是最大的，在16个站点的MRE分布于42.3%~53.7%。Har法和Mak法在大多数站点的误差均比较小，但各站估算精度差距较大，说明采用初始参数不能很好地反映出黑河流域的空间异质性，需要进行参数校正。从R^2来看，各方法均与P-M模型存在较高的相关性，除J-H法和Turc法在个别站点的R^2较小外，所有方法在16个站点的R^2均在0.95以上。根据对计算获得的PET月值分析发现，Har法和Mak法对PET月值的模拟效果较好，D-P法效果最差。各方法在不同站点使用时的模拟效果有一定差距，采用初始参数不能很好地反映流域气象要素的空间异质性。

表 7-7　调参前 6 种方法计算 PET 月值效果

站名	D-P 法	Har 法	J-H 法	Mak 法	P-T 法	Turc 法	站名	D-P 法	Har 法	J-H 法	Mak 法	P-T 法	Turc 法
	MAE/mm							MAE/mm					
拐子湖	61.0	20.2	27.2	35.9	39.1	17.4	托勒	27.2	7.7	10.6	3.9	8.1	9.3
金塔	35.1	9.3	24.2	7.6	7.7	17.3	野牛沟	28.5	20.4	18.6	6.8	13.9	17.6
站名	MRE/%						站名	MRE/%					
拐子湖	53.7	17.7	23.3	31.4	34.4	13.8	托勒	45.9	13.0	11.0	6.5	13.8	9.5
金塔	43.7	11.6	28.8	9.5	9.6	19.3	野牛沟	42.3	30.4	17.4	10.2	20.7	16.4
站名	R^2						站名	R^2					
拐子湖	0.99	0.99	0.97	0.99	0.98	0.90	托勒	0.99	0.98	0.73	0.99	0.99	0.76
金塔	0.99	0.99	0.96	0.99	0.99	0.94	野牛沟	0.98	0.97	0.59	0.99	1.00	0.55

7.3.3　使用优化参数的蒸散发模拟方法比较结果分析

　　大多数 PET 估算方法都有其适用地区，在适用区以外使用这些公式则需对公式中的经验参数进行调整。因此，本研究以月值 MAR、MRE 最接近于 0，R^2 最接近于 1 为目标函数，分别在 16 个站点对 6 种方法的初始参数进行校正，以期提高 PET 的估算精度。

　　采用经过参数校正后的 6 种方法对 16 个站点的 PET 日值进行计算，累加得到 PET 年值后，与 P-M 模型的估算结果进行比较，比较结果见表 7-8。

表 7-8　调参后 6 种方法年值估算结果分析（除 P-M 外）

方法名称	PET/mm	MAE/mm	MRE/%	R^2
P-M	956.08	—	—	—
D-P	1001.50	40.32	4.03	0.72
Har	998.29	30.06	3.00	0.92
J-H	1011.38	28.37	2.83	0.66
Mak	1007.31	21.14	2.13	0.91
P-T	1002.73	21.59	2.21	0.93
Turc	892.13	123.72	13.04	0.93

　　由表 7-8 可以看出，经过参数校正后 6 种方法估算的多年平均 PET 精度更高。从 R^2 来看，经过调参，多数方法的 R^2 出现不同程度的减小，D-P 法和 J-H 法较为明显，表明与 P-M 模型的估算结果的相关性减弱。综合考虑误差指标和相关性指标，经过调参后的 Mak 法和 P-T 法对黑河流域 PET 年值的估算精度都比较高。

　　图 7-3 给出了经过调参后，P-M 模型与 6 种方法 PET 年值计算结果的比较。从图上可以看出，经过调参后 Turc 法仍明显低估 PET，其他方法则高估了 PET。调参后，各方法均表现出与 P-M 模型基本一致的年际变化趋势。1991 年 D-P 法和 J-H 法大幅高估了 PET，1999 年 D-P 法大幅高估了 PET，这影响了这两种方法与 P-M 模型估算结果的相关性，因

此，表 7-8 中 D-P 法和 J-H 法的 R^2 远低于其他方法。

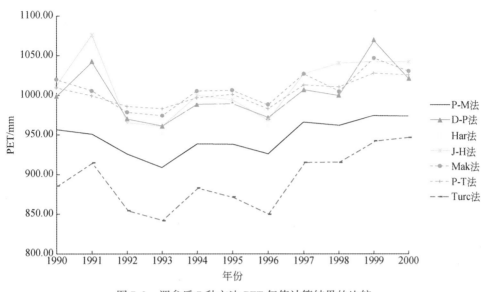

图 7-3　调参后 7 种方法 PET 年值计算结果的比较

采用经过参数校正的简化模型再次对 16 个站点的 PET 月值进行计算并进行估算结果分析，计算结果见表 7-9。结合表 7-7，经过调参后所有方法估算的 PET 月值误差都有所减小。调参后，Mak 法和 P-T 法的误差在 6 种方法中较小。从 R^2 来看，调参后 6 种方法与P-M 模型的相关性均基本有所提高（除 P-T 法在个别站点略微下降外）。综上所述，调参后 6 种方法在所有站点的 PET 估算精度都有所提高，Mak 法和 P-T 法估算精度都很高。因此，若校正参数后对黑河流域的 PET 进行估算，推荐使用 Mak 法或 P-T 法。

表 7-9　调参后 6 种简化模型计算 PET 月值效果

站名	D-P 法	Har 法	J-H 法	Mak 法	P-T 法	Turc 法	站名	D-P 法	Har 法	J-H 法	Mak 法	P-T 法	Turc 法
	MAE/mm							MAE/mm					
拐子湖	30.3	7.0	6.0	5.5	8.9	15.3	托勒	14.2	5.1	4.7	3.9	2.3	5.1
金塔	19.0	4.9	4.8	4.2	3.4	9.9	野牛沟	16.2	5.6	4.5	3.0	1.2	7.0
站名	MRE/%						站名	MRE/%					
拐子湖	26.6	6.2	5.2	4.8	7.8	12.0	托勒	24.1	8.6	7.9	6.5	2.9	6.5
金塔	23.7	6.1	6.0	5.2	4.3	11.1	野牛沟	24.0	8.6	6.6	4.4	1.6	9.0
站名	R^2						站名	R^2					
拐子湖	0.99	0.99	0.99	0.99	0.98	0.97	托勒	0.99	0.98	0.98	0.99	0.99	0.96
金塔	0.99	0.99	0.99	0.99	0.99	0.94	野牛沟	0.98	0.98	0.98	0.99	0.99	0.93

根据上述分析，应对 6 种简化模型在黑河的适用性和估算结果的误差大小给予足够的重视。对于 P-T 法，公式中的常数 a 是根据海面和湿润陆面总结得出的经验值，它反映了

平流的变化情况，因此 a 随空间和时间的变化而变化，若将 a 看作一个定值则会造成误差，相关研究也印证了这个观点。而 Mak 法没有考虑土壤热通量的影响，并且公式中 a 反映的是 R_n/R_s 的大小，因此 a 随季节而变化，若取为定值则会造成误差。D-P 法未考虑蒸发潜热的影响，而蒸发潜热随日平均气温的变化而变化，若不考虑则会造成误差。其余三种方法均为由大量数据总结获得的经验公式，公式中参数较少，不能很好地反映时间和空间的变异性。可见，在黑河流域使用 6 种方法时，若不根据流域内时间和空间的异质性进行参数校正，将会产生较大误差。

7.4 基于不同类型蒸散发模型的输入变量敏感性对比

如前所述，蒸散发在水文循环及全球能源预算中发挥了重要作用，它贡献了 2/3 的年降水量，对地球气候系统有重要影响。此外，蒸散发还是水文模型的关键模块。因此，蒸散发对水资源管理和水文模型研究都非常重要，特别是在干旱区内陆河流域。全球变暖一直是政府最关心的问题之一，它会对环境系统产生重大影响，如冰川融化、海平面上升等。一些关于气候变化的研究表明，全球变暖将导致的现象之一就是陆地开放水域的蒸发速率的增加，这将使得干旱地区的水资源更为稀缺。下垫面条件的变化（如城市化、植树造林等），也将对蒸散发产生重要的影响。因此，把握蒸散发变化规律具有十分重要的意义。由于蒸散发本身难以观测，且诸多模型均存在较大的不确定性，学者更倾向于研究潜在蒸散发对输入变量的敏感性。

关于潜在蒸散发的敏感输入变量，国内外学者已经进行了一定的研究。例如，Gao 等（2006，2012）研究了 1956～2000 年中国 580 个台站的时空变化规律，并通过偏相关分析，确定了日照时间、风速和相对湿度对潜在蒸散发具有显著影响。Wang 等（2014）分析了 1954～2012 年河套灌溉区代表气象站（临河站）潜在蒸散发变化与各气候要素的关系。结果表明，河套灌溉区潜在蒸散发对日平均气温最为敏感，其次为风速，日照时间的变化在其研究时段内只有极其轻微的影响。Wang 等（2012）的分析指出，1973～2008 年，潜在蒸散发的空气动力学项占全球长期变化的 86%。然而，Matsoukas 等（2011）得出了恰恰相反的结论，能量项相比空气动力学项在潜在蒸散发的变化中产生了更大的作用。

这些研究在不同地区得出了极其迥异的结论，并且已有研究仅考虑了气象要素对潜在蒸散发的影响，对于下垫面条件（如植被生长发育过程）则未考虑。本节基于构建的 ECHOS 模型，分别研究考虑植被过程和不考虑植被过程的蒸散发模拟对输入变量的敏感性。如前所述，ECHOS 模型中集成了两类蒸散发模型，一类是 P-M 模型及其简化模型，该类模型不考虑植被过程，为传统水文模型中常用的蒸散发模拟方法；另一类是 S-W 模型和 PML 模型，这两个模型以 LAI 作为模型输入，考虑植被过程。因此，本研究分别基于 P-M 模型和 S-W 模型分析考虑植被过程和不考虑植被过程的蒸散发模拟对输入变量的敏感性。

7.4.1 敏感性分析方法

敏感性可定义为当其他参数不变时，某一参数变化一定的量，而引起因变量相应改变的大小。考虑到 S-W 模型中各参数相对大小及单位有所差异，本研究中采用量纲一化的相对敏感性系数表征 PET 对参数的敏感性，公式如下：

$$S_{V_i} = \lim_{\Delta V_i \to 0}\left(\frac{\Delta \mathrm{PET}/\mathrm{PET}}{\Delta V_i / V_i}\right) = \frac{\partial \mathrm{PET}}{\partial V_i}\frac{V_i}{\mathrm{PET}} \tag{7-7}$$

$$G_{V_i} = \frac{\Delta V_i}{V_i}S_{V_i} \tag{7-8}$$

式中，V_i 为选取的参数（本研究中分别为日平均气温、日平均相对湿度、太阳净辐射、近地表风速和 LAI）；S_{V_i} 为 PET 对所选参数的敏感性系数，此系数量纲一化，故可以直接比较不同参数对 PET 的影响程度，本研究中 PET 对日平均气温、日平均相对湿度、太阳净辐射、近地表风速和 LAI 的敏感性系数分别记为 S_T、S_H、S_R、S_W 和 S_LAI。敏感性系数为正，则表明 PET 与该参数变化趋势一致，其绝对值越大表示参数对 PET 的影响越大，反之亦然。同理，G_{V_i} 为第 i 个变量对 PET 变化的贡献率。

7.4.2 不考虑植被的蒸散发敏感性分析

1. 不考虑植被的 PET 空间变化规律

黑河流域多年平均 PET 的空间分布如图 7-4 所示。由图可以看出，黑河流域多年平均 PET 呈现出从流域西南部到东北部显著增加的趋势，变化范围为 674.47 ~ 1325.75 mm。多年平均 PET 最小值出现在黑河上游的祁连山区，而最大值出现在黑河下游的额济纳旗附近。总体而言，黑河上游的多年平均 PET 小于 900 mm，而中下游的多年平均 PET 大于 900 mm。

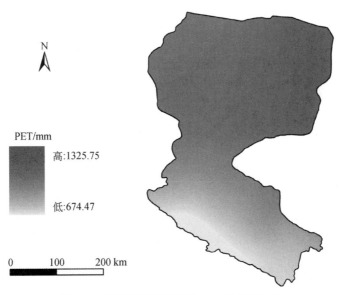

图 7-4 黑河流域多年平均 PET 的空间分布

2. 不考虑植被的 PET 敏感性分析

从图 7-5（a）可以看出，在黑河流域的不同区域，潜在蒸散发对相对湿度的敏感性系数均为负。这意味着当相对湿度增加时，潜在蒸散发对相对湿度的敏感性将减小。相对湿度的敏感性系数在 7 月达到峰值，并在 12 月至次年 1 月达到最低值。通常敏感性曲线呈现单峰状，在短时段内持续波动，这种波动在黑河下游地区明显减弱。类似地，图 7-5（b）为日平均气温的敏感性系数曲线，该曲线亦呈现单峰状，在 5 月和 6 月达到峰值。从空间上而言，下游的敏感性高于上中游。太阳净辐射的敏感性系数曲线与前两者类似，在夏季达到一年中的最大值，在冬季达到一年中的最小值。但黑河流域内不同区域则存在一定差异，在黑河中下游，太阳净辐射在初夏（5 月和 6 月）对潜在蒸散发的影响最大，而在黑河上游，峰值则出现在 8 月。图 7-5（d）显示，在黑河中下游地区，夏季的潜在蒸散发对近地表风速更敏感，而上游的敏感性远远小于中下游地区，全年几乎保持不变，并没有呈现单峰状。

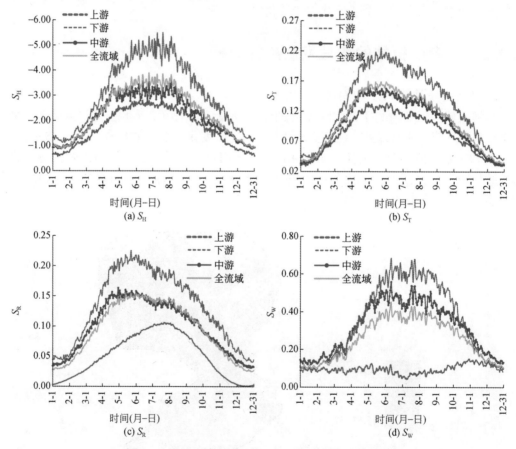

图 7-5　黑河流域不同区域 PET 对气象要素的敏感性

总结图 7-5 的结果可以发现，对于研究中考虑的四个气象要素，相对湿度是潜在蒸散发最敏感的气象要素，夏季的敏感性系数绝对值可达到 6.00 左右，而近地表风速是第二敏感的要素，特别是在黑河中下游地区。气温和太阳净辐射为较不敏感的气象要素。

敏感性系数所表征的是气象要素在相同的变化条件下（变化量一致）对潜在蒸散发影响的大小。然而，在黑河流域各气象因素的变化率均存在较大的空间异质性。因此，研究中采用贡献率表征各气象要素本身的变化对潜在蒸散发变化贡献的大小。表 7-10 列出了每个气象要素对潜在蒸散发变化的贡献率年值。从表中可以看出，在黑河上游气温和太阳净辐射的贡献率远大于其他两个因素，这意味着气温和太阳净辐射本身的变化对潜在蒸散发的变化贡献较大。在黑河上游，由于相对湿度和近地表风速本身的变化较小，虽然潜在蒸散发对这两个要素较为敏感，但相对湿度和近地表风速对潜在蒸散发的贡献率极小，几乎可以忽略不计。在黑河中游，太阳净辐射和近地表风速的大幅度下降导致除了山丹站以外的所有站点潜在蒸散发的减少。虽然相对湿度是最敏感的要素，但其自身变化在研究时段内很小，因此对潜在蒸散发变化的贡献率最小。

表 7-10　黑河流域各站点气象要素对 PET 的贡献率　　　　（单位：%）

区域	站点	日平均气温	太阳净辐射	相对湿度	近地表风速	总贡献率
上游	托勒	3.00	7.73	0.07	1.65	12.45
	野牛沟	1.58	17.54	0.79	−0.46	19.54
	祁连	5.81	−1.78	0.21	−0.48	3.76
	永昌	1.30	5.08	1.50	−3.90	3.98
	刚察	19.49	−6.02	−0.28	−0.44	12.75
中游	阿拉善右旗	1.92	−12.06	0.25	−19.21	−29.10
	鼎新	1.34	5.78	−0.54	−7.72	−1.14
	酒泉	1.13	−0.79	−0.17	−7.05	−6.88
	高台	0.64	−12.83	0.38	−17.10	−28.91
	张掖	1.03	2.50	0.05	−8.92	−5.34
	山丹	2.40	19.87	−0.55	−2.42	19.30
下游	额济纳旗	2.43	17.26	−0.55	−21.72	−2.58
	马鬃山	3.71	7.76	0.04	−0.47	11.04
	拐子湖	3.05	23.17	−0.15	6.10	32.17
	玉门	1.31	−11.72	−0.53	−14.17	−25.11

7.4.3　考虑植被的蒸散发敏感性分析

7.4.2 节基于模型中集成的 P-M 模型，分析了气象要素对 PET 的影响。然而，已有研究表明，下垫面特性（如土地覆被类型等）决定了植被冠层阻抗、土壤表面糙率等众多其他因素，这些因素对 PET 的影响在前人研究中几乎未被考虑，然而这些因素的变化会对 PET 产生重要影响。近年来，关于下垫面条件对 PET 变化的影响得到了国内外众多学者的关注。Zhang 等（2001）也提出推断，由人类活动（城市化过程）引起的下垫面特征变化可能导致风速和净辐射的变化，从而导致 PET 的变化。然而，该研究并没有对这种变化关系进行定量分析。

本研究的目的是定量评估气候和植被变化如何影响 PET 的变化，并与基于未考虑植被的蒸散发模拟方法的评估结果（7.4.2 节）进行对比。首先，本节分析了 S-W 模型估算的 PET 的时空变化；其次，对不同土地覆被类型区域的 PET 对气象和植被要素的敏感性进行了评估；最后，对植被和气候变化对 PET 年内变化的贡献率进行量化比较，并在此基础上，对比只考虑气象要素对 PET 影响的评估结果，分析考虑和不考虑植被过程时敏感性及贡献率评估的异同。

1. 考虑植被的 PET 时空变化规律

图 7-6 显示了黑河上中游流域 2000 ~ 2010 年月平均 PET 和年平均 PET 的空间分布。从图中可以明显地看出，在植被生长季（每年的 4 ~ 9 月），研究区内出现了明显的空间斑块，而该斑块与土地覆被类型的空间斑块极为相近。类似地，PET 的多年平均值的空间分布也出现了类似的空间斑块，与仅依靠气象要素计算获得的 PET 空间分布存在较大差异（图 7-4）。

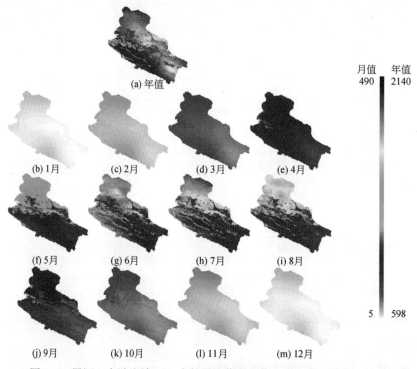

图 7-6　黑河上中游流域 PET 多年平均值及月值空间分布（单位：mm）

总体上，由 S-W 模型估算获得的 PET 遵循高程分布，与 P-M 模型估算结果类似，从西南向东北逐渐增加，在研究区内根据气候和地形的不同可以大致分为山区和平原区两大块。在山区，年平均 PET 随山区地貌的改变而改变；而在平原区，年平均 PET 相对较高，最大值（2140 mm）出现在这个区域。值得一提的是，在图 7-6 中不仅显示了气象要素对 PET 的影响（PET 空间分布的梯度），同时也显示了土地覆被类型对 PET 的影响（PET 的空间斑块）。通过 PET 空间斑块（图 7-6）和研究区土地覆被类型的对比，可以发现植被覆盖区域的 PET 普遍低于裸地。

表 7-11 给出了 6 种土地覆被类型（森林、草地、农田、聚落、湿地和荒漠）的 PET 的 5 个特征统计变量，即最大值、最小值、平均值、标准偏差（SD）和相对标准偏差（RSD）。结果显示，PET 的最大值和最小值都出现在草地，而荒漠的 PET 平均值最大，为 1487 mm，森林的 PET 平均值最低，为 907 mm。从空间异质性的角度，农田和聚落的 RSD 较为接近，两者都远远大于其他土地覆被类型的 RSD。这是因为农田和聚落不仅受自然因素的影响，还受人类活动的影响（如灌溉等耕作和农业管理措施），因而造成了下垫面条件的空间异质性，而其他土地覆被类型则主要受气象要素的影响。

表 7-11　不同土地覆被类型区域 PET 特征值

区域	最大值/mm	最小值/mm	平均值/mm	SD/mm	RSD/%
黑河上中游	2138	598	1258	489	38.86
荒漠	2135	621	1487	477	32.08
农田	2016	599	1063	488	45.94
森林	2028	615	907	283	31.17
草地	2138	598	1095	395	36.08
聚落	2005	611	1111	496	44.70
湿地	2073	606	1140	405	35.52

图 7-7 显示了 2000～2010 年各土地覆被类型的 PET 月值。由于气象要素的年内变化，6 种土地覆被类型的 PET 月值都发生了显著的年内波动，存在明显的季节差异。

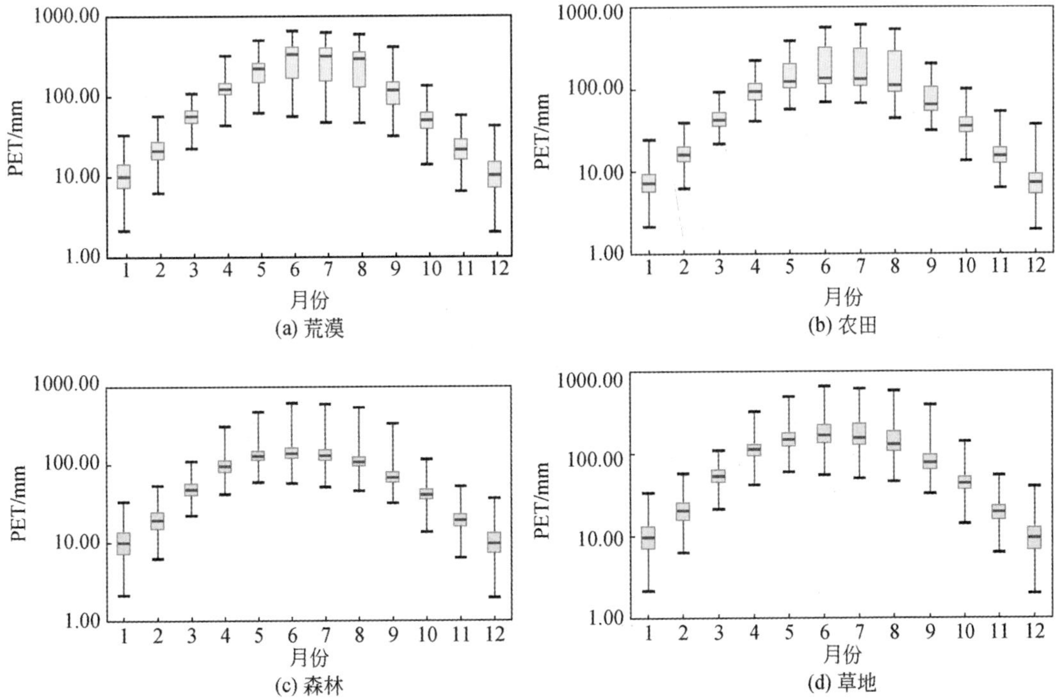

(a) 荒漠

(b) 农田

(c) 森林

(d) 草地

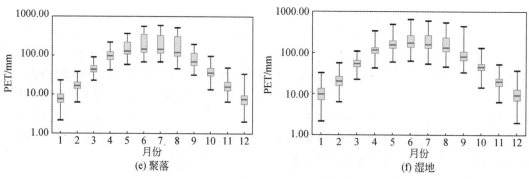

图 7-7　不同土地覆被类型区域 PET 年内变化

总体而言，所有土地覆被类型年内最大的 PET 月值均出现在 6 月，但不同土地覆被类型的最大值存在很大差异。对荒漠而言，6 月的 PET 中值为 336.5 mm，其余 5 种土地覆被类型 6 月的 PET 中值约为 150 mm，仅为荒漠的 45%。不同土地覆被类型的最小 PET 月值彼此接近，均为 10 mm 左右。通过各月值求和可以发现，夏季（6～8 月）PET 占 PET 年值的 55% 左右。当然，夏季 PET 占 PET 年值的比例也随土地覆被类型的不同而变化，如森林的夏季 PET 占 PET 年值的 48%，荒漠地区的比例可高达 57%。

2. 考虑植被的 PET 敏感性分析

图 7-8 给出了气象要素的敏感性分析结果。结果表明，基于 S-W 模型的气象要素的敏感性分析与基于 P-M 模型的分析结果较为一致，各气象要素对 PET 的影响均随着年内气候条件的变化而变化（图 7-5）。通过比较不同的气象要素对 PET 的影响，我们可以看出 PET 对相对湿度的敏感性系数最大，PET 对各气象要素敏感程度的排序为相对湿度>近地表风速>气温>太阳净辐射，这个排序与基于 P-M 模型的分析结果一致，可以交叉验证。

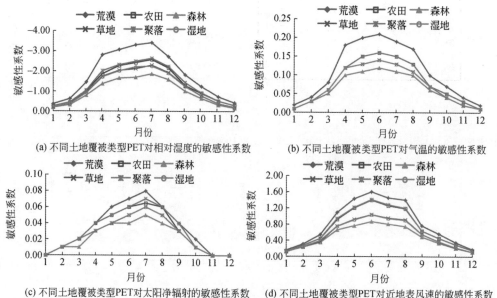

图 7-8　不同土地覆被类型 PET 对气象要素的敏感性系数

通过图 7-8 还可以看出敏感性系数的年内变化过程，对于不同的土地覆被类型所有气象要素均为单峰状。总体上，生长季的敏感性系数高于非生长季，所有气象要素的敏感性系数在夏季（6 月或 7 月）达到年内最大值，在冬季（12 月至次年 1 月）达到年内最小值，所有土地覆盖类型的各气象要素的敏感性系数值均接近 0。

PET 对不同的气象要素的敏感性系数也根据研究区的自然条件（地形、覆被条件等）在空间上发生变化（图 7-9），总体而言，呈现出明显的东北—西南梯度，在黑河上游山区所有气象要素的敏感性系数均低于平原区。除此之外还可以发现，在平原区土地覆盖以灌溉土地为主的黑圈中的区域的敏感性比周围区域明显更低。

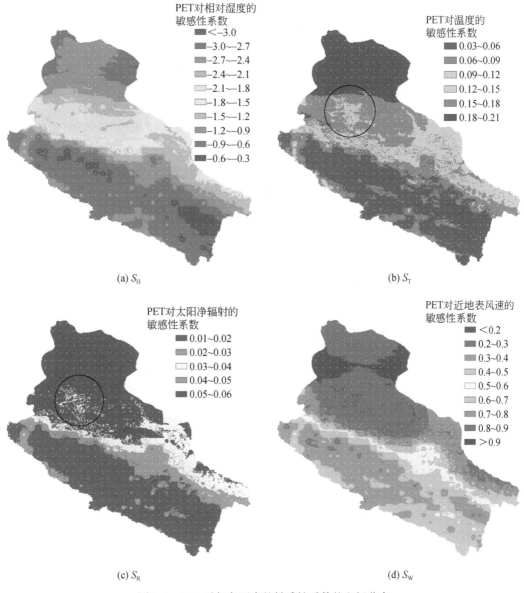

(a) S_H (b) S_T

(c) S_R (d) S_W

图 7-9 PET 对气象要素的敏感性系数的空间分布

　　为了解释前面不同土地覆被类型对气象要素敏感性的差异，根据各土地覆被中每个栅格的敏感性系数制作箱线图（图 7-10）。通过比较不同土地覆被类型的 PET 对气象要素的敏感性可以看出，荒漠 PET 对气象要素最为敏感，森林的 PET 对气象要素的敏感性较低，多数栅格低于其他土地覆被类型 PET 对气象要素的敏感性。除此以外，农田 PET 的敏感性明显低于荒漠，这解释了图 7-9 黑圈中的敏感性系数低值区。不同土地覆被区域 PET 对气象要素敏感性排序为荒漠>农田>聚落>草地≈湿地>森林。

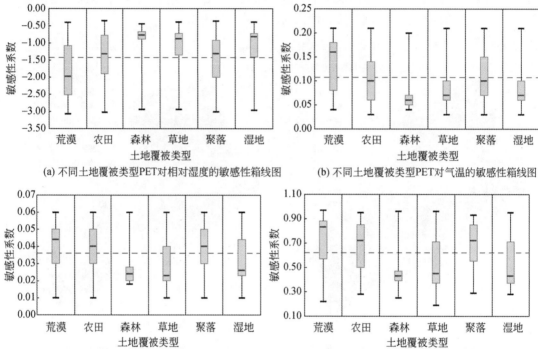

(a) 不同土地覆被类型PET对相对湿度的敏感性箱线图　　(b) 不同土地覆被类型PET对气温的敏感性箱线图

(c) 不同土地覆被类型PET对太阳净辐射的敏感性箱线图　　(d) 不同土地覆被类型PET对近地表风速的敏感性箱线图

图 7-10　不同土地覆被类型 PET 对气象要素的敏感性箱线图

　　图 7-11 展示了不同土地覆被类型区域 LAI 和 PET 对 LAI 的敏感性系数（S_{LAI}）的年内变化过程。从该图可以看出，所有土地覆被类型的月平均 S_{LAI} 均为负值，这意味着更好的植被对 PET 起到抑制作用。从年内变化的角度看，不同土地覆被区域的 S_{LAI} 变化基本上是同步的，在 4 月或 5 月达到最小值。比较 S_{LAI} 和 LAI 的年内变化趋势，可以发现在生长季节（5~9 月），S_{LAI} 和 LAI 有相反的变化趋势。也就是说，当 LAI 的值变小时 S_{LAI} 变得更大，反之亦然。但在非生长季（11 月至次年 4 月），S_{LAI} 和 LAI 的变化趋势基本一致。不同的土地覆被类型之间进行比较，在 6 种土地覆被类型中聚落的年平均 LAI 最高（2.25），而该区域的 S_{LAI} 绝对值低于其他土地覆被类型，植被覆盖最低的荒漠区域 S_{LAI} 的绝对值最大（表 7-12，表 7-13）。因此，可以得出结论，即当植被覆盖减少时，PET 对 LAI 的敏感性增高。

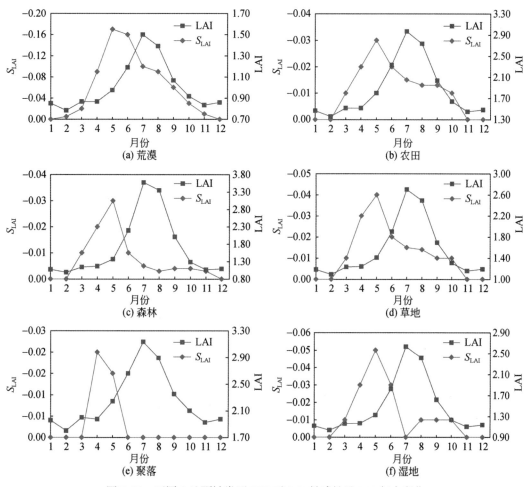

图 7-11 不同土地覆被类型 PET 对 LAI 敏感性及 LAI 年内变化

表 7-12 **PET 对各要素的敏感性年均值**

变量	荒漠	农田	森林	草地	聚落	湿地
S_{LAI}	-0.061	-0.008	-0.007	-0.010	-0.002	-0.013
S_H	-1.848	-1.351	-0.981	-1.205	-1.398	-1.198
S_T	0.110	0.081	0.063	0.073	0.081	0.073
S_R	0.033	0.029	0.022	0.025	0.030	0.025
S_W	0.823	0.703	0.477	0.548	0.709	0.548

表 7-13 **S-W 模型输入变量年均值**

变量	荒漠	农田	森林	草地	聚落	湿地
LAI	1.01	1.86	1.69	1.55	2.25	1.48
相对湿度/%	0.47	0.49	0.49	0.50	0.50	0.49

变量	荒漠	农田	森林	草地	聚落	湿地
日平均气温/℃	5.23	4.86	-2.04	-0.25	5.26	-0.53
太阳辐射 [MJ/(m² · d)]	13.11	13.31	13.47	13.31	13.29	13.33
风速/(m/s)	2.42	2.04	2.17	2.27	2.06	2.28

表 7-14 列出了估算获得的研究区内各栅格的 G_{Vi}（即气温贡献率 G_T、太阳净辐射贡献率 G_R、相对湿度贡献率 G_H、近地表风速贡献率 G_W 和 LAI 贡献率 G_{LAI}）的月平均值。从表中可以看出，G_H 和 G_T 远大于其他要素的贡献率。这意味着在研究区内，相对湿度和气温的年内变化对 PET 年内变化的贡献率较大。虽然 PET 对近地表风速的敏感性排第二位（仅次于相对湿度），但由于近地表风速的年内变化相对较小，其对 PET 变化的贡献率低于相对湿度和气温。对于 LAI 和太阳净辐射，首先 PET 对这两个要素的敏感性相对较低，同时 LAI 和太阳净辐射自身的年内变化也较其他要素更小，因此这两个要素对 PET 年内变化的贡献率明显小于其他要素。值得一提的是，本研究中利用 LAI 所表征的植被变化对 PET 年内变化的贡献率比太阳净辐射的贡献率更大，特别是在植被快速生长的季节。这是因为 PET 对 LAI 和太阳净辐射的敏感性较为接近（S_{LAI} 和 S_R 的绝对值相近），但 LAI 的年内变化幅度率更大。因此，LAI 对 PET 年内变化的贡献率更大。对于整个研究区域而言，不同要素对 PET 年内变化的贡献率排序为相对湿度>气温>近地表风速>LAI>太阳净辐射。

表 7-14 各要素对 PET 变化的贡献率

月份	G_{LAI}	G_H	G_T	G_R	G_W
1	0.001	-0.005	-0.001	0.000	-0.003
2	0.001	0.073	0.019	0.001	0.017
3	-0.002	-0.170	0.095	0.007	0.110
4	-0.001	0.633	0.360	0.009	0.076
5	-0.015	-0.112	0.136	0.007	-0.158
6	-0.036	-0.115	0.056	0.003	-0.117
7	-0.023	-0.651	0.025	-0.001	-0.049
8	0.003	0.198	-0.015	-0.005	-0.077
9	0.015	-0.372	-0.036	-0.009	-0.065
10	0.007	0.089	-0.070	-0.002	0.015
11	0.001	0.092	-0.175	0.000	0.003
12	0.000	-0.014	-0.014	0.000	0.004

图 7-12 显示了不同土地覆被类型的 5 个要素对 PET 年内变化的月贡献率。对于 LAI 而言，它与土地覆被类型密切相关，因此它对 PET 变化贡献率的空间异质性远远大于气象

要素。例如，荒漠地区的 LAI 对 PET 变化的贡献率比其他区域更大，与其他要素相比对 PET 变化的贡献也更为明显。尤其在 6 月，荒漠区域的 G_{LAI} 甚至大于 G_T。

通过比较植被和气候要素对 PET 变化的贡献率可以得出结论：PET 的变化不仅受到当地气候要素的影响，同时也受到植被变化的影响。此外，植被对 PET 的影响程度随土地覆被类型的变化而不同。在缺乏植被的地区（如荒漠地区），植被对 PET 变化的贡献率则可能大于气象要素（如太阳净辐射、气温等）。

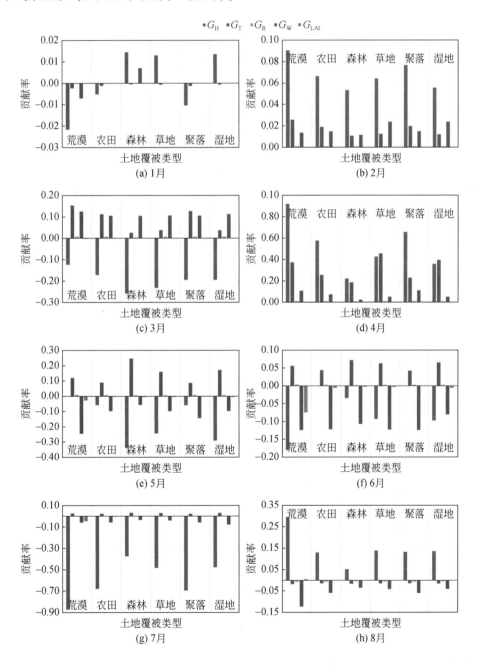

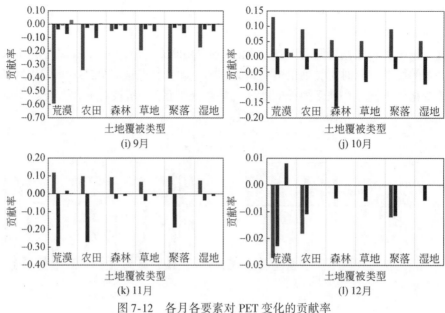

图 7-12　各月各要素对 PET 变化的贡献率

7.5　考虑植被作用的蒸散发模拟方法对水文过程模拟结果的影响

通过上节的分析可以发现，植被对潜在蒸散发的变化存在重要影响，继而也影响蒸散发变化。然而，传统水文模型中的潜在蒸散发模拟均基于气象要素进行，对植被条件考虑甚少。本节基于 ECHOS 模型，分别对考虑和不考虑植被过程的潜在蒸散发模拟方法进行比较，最终得出水文模型中考虑和不考虑植被过程对结果的影响。

本节选取 S-W 模型、P-M 模型和 Mak 模型进行对比，S-W 模型为考虑植被过程的蒸散发模型，P-M 模型为仅考虑气象要素的蒸散发模型，而 Mak 模型为简化模型，相比 P-M 模型而言考虑的气象要素更少。

7.5.1　植被对潜在蒸散发模拟的影响分析

图 7-13 给出了 S-W 模型、P-M 模型和 Mak 模型多年平均月值（年内变化）和年际变化的对比。图 7-13（a）中的结果说明，3 种模型均能较好地反映气象要素对 PET 的影响，PET 的年内变化均呈现出单峰状，在夏季达到最大值，且均与 LAI 表现出较好的同步性。除生长季（4~9 月）外，3 种模型的计算结果基本一致，可以进行交叉验证。而在植被生长发育较为旺盛的 4~9 月，S-W 模型的结果明显高于其他两种模型的计算结果。从图 7-13（b）可以看出，在所有年份中 P-M 模型和 Mak 模型的结果相差不大，而 S-W 模型的结果远大于这两种模型的结果。

图 7-14 给出了不同土地覆被类型 S-W 模型与另外两种模型的年值对比。从图中可以看出，Mak 模型和 P-M 模型的计算结果较为接近，两者计算获得的不同土地覆被类型区域的年

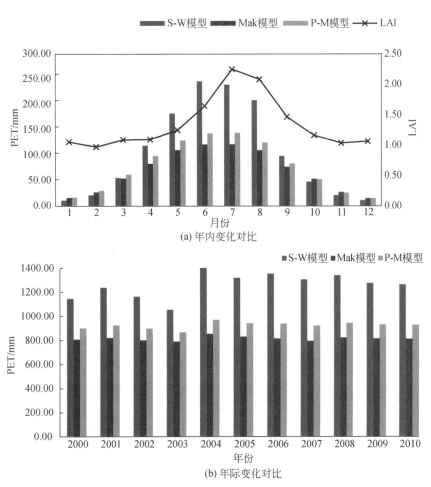

(a) 年内变化对比

(b) 年际变化对比

图 7-13 3 种模型年内变化、年际变化对比

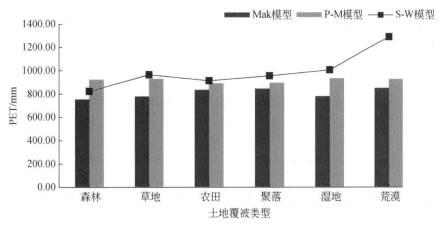

图 7-14 不同土地覆被类型 3 种模型年值对比

值也较为接近，并不能很好地反映出覆被条件对 PET 的影响。比较 S-W 模型与另外两种模型的计算结果可以发现，除荒漠外，S-W 模型的计算结果与另两种模型的计算结果十分接近，但荒漠的年值要明显高于 P-M 模型和 Mak 模型的计算结果。这是因为 Mak 模型和 P-M 模型只考虑了气候条件对 PET 的影响，并未考虑土壤蒸发和植被蒸腾的不同过程，忽略了土壤蒸发过程。黑河上中游流域植被稀疏，并未完全覆盖陆面，造成蒸散发表面条件复杂，因此区分考虑土壤蒸发和植被蒸腾的不同涌源很有必要。S-W 模型为双源模型，充分考虑了不同区域下垫面的差异，S-W 模型在荒漠的计算结果要高于其他两种模型，且更为精确。

7.5.2　植被对径流模拟的影响分析

为验证考虑植被过程的 PET_{S-W} 的准确性及其在水文过程模拟中的适用性，本研究在黑河上游流域运行 ECHOS 模型，对上游流域控制站莺落峡站 1995~2003 年旬平均径流深进行模拟，其中 1995 年为模型预热期，1996~1999 年为模型参数率定期，2000~2003 年为模拟效果验证期。在率定期，使用相应时段的降水量及 P-M 模型估算获得的 PET_{P-M} 驱动模型，对模型参数进行优化；在验证期，分别使用 P-M 模型估算获得的 PET_{P-M} 及 S-W 模型估算获得的 PET_{S-W} 驱动模型（降水量数据不变），计算模拟效果评价指标，比较 PET_{P-M} 和 PET_{S-W} 对径流模拟的适用性和可靠性。图 7-15 为莺落峡站实测与模拟旬平均径流深对比图，可以看出基于生态水文模型能够较好地模拟莺落峡站的径流过程，峰值出现时间吻合，径流深较为接近，率定期和验证期的 E_{NS} 均在 0.7 以上。

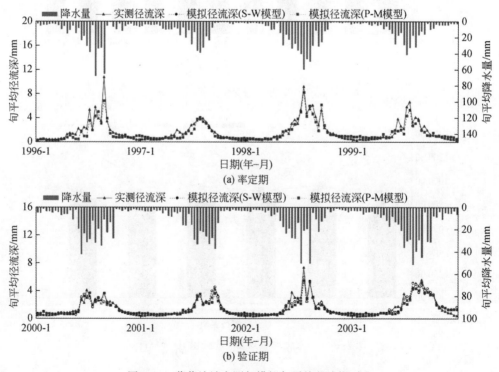

图 7-15　莺落峡站实测与模拟旬平均径流深对比

表 7-15 给出了模拟结果的评价指标，可以看出，率定期径流深模拟值小于实测值（E_r 为 -6.98%）；在验证期，基于 PET_{P-M} 的模拟值仍小于实测值，由洪峰流量模拟值偏小导致（图 7-15），而基于 PET_{S-W} 的模拟值则出现程度极小的高估，更加接近实测值。对比验证期的 PET_{P-M} 和 PET_{S-W}（图 7-16）可以发现，在丰水期的 PET_{P-M} 高于 PET_{S-W}，高估了陆面蒸散发能力，导致了径流模拟值偏小，在枯水期 PET_{P-M} 和 PET_{S-W} 较为接近，因此基于 PET_{P-M} 和 PET_{S-W} 模拟径流深的差异也相对较小。

在验证期，基于 PET_{S-W} 的模拟值的评价指标均优于基于 PET_{P-M} 的模拟值。说明 PET_{S-W} 较之 PET_{P-M}，在径流模拟中能够更好地描述陆面的蒸散发能力，从而获得更为精确的径流模拟值，PET_{S-W} 在径流模拟中更为适用。

表 7-15　莺落峡站径流深模拟效果评价指标

模拟时段		$E_r/\%$	E_{NS}	r
率定期（1996～1999 年）		-6.98	0.76	0.87
验证期（2000～2003 年）	PET_{S-W} 驱动	0.92	0.80	0.91
	PET_{P-M} 驱动	-3.96	0.74	0.89

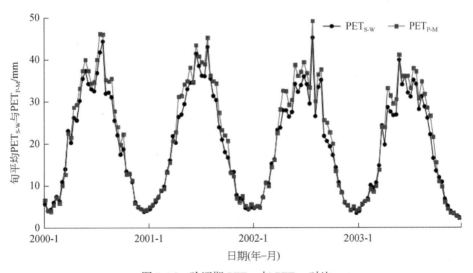

图 7-16　验证期 PET_{P-M} 与 PET_{S-W} 对比

与 P-M 模型、Mak 模型相比，S-W 模型的模拟值明显较大，尤其是在植被生长发育时段的荒漠区域。其原因是 S-W 模型考虑了不同的覆被类型，并将 PET 划分为土壤蒸发和植被蒸腾，因此，对于以黑河流域为代表的植被稀疏区域，S-W 模型更具理论基础，计算结果也更为精确。此外，S-W 模型考虑了植被生长发育的动态过程，在考虑植被生长发育的动态过程的生态水文建模领域将有广阔的应用前景。本研究中，与 PET_{P-M} 相比，PET_{S-W} 能够更好地描述陆面蒸散发能力，相同条件下使用 PET_{S-W} 驱动水文模型模拟精度更高。

7.6 小 结

本章基于开发的 ECHOS 模型进行流域水文要素的模拟,以验证 ECHOS 模型的精度,在此基础上探究了融雪、蒸散发模拟方法对水文模拟精度的影响,并在考虑植被和不考虑植被两种条件下分析了潜在蒸散发的变化规律。本章可以得到以下三点主要结论:①考虑了融雪过程的 ECHOS 模型能够很好地对黑河上中游流域的径流过程进行模拟,莺落峡站的 E_{NS} 可达 0.7 以上。若不考虑融雪过程,则径流模拟精度明显下降。考虑融雪过程的 ECHOS 模型在我国不同气候带的典型流域 [西苕溪流域、南甸峪流域(辽河子流域)、潮河流域、三川河流域、拉萨河流域] 也具有较强的适用性。②采用同一状态变量的不同模型之间的交叉验证,以 P-M 模型模拟的 PET 为标准,经过参数率定的 Mak 法和 P-T 法在黑河流域缺资料地区具有较高的模拟精度;不同土地覆被区域 PET 对气象要素敏感性的排序为沙漠>农田>居住区>草地≈湿地>森林;对于整个研究区域而言,不同要素对 PET 变化的贡献率排序为相对湿度>气温>近地表风速> LAI>太阳净辐射。③考虑了植被过程的 ECHOS 模型能够对黑河上中游流域的径流过程进行很好的模拟。若不考虑植被过程,模拟精度将明显降低。因此,在黑河使用 ECHOS 模型时,推荐使用蒸散发模块中的 S-W 模型。

|第 8 章| 黑河上中游流域生态过程模拟研究

8.1 关键生态水文参数提取及其对气象要素的响应

根区蓄水能力（Sr）是指植被蒸发所利用的根区水量，该变量对产流过程具有十分重要的影响，对土壤水分运动和植被生长发育也起着决定性的作用，因此该变量是众多基于"Bucket"或"Tank"理论对生态水文过程进行概化的生态水文模型的重要参数。然而，由于土壤质地和结构存在极大的空间异质性，并且土壤根区位于土壤内部，无法通过遥感方法获取。因此，目前能够在流域尺度有效估计该参数的方法尚不多见。前人在应用水文模型时，多采用参数优化算法通过数学方法来确定该参数，但是这种方法的缺点是存在"异参同效"问题，即模型存在一个参数集能够使得模型获得较好的模拟精度。

为填补这一空白，本研究以前人研究为基础，提出了一种基于"质量守恒"原理并且适用于黑河等流域的 Sr 估计方法——质量曲线法，并且对该方法在黑河上游及我国不同气候带的 6 个典型流域（表7-4）的适用性进行了检验。最后，还探讨了 Sr 对其影响因素变化的敏感性。

8.1.1 已有参数提取/优化方法综述

如前所述，模型参数的优化或提取是生态水文模拟中不可回避的问题之一。目前，国内外众多学者对模型中根区或土壤层参数的提取方法进行了较多研究，总体而言已有的参数提取/优化方法可以分为以下五类：

1）实验观测法。该方法通过实验观测获得根区深度。观测获得的结果可靠性高，不确定性相对较低。然而，实验观测的空间、时间覆盖范围极其有限，在流域尺度的水文模拟中无法得到广泛应用。

2）参数移用。从前人的研究中收集土壤参数以应用于水文或陆面过程模拟（Wang-Erlandsson et al.，2014）。这种方法存在一个重要假定，即相同植被功能类型的植被具备相同的参数，因而该方法不考虑植被本身为适应环境因素变化而进行的调整。

3）经验模型估计。一部分学者应用经验模型估计土壤参数，然而多数经验模型忽略了植被-土壤水分运动的物理机制，并且往往存在较多的应用条件，并非广泛适用。

4）根系分布模型法。根系模型是指基于土壤、气象要素和植被属性等详细输入数据的用于预测植被根系深度的模型。这种方法具备较为健全的物理机制，并且能够用于对根系深度的模拟。然而，该模型的数据需求较高，往往难以满足。

5）参数优化算法。水文模型中经常使用的参数优化算法是参数率定。然而，这种方法很大程度上取决于径流数据的可靠性，在可靠观测数据缺乏地区，该方法仍有很大的局限性。此外，"异参同效"仍是一个不可忽视的问题。

由于现有方法均存在一定的缺陷，开发一种更为简单实用且适应黑河流域自然条件的 Sr 估计新方法很有必要。

8.1.2 根区蓄水能力提取及检验方法

与人类社会相似，生态系统也需要持续的供水来维持生态功能，特别是在降水稀少的时段。人类设计和建造水库来储存水资源，在降水稀少的时段使用存储的水资源。类似地，生态系统进化出根区，在降水稀少的时段利用根区所存储的水资源维持正常的生长发育等过程。水量曲线法常被用来确定水库的库容，类似的原理也可用于估计流域尺度生态系统所需的"库容"，即根区蓄水容量。

本研究开发的用于估算流域尺度土壤根区蓄水容量的方法分为以下三个步骤。

步骤1：根据"水量平衡"确定生态系统的日平均需水量（E_{ta}），本质上该变量即为日平均实际蒸散量，公式如下：

$$E_{ta} = \frac{P_E - R}{N} \tag{8-1}$$

$$P_E = P - E_i \tag{8-2}$$

式中，E_{ta} 为日平均需水量（mm）；P_E 为研究时段内流域的长期累积入流量（mm）；P 为研究时段内流域的长期累积降水量（mm）；E_i 为研究时段内流域的长期累积截留量（mm）；R 为研究时段内流域的长期累积径流深（mm）；N 为研究时段的天数。

上述各累积变量（P_E、P、E_i 和 R）是通过对流域逐日均值求和获得的。根据前人的研究成果，本研究中日截留量取 1.6 mm，当日降水量大于 1.6 mm 时，日截留为 1.6 mm，否则等于日降水量。

步骤2：估计降水稀少时段内的日平均需水量。根据前人研究，受到水分胁迫时，生态系统的日平均需水量与植被指数和辐射量存在线性关系，因此可用式（8-3）估计降水稀少时段内的日平均需水量：

$$E_{td} = E_{ta} \times \frac{F_d}{F_a} \tag{8-3}$$

式中，E_{td} 为降水稀少时段内的日平均需水量（mm）；F_d 为降水稀少时段内的平均叶覆盖率；F_a 为全年的平均叶覆盖率。F 可通过 NDVI 的线性转换估计获得，由此可消除土壤色度和大气对植被指数的影响，计算公式如下：

$$F = \frac{V - V_n}{V_x - V_n} \tag{8-4}$$

式中，V 为研究时段的 NDVI；V_n 和 V_x 分别为无绿叶覆盖和绿叶全覆盖时的 NDVI，这两个变量根据全球年平均降水量和 NDVI 确定。根据 Donohue 等（2009，2012，2013）的研究成果，V_n 和 V_x 分别取 0.15 和 0.85。

步骤 3：绘制 P_E 和 E_{td} 曲线，然后以降水稀少时段的第一天和最后一天为切点，E_{td} 曲线与平行于 P_E 的切线之间的垂直距离即为该年的 Sr（图 8-1）。降水稀少时段由入流曲线和需求线决定（图 8-1），在本研究中入流曲线斜率比需求线斜率小的时间段被定义为降水稀少时段。

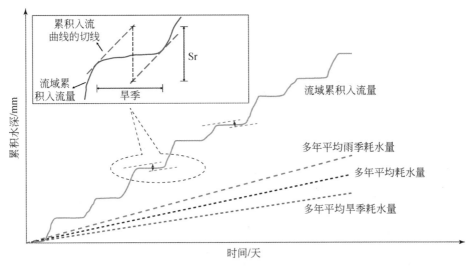

图 8-1 质量曲线法切线图

Gumbel 分布被广泛应用于水文极端事件的预测（Gumbel，1935），可用于估计不同重现期的降水稀少时段的持续时长，换言之不同重现期的降水稀少时段的持续时长服从 Gumbel 分布。而该时长与 Sr 存在线性关系，时长越长，Sr 越大。因此，理论上 Sr 也应该服从 Gumbel 分布。

对于服从 Gumbel 分布的变量，其与变量 y 存在线性关系，变量 y 可用下式计算：

$$y = -\ln\left[-\ln\left(1-\frac{1}{T}\right)\right] \tag{8-5}$$

式中，T 为 Sr 重现期。

如上所述，理论上不同重现期的 Sr 服从 Gumbel 分布，因而变量 y 和 Sr 之间存在线性关系。这种线性关系可被用来估计特定重现期降水稀少时段内生态系统所需的 Sr。本研究使用这种线性关系的确定性系数（R^2）来检验估计的 Sr 的可靠性。R^2 越大，估计的 Sr 与 Gumbel 分布的差距越大。

同时，本研究也利用 ECHOS 模型多次率定获得的 Sr 参数集（其中位数记为 Su_{max}）对估计获得的 Sr 进行交叉验证。多次率定后的模型参数集能够真实反映模拟时段内影响产汇流过程的自然因素的多年平均情况。换言之，该值既能满足降水丰富年份（Sr 小）的水文模拟，也能满足降水稀少年份（Sr 大）的水文模拟。因此，将率定获得的模型参数集与估计的 Sr 进行对比，若模型参数集落在估计获得的 Sr 范围内，则能够从数值范围的角度证明估计的 Sr 的合理性。

8.1.3 敏感性分析方法

敏感性是 Sr 对各影响因素的响应程度，在其他要素不变的情况下，Sr 对某一要素的响应程度越大，则表明 Sr 对该要素越敏感。本研究中，Sr 对其影响因素的敏感性分析通过设置不同的变化情景进行。Sr 的影响因素主要有降水量、蒸散发量和融雪水量，本研究使这三个要素中的两个固定不变，改变剩余的要素，分别使该要素增大或减小 10%、20%、30%，从而设置 6 个变化情景。然后，以 20 年重现期的 Sr 为例，分析 Sr 在不同情景下变化的比例，从而揭示 Sr 对其影响要素的敏感性。本研究将该方法命名为情景法。

8.1.4 结果与分析

1. Sr 估计结果与可靠性检验

图 8-2 为 6 个典型流域的不同重现期（1~23 年）的 Sr 估算结果。由图可知，为了满足研究时段内各年降水稀少时期的用水需求，Sr 的变化介于 10~200 mm。显而易见，不同流域的 Sr 存在较大差别，这是由流域气象条件和下垫面因素造成的。

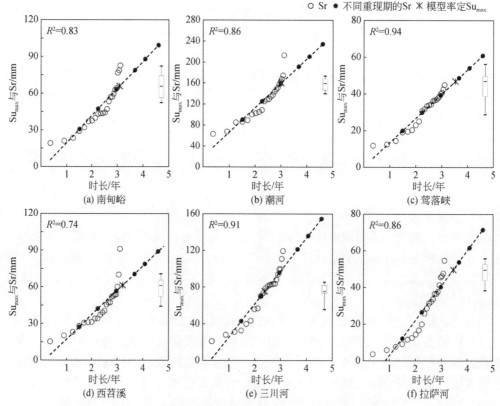

图 8-2 Sr 估计结果及其与模型率定获得的 Sr 参数集对比
模型重现期依次为 5 年、10 年、20 年、40 年、60 年和 100 年

柱状图显示了各流域重现期为 5～20 年的 Sr（图 8-3）。各流域 Sr 的最小值和最大值之间的差介于 30～150 mm，且潮河流域的 Sr 远大于其他流域。通过比较这些流域的干旱指数（表 7-4）可以发现，具有较高干旱指数的流域不一定具有较高的 Sr。除了气象因素外，下垫面特征（如植被类型）也起到了关键的作用。例如，三川河和潮河流域处于类似的气候区且两者干旱指数相近（分别为 1.8 和 1.6），但三川河年平均 F 为 0.17，远小于潮河（0.33），因此潮河流域的 Sr 高于三川河流域。

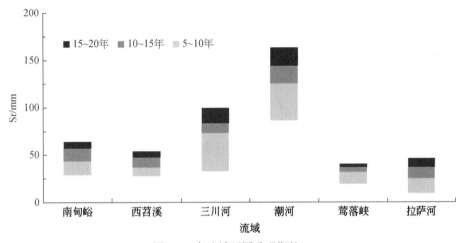

图 8-3　各流域不同重现期的 Sr

根据 Gumbel 分布，对变量 y 和不同重现期的 Sr 进行一元线性回归，计算该线性关系的 R^2，其表征 Sr 服从 Gumbel 分布的程度（R^2 越接近 1，估计的 Sr 越服从 Gumbel 分布）（图 8-2）。本研究选取的六个流域的 R^2 各不相同，如黑河上游莺落峡流域的 R^2 最高，为 0.94；而西苕溪流域的 R^2 最小，为 0.74。

西苕溪流域的 R^2 相对较低是由重现期为 23 年的 Sr 异常值引起的（图 8-2），而该异常值出现的重要原因是西苕溪流域在研究时段内发生的覆被类型变化。在 1988～2002 年，西苕溪流域约有 30% 的森林面积被开垦耕种，土地利用类型从森林变为农田。在初期（即 1988 年到 1989 年的旱季），土地利用类型尚未改变，大部分区域仍被森林覆盖，因此出现了 Sr 高值，大约为 90 mm。前人的观测研究成果表明，Sr 本质上代表植被根部土壤可用于存储水量的体积，因此与根系深度紧密相关。也就是说，根系深度较大的植被（如树木）比根系深度较小的植被（如农作物）常常具有更大的 Sr。西苕溪流域的土地利用改变了植被根系深度（从树木根系变为农作物根系），导致该区域土地利用类型变化后的 Sr 相对较低。土地利用类型受人类活动影响较小的流域，如黑河上游莺落峡流域、拉萨河流域和三川河流域的 Sr 更好地服从了 Gumbel 分布，R^2 均在 0.85 以上。总体而言，在大多数代表流域估计的 Sr 基本服从 Gumbel 分布。

图 8-2 对比了通过模型率定获得的 Sr 参数集与不同重现期的 Sr 估计值。本研究利用两者进行交叉验证，以证明不同重现期的 Sr 估计值的合理性。通过对比可以发现，模型率定获得的 Sr 参数集的范围落在了不同重现期的 Sr 估计值的范围内。事实上，对于所选

取的多数流域而言，Sr 参数集的中位数 Su_{max} 恰好落在重现期为 20 ~ 40 年的 Sr 估计值处。因此，可以证明估计获得的 Sr 在数值上合理且可靠。

根据不同重现期的 Sr 估计值与模型率定获得的 Sr 参数集之间的交叉验证，以及通过 Gumbel 分布进行的测试，可以说明估计获得的 Sr 是合理且可靠的，本研究提出的 Sr 估计方法在我国不同气候带的代表流域具有适用性。

当然，由于 Sr 的观测存在巨大的困难，目前几乎没有 Sr 观测值可用于检验 Sr 估计值。因此，本研究通过 Gumbel 分布和交叉验证的方式对 Sr 估计方法进行验证。随着研究的深入，需要不断探索新的检验方法对 Sr 进行检验。

2. Sr 对其影响因素的敏感性分析

图 8-4 展示了情景法分析的结果。当降雨量和融雪水量固定不变，而蒸散发量增加时，所有流域的 Sr 值都明显地增加，如图 8-4（a）所示；当降雨量或融雪水量增加，而蒸散发量固定不变时，在 Sr 值则产生了完全相反的变化趋势，如图 8-4（b）和图 8-4（c）所示。值得一提的是，当蒸散发量或降雨量发生变化时，Sr 的变化明显，而对于融雪水量的变化，Sr 的响应则不太显著。甚至在大多数代表流域区，当融雪水量发生变化时，Sr 也未发生明显变化。

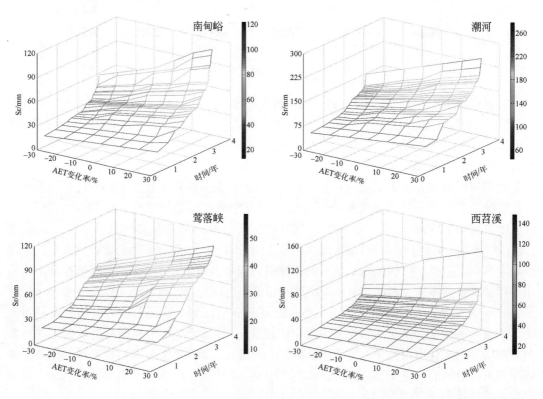

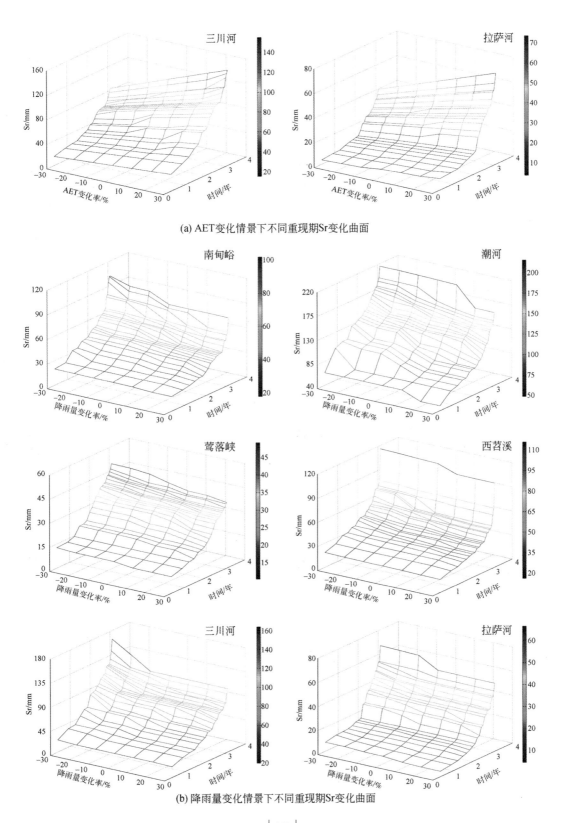

(a) AET变化情景下不同重现期Sr变化曲面

(b) 降雨量变化情景下不同重现期Sr变化曲面

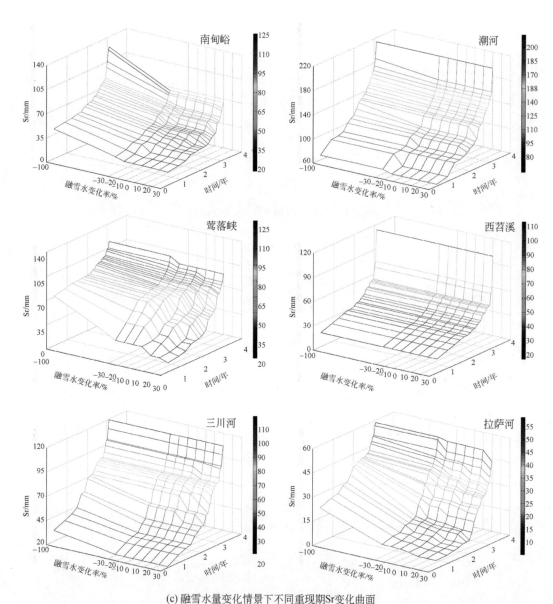

(c) 融雪水量变化情景下不同重现期Sr变化曲面

图 8-4　影响要素变化情景下不同重现期 Sr 变化曲面

从敏感性的角度而言，南甸峪、莺落峡和拉萨河流域的 Sr 对融雪水量的敏感性高于其他流域。这是因为这些流域的融雪水量比其他区域对流域入流量的贡献更大，虽然情景法中各流域融雪水量的变化率相同，但是融雪水量越大，其绝对变化值越大，因而也使得 Sr 变化更为明显。如图 8-4 所示，若不考虑流域入流量中的融雪水量（即融雪水量减小比例为 100%）时，Sr 值则出现明显的高估，特别是在南甸峪、莺落峡和拉萨河流域。这意味着对于融雪水量占比较高的流域，若不考虑融雪水量对流域入流量的补给，则会明显高估 Sr，融雪水量对流域入流量的贡献越大，则越会高估 Sr。显而易见，在所有的代表流域，Sr 对蒸散发量的变化最为敏感（图 8-5）。然而 Sr 对同一影响因素的敏感性在不同的流域也不尽相同。当蒸散发量增加 30% 时，西苕溪流域的 Sr 约增加 40%，高于其他流域，这表明西苕溪流域的 Sr 与其他流域相比对蒸散发量的变化最为敏感。南甸峪流域的 Sr 排第二位，其他流域的 Sr 对蒸散发量的敏感性基本相当。

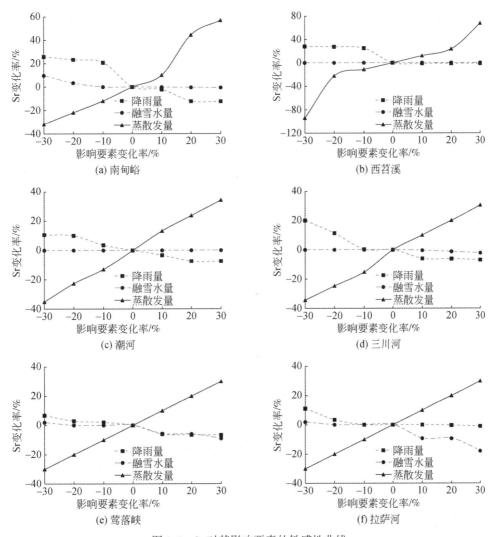

图 8-5 Sr 对其影响要素的敏感性曲线

图 8-4 和图 8-5 显示，无论在干旱区还是在湿润区流域，降水量（降雨量和融雪水量）的减少通常导致 Sr 的增大。这一发现与 Collins 和 Bras（2007）、Guswa（2008）、Laio 等（2006）的模型研究结果一致。本研究除了关注降水变化对 Sr 的影响，同时还揭示了蒸散发量变化对 Sr 的影响。蒸散发量是描述水文过程中的植被和土壤特性的综合指标，当蒸散发量增加时，生态系统则需要更大的 Sr 以维持正常生长发育。蒸散发量由土壤蒸发和植被腾发两部分组成，土壤蒸发量增加的前提条件是植被根区的孔隙中能够存储更多

的水量或植被根系深度增加使得根区容量增大。而植被腾发量的增加，往往是由于植被更为高效的土壤水分吸收与消耗，而这种更高的效率则得益于根系深度的增加。因此，从土壤蒸发和植被腾发的角度来讲，蒸散发量的增加本质上是根系深度的增加或土壤根区含水量的增加，这些因素都将导致 Sr 的增加。

为了分析不同重现期 Sr 对其影响因素的敏感性，本研究还将降雨量和蒸散发量的变化比例设置为30%，将融雪水量的变化比例设置为-100%。在设置的气候变化情景下，对不同重现期 Sr 变化率进行趋势分析（图8-6）。从图中可以看出，降雨量和融雪水量的变化导致 Sr 变化率随着重现期的增加而明显降低，这表明重现期越长的 Sr 对降雨量和融雪水量变化的敏感性越低。对于蒸散发量，西苕溪流域 Sr 变化率的趋势并不明显，主要是由于研究期间该流域发生了大规模的土地利用变化。而在其他流域，当蒸散发量增加时，重现期越长，Sr 变化率则越小。

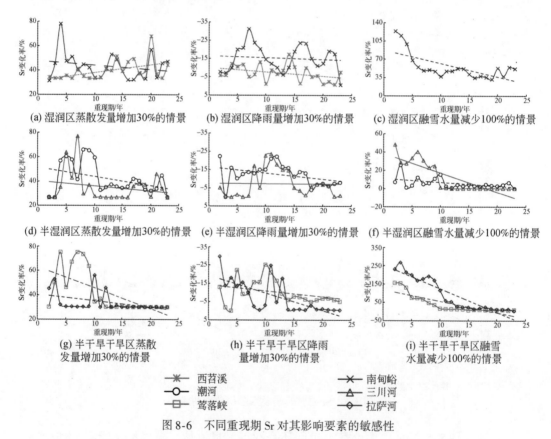

图8-6 不同重现期 Sr 对其影响要素的敏感性

综上，重现期越长的 Sr 越稳定，其受到气候变化影响时的波动也越小。这也可以解释为什么重现期较长的 Sr 的值域明显小于重现期较短的 Sr。

前面分析了单一影响因素变化时，Sr 变化的特性。本研究中还分析了各影响因素对 Sr 变化的综合效应（图8-7）。气泡图显示了当蒸散发量和降水量同时变化时，Sr 变化的比率。从图中可以看出，蒸散发量的增加及降水量的减少导致 Sr 的增加。气泡大小表示在各情景下的 Sr 变化率。由于 Sr 对蒸散发量变化的敏感性较高,当降水量和蒸散发量出现相同的变化率时,降水量对 Sr 的影响被蒸散发量的影响抵消。对于各影响因素出现不同变化率的情景,图 8-7 中 Sr 变化率显示出明显的梯度,该图可被用于比较在不同情况下 Sr 变化率的大小。

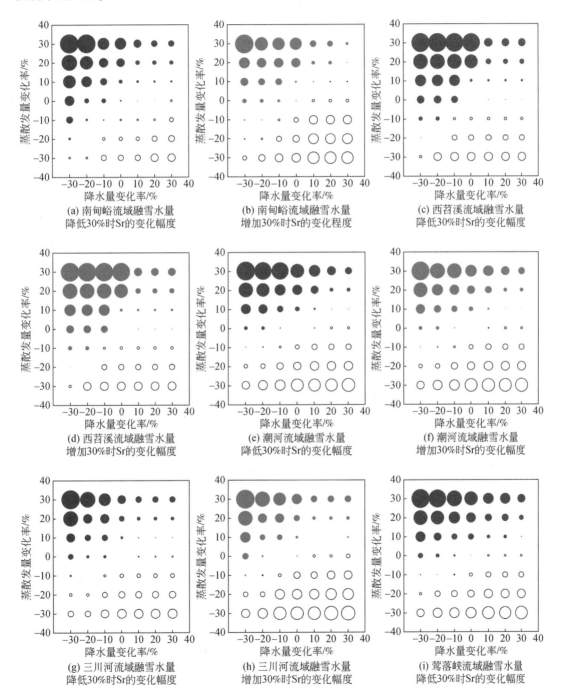

(a) 南甸峪流域融雪水量
降低30%时Sr的变化幅度

(b) 南甸峪流域融雪水量
增加30%时Sr的变化程度

(c) 西苕溪流域融雪水量
降低30%时Sr的变化幅度

(d) 西苕溪流域融雪水量
增加30%时Sr的变化幅度

(e) 潮河流域融雪水量
降低30%时Sr的变化幅度

(f) 潮河流域融雪水量
增加30%时Sr的变化幅度

(g) 三川河流域融雪水量
降低30%时Sr的变化幅度

(h) 三川河流域融雪水量
增加30%时Sr的变化幅度

(i) 莺落峡流域融雪水量
降低30%时Sr的变化幅度

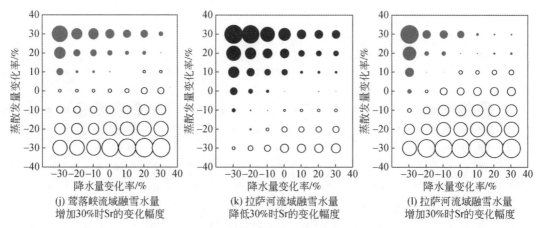

图 8-7　各影响因素对 Sr 变化的综合影响

圆的大小代表 Sr 变化幅度，空心圆表示 Sr 减小，红色圆表示融雪水量降低 30% 时 Sr 的变化幅度，
蓝色圆表示融雪水量增加 30% 时 Sr 的变化幅度

总体而言，本研究分析了 Sr 的影响因素。但是除了降水量和蒸散发量外，仍有很多因素影响 Sr 的变化。如图 8-3 所示，本研究中选取的黑河上游莺落峡流域和拉萨河流域（其干旱指数分别为 2.6 和 3.1）的 Sr 低于三川河和潮河流域（干旱指数分别为 1.8 和 1.6）。这是因为干旱指数只能表征年平均潜在蒸散发量与降水量的比率，并不能体现降水量和潜在蒸散发量的年内分布。事实上，降水稀少时段的长度决定了 Sr 的大小。因为对于某一类型的植被，降水稀少时段越长，植被越需要从根区吸收更多的水分来维持正常生长发育以度过降水稀少时段。而降水稀少时段的长度受到降水量和蒸散发量年内分布的影响，因此在未来的研究中降水量和蒸散发量的年内变化对 Sr 的影响也应得到足够的重视。

8.1.5　根区蓄水容量提取对水文模型的意义

根区深度或容量参数（如 Sr、根系深度、有效生根系深度等）是水文和生态模型的关键参数。从生态学角度而言，这些参数决定了植被生长发育可利用的水量；从水文角度而言，这些参数影响着产流过程。但是已有研究对这些参数的观测极少，因此率定和验证根区参数是极其困难的。即使通过实验观测获得了根区参数，观测得到的参数在生态水文模型中的适用性仍需进一步验证。这是因为实验观测常基于点尺度进行，而模型中需要的是面均值。本研究提出的方法恰恰提供了估计面平均根区参数的方法，该方法简单实用，并且结构简单因而有效降低了估计结果的不确定性，若将该法的估计结果用作生态水文模型参数，也可降低模型的参数不确定性。

上述结果表明，生态系统的水量供需关系（"供"即为降水量，"需"即为蒸散发量）对 Sr 有很大的影响，逐年的 Sr 随着这些影响因素的变化而变化。传统的水文模型基于"静态条件"（stationary environment）假定开发，认为模型参数在模拟时段内固定不变，然而这种假定存在对模拟时段的限制，即当模拟时段较长时，该假定是否成立需进行验证。例如，Donohue 等（2012）开发的 BCP 模型假设土壤蓄水量的变化与研究时段内的流域流入流出总水量相比可忽略不计，因此该模型具有模拟时段的限制，如果应用于"非静态条件"（non-stationary environment）下的流域生态水文过程模拟，则应对模型进行改进和验证。通过本研究方法估计的 Sr 随逐年水量供需关系改变，符合"非静态条件"。因此，若将估计获得的 Sr 作为水文模型参数，则可使水文模型在"非静态条件"下使用。当然，水文模型参数众多，尚有其他参数不符合"静态条件"假定，因此未来研究应该进一步探索这些参数的估计方法。

8.2 作物产量对水文气象要素的响应

为检验 ECHOS 模型集成的农作物生产力模块的模拟精度，并探讨气候变化情景下黑河中游地区农作物产量的变化规律，本研究开展案例研究。由于作物生理参数、种植格局的限制，难以进行分布式模拟，本研究基于张掖站开展点位尺度的模拟研究。

8.2.1 研点及农作物选取

张掖市位于黑河干流的莺落峡站和正义峡站之间，该区域极为干旱，主要依靠黑河上游来水开展农工业生产，张掖市是甘肃省的重要农业区。根据《张掖统计年鉴 2014》，张掖地区主要种植 6 种作物，其中包括粮食作物小麦、玉米和薯类，经济作物油料、蔬菜和制种玉米，这 6 种作物的总种植面积占张掖市农作物种植面积的 89%，其中玉米和制种玉米的种植面积为 73 266.67 hm^2（表 8-1），约占张掖市农作物种植面积的 57%，为张掖市的主要作物。此外，张掖市为全国制种玉米重要生产基地，制种玉米产量常年占全国制种玉米产量的 40%，因此制种玉米的生长发育对张掖市农业经济至关重要。玉米和制种玉米的作物参数、灌溉定额十分相近，与水文过程的相互作用关系几乎一致，因此本研究将玉米和制种玉米作为一种作物进行模拟。

表 8-1 2014 年张掖市农作物面积及灌溉定额

指标	粮食作物			经济作物		
	小麦	薯类	玉米	油料	蔬菜	制种玉米
种植面积/hm^2	13 940.00	1 993.33	26 680.00	1 506.67	24 280.00	46 586.67
灌溉定额/（m^3/hm^2）	5 400.00	6 000.00	6 900.00	6 000.00	8 050.00	6 900.00

基于张掖市 2008 年和 2009 年玉米产量和水分生产力实测数据，对 ECHOS 模型在研究区的模拟精度进行检验。在此基础上，设置不同的灌溉情景和 CO$_2$ 浓度变化情景以构造不同的土壤根区水分条件和温室气体排放条件，探究张掖市玉米产量对水文气象要素变化的响应规律。

8.2.2　基础数据及模型参数

模型的农作物和天然植被生产力模块所需的气象数据包括日最高气温、日最低气温、日降水量、日 PET 和 CO_2 浓度。其中，PET 由 ECHOS 模型的蒸散发模块进行计算，其他数据通过 ECHOS 模型的输入数据统一读取调用。具体数据来源请见 7.1 节。

由于观测值缺乏，模型的作物参数采用了 AquaCrop 模型的简化参数集，主要包括：种植密度、最大有效根深、作物物候期（包括生长初期、发育期、生长中期和生长后期）、作物冠层盖度（最大冠层盖度、初始冠层盖度和收获时的最小冠层盖度）等，这些参数通过已有的黑河中游实验结果确定。其他参数在模型中采用固定值，根据 AquaCrop 模型的推荐值设定。需设定的模型农作物参数见表 8-2。

表 8-2　模型农作物参数

模型参数	参数值
最大冠层盖度/%	85
初始冠层盖度/%	0.2
参考收获指数/%	40
收获时的最小冠层盖度/%	12
种植密度/（cm^2/株）	6.5
玉米的播种期	4 月 15 日
生长初期/发育期/生长中期/生长后期长度/天	20/20/60/30
最大有效根深/m	1.5

8.2.3　情景设置方法

1. 灌溉情景

张掖市处于黑河中游地区，常年降水稀少，玉米生长发育所需水量主要依靠灌溉。研究区灌溉制度资料难以获取，且灌溉条件下的农田的土壤湿度往往能够为作物生长发育提供充足的水量，因而本研究基于模型估算的根区亏缺水量进行灌溉，以作物无需关闭气孔条件下能够从土壤根区吸收的最大水量（readily available water，RAW），即田间持水量与植被气孔关闭吸收土壤水的含水量的差值的比例表示土壤含水量阈值，即当土壤含水量低于设定的条件时则进行灌溉。本研究分别设置无灌溉、0% RAW、10% RAW、20% RAW、30% RAW、40% RAW、50% RAW 7 种灌溉情景，分别探讨这 7 种灌溉情景下张掖市玉米产量、水分生产力、蒸散发量、净灌溉水量和土壤含水量的变化过程。

2. CO_2 浓度上升情景

众所周知，绿色植被通过光合作用将空气中的 CO_2 吸收转化为有机物。植被吸收太阳能，把无机物转化为有机物的过程即为初级生产，而植被进行初级生产的速率即为初级生产力。植被的初级生产力除受其本身的生物理化特性因素的影响外，还受气候因子（如 CO_2 浓度等）的影响。

本研究以 2008 年全球 CO_2 的平均浓度（385.59 ppm）为张掖市 CO_2 浓度的基准值，设置 CO_2 浓度上升 10%，20%，…，100% 共 10 种情景。各情景下的灌溉制度不变，灌溉阈值均为 50% RAW，以探究水分条件一定的情况下，CO_2 浓度上升对张掖市玉米产量、水分生产力、蒸散发量、土壤含水量的影响。各情景下的 CO_2 浓度见表 8-3。

表 8-3　CO_2 浓度上升比例及相应浓度值

项目	浓度上升比例/%									
	10	20	30	40	50	60	70	80	90	100
浓度值/ppm	424.15	462.71	501.27	539.83	578.39	616.94	655.50	694.06	732.62	771.18

8.2.4　水分限制下的作物产量

表 8-4 给出了 50% RAW 灌溉情景下 ECHOS 模型模拟的张掖市玉米产量和水分生产力。结果表明，ECHOS 模型能够对张掖市玉米产量进行合理的模拟，2008 年玉米产量的模拟值和实测值的相对误差为 -10.2%；2009 年玉米产量的模拟值也出现了明显的低估，相对误差约为 -7.34%，但尚在合理的范围内。通过对比水分生产力模拟值和实测值可以发现，无论是 2008 年还是 2009 年，水分生产力模拟值均出现了不同程度的高估，相对误差均在 15% 以上。

表 8-4　玉米产量及水分生产力模拟值与实测值

年份	玉米产量模拟值 /(t/hm²)	玉米产量实测值 /(t/hm²)	水分生产力模拟值 /(kg/m³)	水分生产力实测值 /(kg/m³)
2008	8.53	9.50	1.75	1.34
2009	8.58	9.26	1.84	1.58

模拟值出现误差的原因是本研究的模拟中灌溉制度并不能反映张掖市玉米种植灌溉制度的真实情况，仅仅保证了玉米生长发育所需的水量，50% RAW 灌溉情景下玉米全生育期的总灌水量为 350.5 mm，远低于张掖市玉米的灌溉定额 690 mm（表 8-1）。因此，若能够获取张掖市玉米种植的灌溉制度，将对模型精度的提高有很大帮助。总之，ECHOS 模型对张掖市玉米产量和水分生产力的模拟精度尚在可以接受的范围内，基本令人满意。

图 8-8 给出了不同灌溉情景下的玉米产量和水分生产力。由图可知，当灌溉水量从 50% RAW 减小到 0% RAW 时，玉米产量出现了明显的下降，而水分生产力则略有提高。值得一提的是，随着灌溉水量的减小，2009 年的玉米产量和水分生产力的变化幅度要明显

小于 2008 年，这是因为 2009 年生育期内的降水量为 66 mm，远大于 2008 年的 30 mm，2009 年的天然降水有效缓解了因为灌溉水量减少而给玉米造成的水分胁迫。

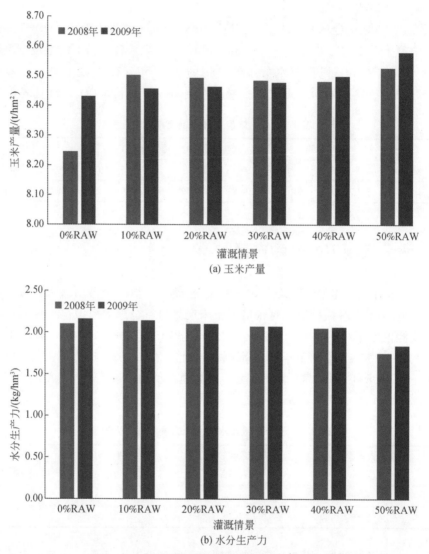

(a) 玉米产量

(b) 水分生产力

图 8-8　不同灌溉情景下玉米产量和水分生产力

图 8-9 给出了 2008 年和 2009 年生育期内各灌溉情景下张掖市玉米的 AET 日值变化过程线。由图可知，在整个生长发育期内玉米的 AET 不断波动，在生长初期（1~20 天）AET 总体较低，基本维持在 2 mm 左右；发育期和生长中期（21~100 天）的 AET 有所增加，基本维持在 4~6 mm；而在生长后期（101~130 天），AET 逐渐从 6 mm 左右减小到 0 mm。该模拟结果与前人在黑河中游的观测值十分接近，因此 ECHOS 模型对作物实际蒸散发量的模拟精度令人满意。

对比不同灌溉情景之间的 AET 可以发现，当灌溉水量减少时 AET 发生了明显的下降，

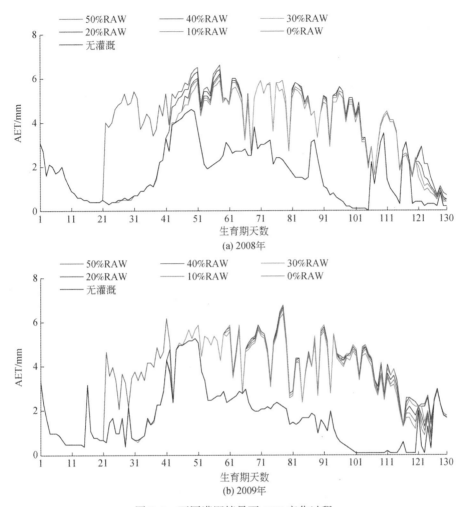

图 8-9　不同灌溉情景下 AET 变化过程

无灌溉时的 AET 在整个生育期内均远远低于灌溉情景下的 AET。AET 随着灌溉水量减小的原因不难理解，即土壤根区可供植被吸收的水量减少后，植被蒸腾速率有所降低，同时土壤含水量的下降，使玉米植株间的裸土蒸发量也有所减少，从而导致了 AET 的整体下降。

图 8-10 给出了 2008 年和 2009 年玉米生育期内土壤含水量的变化情况。由图可知，ECHOS 模型模拟的土壤含水量对于降水量的响应十分敏感。当出现降水时，土壤含水量则出现明显的响应。对比整个生育期不同阶段的土壤含水量变化速率可知，玉米生长初期的土壤含水量下降速度较慢，而发育期及生长中期的下降速度则明显增加，这是由于随着玉米植株的不断生长，玉米根系吸收根区土壤水分的速率不断增加，到生长后期土壤含水量的下降速率又趋于平缓。总体而言，土壤含水量下降的速率与生育期内 AET 变化的过程极为吻合。因此，可以认为 ECHOS 模型模拟的土壤含水量能够反映真实情况。对比不同灌溉条件下的土壤含水量可以发现，随着灌溉水量的降低，土壤含水量的模拟值也明显降低，很好地刻画了土壤墒情的变化过程。

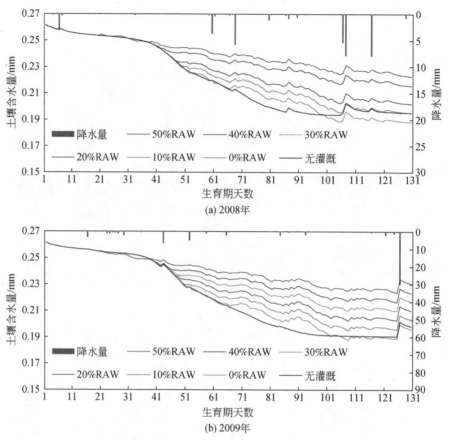

图 8-10 不同灌溉情景下土壤含水量变化过程

8.2.5 CO₂浓度上升情景下的作物产量

图 8-11 给出了当灌溉制度一定时，不同 CO_2 浓度上升情景下的玉米产量和水分生产力的变化趋势。由图可知，当 CO_2 浓度上升时，玉米产量和水分生产力将出现明显的上升趋势。随着 CO_2 浓度的不断上升，玉米产量和水分生产力会受到水分胁迫，其曲线的斜率均逐渐平缓，增长速率有所下降最终趋于稳定。当 CO_2 浓度上升一倍，从 385.59 ppm 上升到 771.18 ppm 时，张掖市的玉米产量模拟值约增长了 8.24%。

图 8-12 给出了不同 CO_2 浓度上升情景下 AET 和土壤含水量的变化曲线。由图可知，随着 CO_2 浓度的上升，AET 有所下降，而由于灌溉水量保持不变，土壤含水量的减小量降低。这是由于大气 CO_2 浓度的上升为玉米的光合作用提供了更多的碳源，提高了光合作用速率。在 CO_2 浓度较高时，植物的光合作用产物增加，引起植被保卫细胞内多碳糖浓度上升，继而使得细胞水势增加而吸水膨胀，从而使气孔关闭，气孔导度下降，最终导致 AET 的减小，土壤水分消耗减慢。

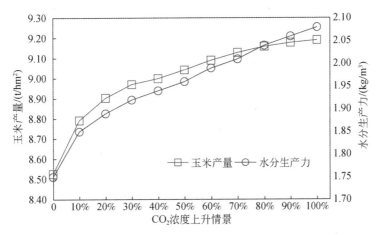

图 8-11 不同 CO_2 上升情景下玉米产量和水分生产力变化趋势

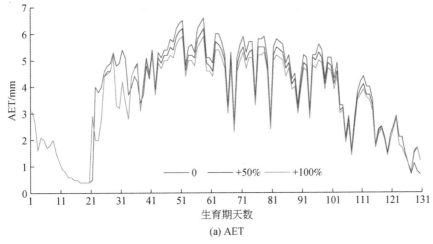

(a) AET

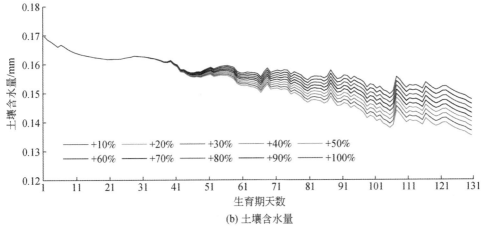

(b) 土壤含水量

图 8-12 不同 CO_2 浓度上升情景下 AET 和土壤含水量变化过程

8.3 小　结

　　本章主要开展了两项研究：①提出了一种新的生态水文关键参数 Sr 的提取方法——质量曲线法，并在我国不同气候带典型流域应用该法，基于 Gumbel 分布和率定获得的 ECHOS 模型的参数集对质量曲线法估计的 Sr 进行了检验；②基于 ECHOS 模型对黑河中游张掖市的玉米产量和水分生产力进行了模拟，并设置不同灌溉情景和 CO_2 浓度变化情景，对玉米产量和水分生产力在不同水分条件和碳源条件下的变化规律进行了探讨。结果显示：本研究提出的 Sr 提取方法能够在黑河上游及我国不同气候带典型流域应用，估算获得的 Sr 合理可靠；Sr 对流域蒸散发量的变化最为敏感，重现期越长的 Sr 受到气候变化的影响时越稳定；ECHOS 模型能够合理模拟张掖的玉米产量。当灌溉水量减小时，玉米产量将明显降低，水分生产力将有所提高；当灌溉制度不变、CO_2 浓度上升时，玉米的 AET 将减小，产量和水分生产力提高。

第三篇

黑河流域生态水文耦合模拟系统

| 第 9 章 | 关键技术研究与模型设计

由于生态水文过程的复杂性，集总式的模型往往只能从经验关系上对流域生态水文过程进行概化描述，而分布式模型具有更为明确的物理意义，能较为准确地反映流域生态水文过程的时空变化特征，具有较好的适应性，因此分布式生态水文模型是研究的目标。

生态水文过程的模拟，包含了从降水、截留、下渗到汇流的水文循环全过程及发芽、生长、衰老到死亡的植被生长全过程，需要大量的空间、点数据的支持，考虑到模型功能及用户实际需要，应遵循以下五点。

1）图形界面，菜单化操作。目前的水文模型多以 Fortran 语言编写，编译后在 DOS 环境下执行。虽然具有计算效率高、速度快等优点，但是需要用户掌握一定的 DOS 命令，模拟结果可视化较差。此外，一部分模型集成在 ArcGIS 等软件平台上（如 ArcSWAT 等），需要用户额外购买第三方软件才能使用，加大了模型构建成本。

因此，考虑到模型的易用性、实用性，新系统应具备独立的图形显示功能、菜单化的功能选择，这样不仅能够降低模型搭建成本，使新用户迅速上手，同时便于进行数据输入、查询等操作，大大缩短了从程序启动到模拟完毕的总时间，计算效率更高。

2）完整的数据管理体系。分布式生态水文模拟需要大量气象、水文数据支持，同时在数据处理过程中会生成大批的中间数据（如插值后的面数据、计算的蒸散发数据等），占用系统内存，导致模拟时间较长。尤其是当流域面积较大并且模拟时间段较长时，将生成海量的中间数据，常常导致系统因内存不足而崩溃。

为了减少系统内存占用，加快软件运行速度，应建立一套完整的数据管理体系，为输入数据、中间成果、模拟结果分配相应的硬盘存储空间，从而及时释放系统内存，提高模型稳定性。

3）合理的模型构架，层次分明。生态水文过程的模拟是一个包含流域刻画、数据输入、参数设定、模拟设置等多项内容的复杂过程，需要一个合理的结构体系。按照用户使用习惯和模型功能要求，具体应包括以下六点。

a. 工程管理：实现工程资源管理，包括工程的创建、保存、打开及修改等操作，确保每一个工程具有独立的存储路径、空间配置等基础信息。

b. 数据前处理：通过对 DEM 数据的再分析，实现水流流向确定、河长计算、水系提取、子流域划分和汇流顺序确定等多项功能，其分析结果是后续生态水文过程模拟的基础。

c. 参数设置：为避免众多参数带来大量赋值和修改操作，应按照模型机理建立参数选项卡，分类进行参数设定（产汇流参数、人工用水参数、植被参数），便于模型调试。

d. 点位查询：分布式生态水文模型以网格为基本单元，流域内每一个网格的信息提取和显示至关重要。模型不仅要有空间数据快速布展的能力，同时还要能够快速提取出流域中任意网格的基础信息（包括网格类型、横纵坐标、经纬度、海拔等）。

e. 模拟设置：提供模拟功能选项开关，用户可选择是否考虑不同土层间的水量交换作用、植被蒸散发对流域水循环的影响。

f. 功能模块化：数据预处理、水文循环、植被生长等过程较为复杂，一旦集成编码难以大幅度进行修改，某一变量的变化可能会影响到模型的整体模拟效果。为了便于日后改进和维护，需要将各种功能进行封装，分别存储在不同的模块中，各模块之间通过代码或公共变量进行连接和交互，便于程序维护和改写。

4）提供辅助工具，便于数据处理。由于数据获取渠道及来源的差异性，用户搜集的数据格式与模型要求的数据格式往往不一致，所以需要提供包括数据格式整理、单位转换、空间数据叠加、点位数据提取等多项辅助工具，在便于用户操作的同时其结果还可供ArcGIS 等其他软件调用。

5）生态水文过程双向耦合。植被在生长过程中不断消耗着土壤水分，而土壤水分反过来又制约着植被的生长，从而影响植被耗水量，进一步影响流域水循环。因此两者之间是相互作用的有机整体，只有将生态水文过程从机理上进行双向耦合，才能够真实反映出流域生态水文环境的变化特点，对于定量识别流域生态水文过程有着重要作用。

9.1 关键技术研究

因此，本研究拟提出一个生态水文过程双向耦合的分布式模型 Eco-GISMOD，综合考虑了降水、截留、蒸发、下渗、地下水补给等过程，模型以网格为基本单元，网格的数量取决于 DEM 分辨率和流域面积大小，分辨率越高则网格数量越多，反之亦然。

为详细描述流域生态水文过程，模型在水平方向上将网格划分为普通网格和河道网格两类：河道网格代表着河道水系，是对 DEM 数据进行水流流向计算、坡度计算、水流累积值计算之后，根据具体的水流累积阈值所提取出来的，其结构为单层；剩下的网格定义为普通网格，在垂向上划分为表层、土壤层和地下水层 3 层（图 9-1）。

普通网格根据土地利用类型，识别出表层的覆盖情况（森林、草地、农作物、城镇、未利用地等）。若表层被植被覆盖，则首先分析植被对降水量、表层水量、土壤层水量的影响，随后再进行各层的产流计算，并按照水流流向将普通网格的出流逐个汇入河道网格，最后演算至流域出口。

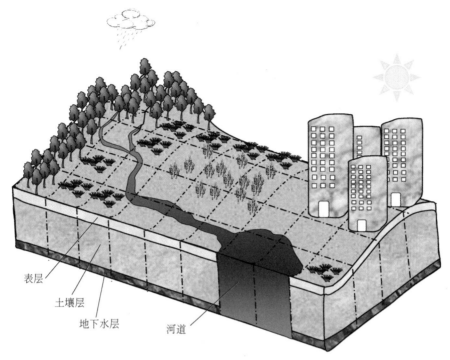

表层

土壤层

地下水层

河道

图 9-1　Eco-GISMOD 网格化示意图

9.2　模型设计

Eco-GISMOD 通过模块化方法将生态、水文过程有机联系起来，其中生态方面，主要是对生态过程的模拟，包括天然植被和农作物两种类型；而水文方面，主要是对流域水文循环的模拟，包括自然条件下的产汇流和不同土层的水量交换情况。两者之间通过河道径流量、土壤含水量、蒸散发量、叶面积指数、植被需水量等参数相互影响（图 9-2）。

水文过程可分为前处理、空间插值、蒸散发和产汇流 4 个子过程。前处理子过程通过 DEM 数据的输入，进行坡度计算、水流流向计算、河网提取等水文分析。空间插值子过程通过插值算法将各气象站、雨量站的点位数据布展到流域面上。而蒸散发子过程则是将空间布展后的面气象、雨量数据进行再分析，得到流域面潜在蒸散发数据。产汇流子过程是将上述 3 个子过程的分析结果汇总，分别按照表层、土壤层和地下水层进行产流计算，然后在河道层进行汇流演算，并考虑不同层间的水量交换情况（下渗、补给），最终得到河道径流量、不同土层水量及实际蒸散发量等水文模拟结果。

生态过程考虑到不同植被对水资源的影响，细分为天然植被和农作物两类。其中，农作物主要受人类活动干预，以灌溉为主，主要影响着河道径流量。在进行生态过程模拟时，主要通过农作物的分类、种植规律的确定及控制点和灌溉效率参数的设定来实现农作物模拟。而天然植被在生长期、衰落期对水分有着不同要求，与降水、土壤含水量和蒸散发等水文过程关系密切，主要是依据土地利用中的植被类型划分，设置相应的植被参数，

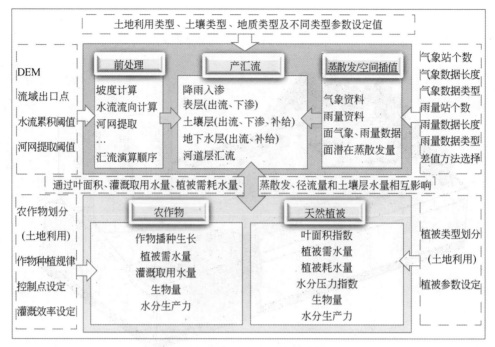

图 9-2 Eco-GISMOD 核心功能

随后进行叶面积指数、植被需水量、植被耗水量、水分压力指数等指标的计算，对天然植被生长发育分阶段进行模拟。

生态水文过程模拟是 Eco-GISMOD 的核心功能，实现该功能需要进行数据输入、数据加工、参数设置、模拟运行等步骤。实际上，模型的主要工作量在前期数据准备、输入和处理上，当所需数据准备完成后，模型将进行自动计算并输出模拟结果，具体流程如下：

1）根据 DEM 分辨率确定流域内网格数量，分别进行水流流向、河长、水流累积量计算，提取河网水系，划分网格类型并计算出汇流演算顺序。

2）输入气象站、雨量站数据，进行空间插值，生成面数据，根据插值后的气象数据计算每个网格的潜在蒸散发量。

3）输入土地利用、土壤类型和地质类型数据，根据网格类型相应地确定土壤层厚、初始含水率等模型参数初始值。

4）按照输入的土地利用类型数据，区分农作物和天然植被，并确定其参数值。其中农作物根据生长期、发育期、成熟期和收获期确定不同阶段的作物系数；天然植被则要设定不同类型（林木、草甸）的最大叶面积指数、初始生长温度、最优生长温度、衰减速率、能量–生物量转化等参数。

5）将前面计算得到的网格数量、类型、汇流演算顺序、植被类型、土壤参数、农作物和天然植被参数、面气象、雨量数据输入模型中，并按照模拟时长创建计数器。

6）模型首先根据气象数据和植被类型参数等计算出每个网格的叶面积指数和植被需水量（若网格无植被覆盖则跳至步骤 7），然后计算截留后的净雨量，判断土壤水分是否能满足植被生长需要，计算水分压力指数后扣除相应水量，对土壤含水量做相应调整。

7）将步骤6）计算得到的净雨量、叶面积指数、水分压力指数和调整后的土壤含水量输入模型中，按照汇流演算顺序逐网格进行产汇流计算。

8）产汇流计算完毕后，调整各网格的土壤含水量，并将中间变量（如水分压力指数、净雨量等）清零，计算各网格的出流水量、实际蒸散发量、叶面积指数、植被干物质量、收获指数等，然后返回步骤7），直到计数器天数等于总模拟天数，计算完毕（图9-3）。

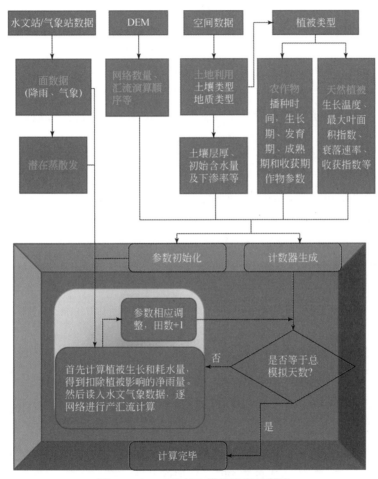

图 9-3 Eco-GISMOD 模拟流程示意图

9.3 小　结

本节针对分布式生态水文模型的关键技术进行了研究，并以此为基础对模型的总体框架进行了设计，确定其核心功能，并按顺序给出了模拟流程。该部分内容是模型研究的前期工作，明确了研究的目的与意义，针对实际问题提出了新的方法和思路，为后续研究奠定了基础。

第10章 | 分布式生态水文模拟系统构建

流域下垫面特征复杂多变，传统的集总式模型无法对流域水文过程进行精确描述，因此具有物理机制的分布式水文模型逐渐受到人们的重视。在此背景下，本研究以关键技术和模型设计为出发点，以模型原理为基础，参考 ArcSWAT，采用功能菜单与控件相结合的方式，开发了一款基于网格的、具有友好的图形用户界面（graphical user interface，GUI）的、综合考虑植被生长与水文循环相互作用关系的，并能够对植被耗水量、叶面积指数、生物量、水分生产力、土壤含水量及径流量进行模拟的分布式生态水文模拟系统。

10.1 系统构建环境

按照系统构建要求选择相应的软硬件环境和开发工具，合理的开发环境和工具，可以显著地提升系统开发效率。Eco-GISMOD 模拟系统的开发环境及工具介绍如下。

10.1.1 硬件环境

由于不涉及多用户、多网络交互式服务，可以选用个人台式电脑，同时考虑到开发过程中需要进行大量数据计算，对处理器、内存和硬盘的配置要求较高。CPU 为 AMD Athlon II X4 635（4 核心，主频 2.9GHz）；内存为 DDR3 1333 4GB；硬盘为 SATA II 1TB（7200 转）。

10.1.2 软件环境

考虑到易用性和普适性，选择对软件兼容性较好的 Microsoft Windows XP 操作系统作为开发平台，同时需要微软办公系统 Office 软件的功能支持（用于支持 Excel 文件格式）。系统平台为 Microsoft Windows XP + SP1；辅助软件为 Microsoft Office 2003 或更高。

10.1.3 开发工具

系统开发采用面向对象的结构化设计，考虑到微软公司的 Visual Basic（简称 VB）语言具有友好的图形用户界面（GUI）和快速应用程序开发（rapid application development，RAD）系统，可以轻易地使用 DAO（data access objects）、ADO（activeX data objects）、RDO（remote data objects）进行数据库连接，并能轻松地创建 Active X 控件，能让用户快速建立多层系统，因此选择 VB 作为开发工具。编程软件为 Microsoft Visual Basic 6.0。

10.1.4 编码规范

为提高模型开发效率，增强源代码的可读性和可修改性，还需要制定相应的代码编写规范，便于对源码进行有效管理，具体内容如下。

（1）变量命名规则

程序中有常量和变量 2 种类型：第 1 类为常量，是具有明确意义的固定数值，通常以约定俗成的名称或公式符号进行命名，如圆周率为 π、重力加速度为 g、地球半径为 r；第 2 类为变量，其又分为全局变量和局部变量。其中，全局变量主要是用来存储存在于程序运行全过程中的变量（如工程名称、存储路径、功能选项等）；局部变量则主要是各过程内部的中间参数（如蒸散发模块的有效辐射等）。

虽然 VB 语言有明确的定义指令，但为了便于理解和调用模型中的全局变量、局部变量，特规定全局变量前缀统一为 Project，后接下划线和变量名。例如，工程存储路径的名称可定义为 Publish Project_path As String，同样可根据此规则定义工程名称（Project_name）、网格数量（Project_num）等。局部变量的命名则采用与其含义密切相关的英文单词缩写（首字母大写），当变量意思相近时，应添加后缀加以区分。例如，叶面积指数可以写为 Dim LAI As Single，那么最大叶面积指数可以定义为 Dim LAI_max As Single。

当变量包含多重信息时，要按照信息范围的大小和优先顺序逐级添加后缀进行区分。例如，日平均气温可定义为 Dim Daily_temp_mean As Single，日最高气温定义为 Dim Daily_temp_max As Single；再如，流域蓝水资源量总和可定义为 Dim Basin_bluewater_sum As Single。

此外，分布式生态水文模型将流域划分为若干网格，而每个网格都有海拔、坡度、网格类型、土地利用类型、土壤类型、逐日蒸散发量等多种属性数据，使得传统数组无法满足计算要求，需要自定义变量类型对每个网格进行赋值，具体代码如下：

```
Public Type Gird        \\自定义 Gird 类型,包含各种类型变量
   Fid As Long
   Dem As Single
      River_slope As Single
   River_length As Single
   ......
   Daily_evpt As Double
   End Type
```

（2）代码书写规范

代码应逐行编写，函数、子程序与过程之间应空一行。同一层语句应对齐，下一层的语句应缩进 4 个空格（或 1 个 Tab 键），当代码较长时应使用下划线 "_" 将其换行，并与同层语句对齐后续写。

在编码过程中，循环嵌套语句应不超过 7 层，尽量少使用 Go to 语句。同时，在数值计算中将复杂公式进行拆分简化（如先将根号、括号内的公式进行计算，把结果存入临时变量）。严格按照算法流程编写代码，使读者能迅速理解每段代码的意义，具体示例如下：

```
Public Function Evpt_PM() as Double        \\PM 法计算潜在蒸散发量
  Dim intIdx As Integer                    \\循环变量
  Dim blnFound As Boolean                  \\目的数据发现标志
  fintFindUser=-1
  intIdx=0
  While intIdx <= Ubound(strUserList) and Not blnFound
    IfstrUserList(intIdx)=strTargetUser Then
      blnFound=True
       fintFindUser=intIdx
  End If
  intIdx=intIdx+1
    Loop
End Function
```

（3）代码注释规范

为了使代码更容易理解，需要对其加以注释，说明运行期间可能出现的情况等。代码注释的原则是：每一个函数、子程序、模块的开头都需要进行注释，简要说明该部分代码的功能、建立日期和输入输出要求（不包括具体算法）。对于重要的、首次出现的变量应加以注释，解释该变量的作用。对多重条件判断、循环嵌套语句等容易产生误解的部分代码，需要单独加以说明。此外，为了区分核心算法代码与其他过程代码，采用双下划线进行代码分割，对核心算法进行详细注释（图 10-1）。

```
'DEM读入
Private Sub Prepro_dem_Click()
Dim Strline As String, Strin As String,  dem_path As String,
Dim Mi As Single, Mj As Single, Zmax As Single
Dim i As Long, j As Long, k As Long
'选择DEM文件
cd1.Filter = "ACSII Files(*.txt)|*.txt"
cd1.ShowOpen
dem_path = cd1.FileName
Open dem_path For Input As #1
'读取DEM的行列数，并储存到numY, numX中
Line Input #1, Strline
Strin = Mid(Strline, 14)
'行数
numY = Val(Strin)
Line Input #1, Strline
Strin = Mid(Strline, 14)
'列数
numX = Val(Strin)
'读取DEM的地理坐标（以小数位表示），并储存到potX和potY中
Line Input #1, Strline
Strin = Mid(Strline, 14)
'维度
potX = Val(Strin)
Line Input #1, Strline
Strin = Mid(Strline, 14)
'经度
potY = Val(Strin)
```

图 10-1 代码注释范例

10.2 系 统 特 色

分布式生态水文模型的系统设计，需要解决模型内部水文、生态过程之间的数据通信接口问题，同时还要注意空间数据的转换和处理，通过模块化构架减少冗余代码，提高执行效率。在系统设计过程中，应首先确定模型的整体结构和功能，在此基础上建立起完善的数据管理体系并设计界面，采用统一的编码规范进行模型开发。

10.2.1 三层逻辑结构体系

分布式生态水文模型采用传统的三层逻辑结构体系（即数据层、服务层和应用层），用户与数据通过服务层进行交互，首先系统对数据访问和操作指令的合法性进行校验，随后执行指令并将结果反馈给用户（图 10-2）。简单来讲，就是用户通过分布式生态水文模型的图形界面（应用层）驱动相应的功能模块（服务层）对后台数据（数据层）进行访问等操作，以实现模型的各项功能。

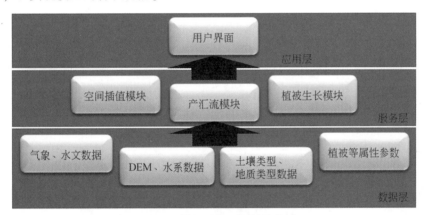

图 10-2 模拟系统逻辑结构体系

（1）数据层

数据层主要负责提供流域基础地理信息（DEM、气象、水文数据等）和空间属性信息（植被、土壤类型等）的存储、处理、查询和输出等功能，同时向服务层提供调用接口实现交互。

（2）服务层

服务层是系统中最为关键的一层，是连接应用层和数据层的纽带，它能够根据应用层的指令调用服务层中相应的功能模块，并通过数据层提供的调用接口进行数据读写操作，随后将计算结果反馈至应用层。

（3）应用层

应用层主要是面向用户，负责把用户操作指令转换为计算机指令并传递给服务层，同时将服务层反馈的数据结果展示给用户，直接与用户交互。

10.2.2 分布式数据管理

分布式生态水文模型的数据管理体系由基础信息、模型数据和控制文件 3 部分组成（图 10-3）。当用户新建项目后，系统会自动在项目所在文件夹下面建立 basic、data、input 和 output 4 个文件夹：其中 basic 文件夹主要存储流域基本信息，包括 DEM、水流流向、提取水系等；data 文件夹主要存储经过格式整理的输入数据及模型计算生成的中间成果；input 文件夹主要存储用户输入的原始数据；output 文件夹主要存储模型模拟结果。控制文件则分散在上述各文件夹及项目所在文件夹根目录下，用于控制模型各项功能。

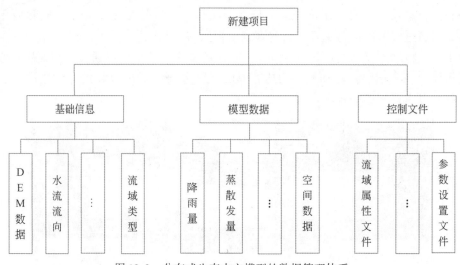

图 10-3　分布式生态水文模型的数据管理体系

1. 基础信息

基础信息实际上是一个流域的 DEM 数据经过前处理的计算结果，包括网格编号、水流流向、河长、出流口等，这些数据是进行后续计算的基础。每次模型运行时均需要调用网格编号、水流流向和汇流顺序等数据（表 10-1），然后将其赋值给系统公共变量以初始化模型。为了减少内存占用、避免重复计算，系统自动将这些数据统一存储为 dat 格式文件并输出到 basic 文件夹中以便调用。

表 10-1　流域基础数据文件

一级文件夹	对应文件	详细内容	一级文件夹	对应文件	详细内容
basic	dem_fid. dat	网格编号	basic	flow_net. dat	河网水系
	flow_accum. dat	水流累积量		flow_order. dat	汇流顺序
	flow_dir. dat	水流流向		flow_out. dat	出流口
	flow_len. dat	河长		flow_subbasin. dat	子流域

这些基础信息按照一定的格式进行存储，如网格编号数据存储格式为：网格编号、海拔、网格经纬度、网格所在行列数；水流流向数据存储格式为：网格编号、指向的下一个网格编号；汇流顺序数据存储格式为：汇流顺序序号、对应的网格编号（表 10-2 ~ 表 10-4）。

表 10-2 网格编号数据存储格式

网格编号	海拔	经度	纬度	行数（num_Y）	列数（num_X）
1	1 492	40.99	98.73	104	1
2	1 503	40.99	98.75	105	1
3	1 447	40.98	98.61	94	2
…	…	…	…	…	…
37 972	3 917	37.80	101.09	285	247

表 10-3 水流流向数据存储格式

网格编号	指向的下一个网格编号
1	13
2	13
3	23
…	…
37 972	37 971

表 10-4 汇流顺序数据存储格式

汇流顺序序号	网格编号
1	26 307
2	26 075
3	26 074
…	…
37 972	2 919

2. 模型数据

模型数据分为 3 部分：第 1 部分是用户输入的点数据（如雨量站、气象站数据），系统按站位编号将其整理成为模型可识别的文件格式（*.dat）并存入 input 文件夹中（表 10-5），然后根据用户选择的插值算法将点数据插值成面数据。

表 10-5 气象站、雨量站输入数据

一级文件夹	对应文件	详细内容	二级文件夹	对应文件	详细内容
input	All_Mete.dat	气象站数据（全部站位）	station_Mete	1.dat 2.dat … 9.dat	气象数据
	All_Prec.dat	雨量站数据（全部站位）	station_Prec	1.dat 2.dat … 18.dat	雨量数据

第 2 部分是插值生成的面数据（面雨量、气象数据）、系统根据上述面数据计算生成的中间数据（面蒸散发）（表 10-6）、用户输入的流域空间数据（土地利用类型、土壤类型、地质类型），该部分数据存放在 data 文件夹中作为模型输入，参与后续生态水文模拟计算。

表 10-6　插值后生成的面数据

一级文件夹	二级文件夹	详细内容	一级文件夹	二级文件夹	详细内容
	air_press	面大气压		sun_rad	面日照时数
	evpt	面蒸散发		tmp_max	面最高气温
data	humi	面相对湿度	data	tmp_min	面最低气温
	prec	面降雨量		tmp_mean	面平均气温
	wind_sp	面平均风速		all	面气象数据（全部）

第 3 部分是模型的模拟结果，以模拟时间命名存放在 output 文件夹内供用户查看。

3. 控制文件

控制文件是用来记录模型参数、数据存储位置、功能选项的 dat 文件，模型各子窗体加载时会读入相关控制文件的参数，通过窗体上的控件展示给用户，同时将读入的参数传递给模型的公共变量。新建项目需要初始化控制文件，即按照系统默认路径自动创建控制文件并赋初始值，用户可在此基础上按需要直接进行修改。由于控制文件数量众多，下面仅选择主要的控制文件进行介绍。

（1）项目控制文件

该文件名为 prj_inf. dat，位于项目所在文件夹下，包含项目名称、存储路径、网格分辨率、网格总数、行列数、修改时间等信息（表 10-7），其作用是在模型启动时自动创建相应的网格数组，对网格逐一进行编号、赋值，确定流域形状和网格总数，是模型启动首先要读取的控制文件。

表 10-7　项目控制文件格式

项目	具体信息		
项目名称（Project_name）	Kkhakf		
存储路径（Project_path）	D：\ Eco-GISMOD \ test \ kkhakf		
网格分辨率（Gird_cellsize）	1 000		
网格总数（Project_num）	37 972		
行数（Project_Row）	247	列数（Project_Column）	325
修改时间（Project_time）	2013-06-12 15：31		

（2）气象、雨量数据控制文件

该文件名为 input_set. dat，位于项目所在文件夹下的 input 文件夹内，是用来记录气象站、雨量站基础信息，原始数据存放位置，以及数据资料起始日期、终止日期的 dat 文件

（表10-8），系统会根据数据资料起始日期、终止日期自动计算出总天数。当需要读入气象、雨量数据时，相应窗体会自动加载input_set. dat中的参数，并将其存入系统公共变量中，但并不执行数据读取操作。需要注意的是，该控制文件同样是模型构建过程中必须要读取的，即便用户已有气象、降雨面数据，但模型还是需要从控制文件中获取数据资料起始日期、终止日期以确定总模拟天数。

表10-8　气象、雨量控制文件格式

项目	具体信息
气象站信息（Staion_info）	D：\Station_meteor. txt
气象站数据（Station_data）	D：\metro（90-93）. xlsx
雨量站信息（Prec_info）	D：\Station_hydro. txt
雨量站数据（Pre_data）	D：\hydro（90-93）. xlsx
全部气象数据（Mete_data_All）	D：\Eco-GISMOD\test\kkhakf\input\All_Mete. dat
全部雨量数据（Prec_data_All）	D：\Eco-GISMOD\test\kkhakf\input\All_Prec. dat
起始日期（Star time）	1990　　1　　1
终止日期（End time）	1994　　1　　1
总天数（Data_days）	1461

（3）蒸散发计算控制文件

该文件名为evpt_set. dat，位于项目所在文件夹下的data文件夹内，用于记录用户选择的蒸散发算法及其中3种方法所涉及的模拟参数（共5种）。当加载蒸散发窗体时，系统会自动读取evpt_set. dat的内容，调用相应的算法模块进行计算。系统默认的蒸散发计算方法为第1种（即Method_id=1），其他3种方法的参数分别为0.61和-0.12、0.0135和17.8、1.26和0（表10-9）。

表10-9　蒸散发计算控制文件

项目	具体信息	
方法编号（Method_id）	1	
方法3参数（Method3_par）	0.61	-0.12
方法4参数（Method4_par）	0.0135	17.8
方法5参数（Method5_par）	1.26	0

（4）模拟功能控制文件

该文件名为Sim_in. dat，位于项目所在文件夹下的data文件夹内，用来记录用户选择的模型功能。文件共4行，每一行仅有一个数据，相应地控制一项模型功能。例如，第一行的参数为1说明在计算过程中考虑土壤水、地下水反补，为0则不考虑；第二行的参数为1说明在计算过程中考虑人工取用水的影响，为0则不考虑，依次类推。当加载模拟功能窗体时，系统会自动读取Sim_in. dat中的内容，识别参数对应的模型功能开关并通过窗体展示给用户，同时将参数赋值到系统公共变量以便后续模拟过程中调用相应的功能模块。

10.2.3　功能模块化

VB 语言将模块分为窗体、标准和类 3 种，每一类都有各自的特点。窗体模块（后缀名为 frm）是应用程序的基础组成部分，它通过代码控制窗体及窗体上的控件对各种用户触发事件的响应，包括对过程变量、常量的声明等。Eco-GISMOD 涉及多方面功能，因此设计了 28 个窗体模块用于实现各项模型功能，其中涉及前处理功能的窗体模块有 4 个、涉及空间插值功能的窗体模块有 4 个、涉及蒸散发功能的窗体模块有 2 个、涉及下垫面数据的窗体模块有 5 个、涉及参数设置功能的窗体模块有 4 个、涉及工程管理功能的窗体模块有 3 个、涉及模拟设置功能的窗体模块有 2 个、涉及辅助工具功能的窗体模块有 4 个（表 10-10）。

表 10-10　窗体模块

序号	窗体模块名称	窗体模块功能	所属类别	序号	窗体模块名称	窗体模块功能	所属类别
1	Pre_direct.frm	水流流向计算	前处理	16	Para_dialog.frm	参数修改	参数设置
2	Pre_drainage.frm	水系提取		17	Para_runoff.frm	产汇流参数	
3	Pre_subbasin.frm	子流域划分		18	Para_human.frm	人工用水参数	
4	Pre_all.frm	一键读入		19	Para_vegt.frm	生态植被参数	
5	Inter_preci.frm	雨量数据输入	空间插值	20	Main_new.frm	新建工程	工程管理
6	Inter_meteor.frm	气象数据输入		21	Main_form.frm	主窗体	
7	Inter_method.frm	插值算法选择		22	Main_about.frm	模型说明	
8	Inter_all.frm	一键读入		23	Sim_in.frm	输入设置	模拟设置
9	Evpt_method.frm	蒸散发算法	蒸散发	24	Sim_out.frm	输出设置	
10	Evpt_all.frm	一键读入		25	Tool_trans.frm	格式转换	辅助工具
11	Space_landuse.frm	土地利用类型	下垫面数据	26	Tool_melt.frm	数据融合	
12	Space_soil.frm	土壤类型		27	Tool_extract.frm	点位提取	
13	Space_geo.frm	地质类型		28	Tool_show.frm	空间展示	
14	Space_info.frm	数据信息					
15	Space_all.frm	一键读入					

一些窗体模块在运行过程中需要使用相同的代码，如蒸散发和生态植被模块均需要进行太阳有效辐射的计算，为了避免不同窗体中代码重复，简化逻辑结构和运算流程，需要借助标准模块（后缀名为 bas）对公用代码进行存储。Eco-GISMOD 中共包含 2 个标准模块：第 1 个标准模块用于声明公共变量、自定义数组类型，对模拟过程中涉及的所有变量和自定义数组进行模块级或全局声明；第 2 个标准模块则用来存放用户自定义的子程序和函数（表 10-11）。

表 10-11　标准模块

序号	标准模块名称	标准模块功能
1	sys_base. bas	声明 dll 文件的库函数 声明公共变量 声明常量 自定义数组类型
2	sys_function. bas	CALIRR（）函数、CALI（）函数、GetDistance（）函数、GetGroundDistance（）函数、RA_PM（）函数、EVP_PM（）函数、EVP_P（）函数、EVP_Mak（）函数、EVP_PT（）函数、EVP_Har（）函数、Findme_Space（）子程序、TANK（）子程序、SFTANK（）子程序、SSTANK（）子程序、GWTANK（）子程序、RITANK（）子程序、Vegtation_EPIC（）子程序等

10.2.4　用户图形界面

在确定系统结构、数据管理体系及模块类型之后，需要进行系统界面设计。合理美观的设计界面能够给用户带来轻松便捷的体验感受，引导用户自主完成相应的操作。但是在实际软件开发过程中，开发者往往只重视功能而忽略了界面设计的重要性。因此，需要基于根据软件开发目的及使用人员特点，制定一套用户界面设计规范，指导和约束开发者的设计风格和思路。

（1）颜色与字体

分布式生态水文模拟系统主要用于科学研究，使用对象以高校学生、教师及科研院所研究人员为主，模型界面的色调风格要简单大方，前景应与背景色协调，避免使用大红、大紫等暖色系颜色。基于上述考虑，Eco-GISMOD 采用 3 色原则设计：主界面背景色选用 VB 系统标准色表中的浅灰色（RGB 代码：148，148，148），标题栏、菜单栏均选用深蓝色进行搭配（RGB 代码：31，78，121），图像控件、列表控件和文本控件选用白色（RGB 代码：255，255，255）作为背景色。考虑到字体与界面比例关系，中英文字体格式均为粗体五号"微软雅黑"。

（2）菜单、窗体设计

作为界面上最为重要的元素，菜单的设计和排列尤为重要，其排列原则按照用户使用顺序和重要程度由左向右依次排列（图 10-4）。各菜单项的宽度相同，菜单项上的文字尽量控制在 4 个以内，同时按照逻辑顺序将主菜单项分组，建立下拉子菜单，用分割线将功能相关的选项进行分类。此外，每个菜单项的标题应能直观反映所代表的操作并与相应窗体名称一一对应。

窗体是实现菜单操作、文本输入及按钮功能的基础控件，它的启动位置一般位于屏幕中心，当多个窗体弹出时其位置应依次叠加。为了防止用户误操作，在窗体弹出时应以模式窗口显示，代码为 From. show 1。在窗体界面设计上，要按照用户阅读习惯由左至右依次放置标签控件、文本、列表、选择框、按钮控件等。各控件之间的列间距相同，距窗体边框的距离应等于或略小于列间距，以确保整个窗体结构紧凑，无大面积空闲。此外，由于主窗体和各子窗体均有按钮控件，模型界面不支持缩放功能，应将 Border Style 改为 Fixed Single 类型，外观类型 Appearance 设定为 1-3D。

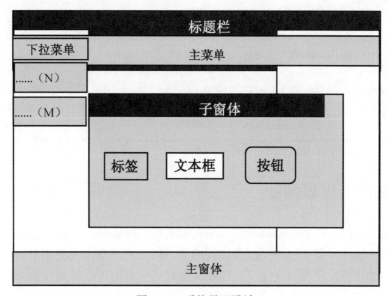

图 10-4 系统界面设计

（3）快捷方式

为了方便操作，还需要设计各功能菜单的快捷键，可以通过菜单编辑器在菜单项名称后面添加带有下划线的字母（如_N）并选择相应的组合键（如 Ctrl+M）作为该菜单项的快捷访问键。考虑到生态水文模型涉及功能较多，因此对主菜单和各下拉菜单选项均需设置快捷键。需要注意的是，每个菜单的快捷键不能重复，否则系统只认定第一个为有效快捷键。

（4）信息提示

在用户使用过程中，每一项功能的完成或者出现错误均需要有相关提示信息来告诉用户，所以信息提示也是界面设计中必不可少的一部分，提示信息的形式、声音及显示窗体均需要按照规则对 Msgbox 函数进行调用，具体如下：

当需要询问用户，等待用户指令时，提示信息可表示为：Msgbox"文件已存在，是否覆盖？"，vbYesNoCancel + vbDefaultButton3；

当提示用户指令完成，等待用户确认时，提示信息可表示为：Msgbox"计算完毕，请查看！"，vbInformation；

当程序出现问题，需要显示警告消息并结束程序时，提示信息可表示为：Msgbox"数据格式有误，请重新检查！"，vbCritical。

10.3 系统功能实现

10.3.1 主界面

Eco-GISMOD 模拟系统主界面是用户进行功能选择、结果反馈的主要操作区域，由图像显示、功能选择、操作记录和点位查询 4 部分组成（图 10-5）。

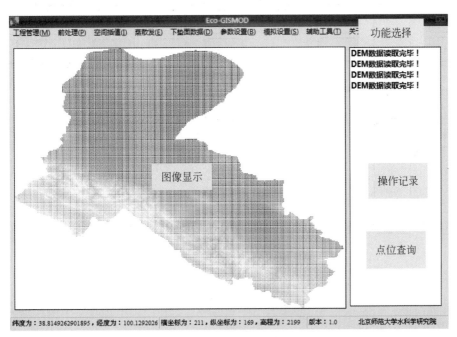

图 10-5 Eco-GISMOD 主界面

1. 图像显示

图像显示区是一个 Picturebox 控件，位于主窗体中部，主要采用逐行扫描方式读取并展示空间数据。在绘图过程中，系统会自动按照控件的长宽比例对数据进行相应的缩放，结果可保存为图片格式文件（如 JPEG、BMP 等）。

图像显示功能主要是用来展示空间数据，包括用户输入的数据及模型计算的中间成果。通过 Picturebox 控件+代码的组合方式进行绘图，无需 MapInfo、ArcGIS 等第三方插件支持，具体实现方法为：首先将 Picturebox 边框样式固定为 Fixed Single，画点粗细值 Draw Width 设定为 1，绘图分辨率单位设置为 Twip；其次根据 Picturebox 控件的长宽（Picture1. ScaleHeight 及 ScaleWidth）及网格行列数（numY 和 numX）计算出缩放比例；最后逐行进行显示。

2. 功能选择

功能选择区是一个下拉菜单控件，位于主窗体顶部，主要是用户进行功能选择的地方，各菜单项按由左至右的顺序排列，每一项菜单下面又包含若干个子菜单，用户可根据需要进行调用。

功能选择包含了从前处理到模型构建，从系统运行到结果再分析的全部功能，按照系统功能设计需求，共分为工程管理、前处理、蒸散发等9类40项功能（图10-6），设计窗体模块22个，标准模块2个，程序代码近万行。

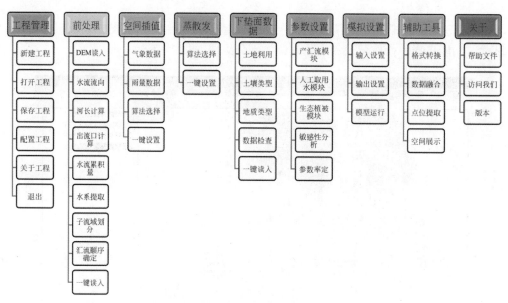

图 10-6 系统功能分类设计

系统功能主要有两种实现方式：一种是用户通过点击菜单直接触发相应事件；另一种是通过菜单调用子窗体，待用户输入或指定功能选项后，系统根据具体的用户设置值调用标准模块中的函数或子程序来实现。

各菜单条目按照执行的先后顺序进行排列，为便于功能管理，菜单选项按照其作用进行命名（如"工程管理"菜单的名称为 Proj，其下子菜单"新建工程""打开工程"和"保存工程"的名称则分别为 Proj_new、Proj_open 和 Proj_save）。

3. 操作记录

操作记录区是一个 Listview 控件，用来记录用户的每一项操作，每条记录独占一行，同时将用户的操作记录存入日志文件（system.log），便于跟踪模型的运行情况。

4. 点位查询

点位查询区是一个 StatusBar 控件，位于主窗体底部，该控件与图像显示区的数据是相互关联的，当用户在图像显示区点击任意一位置时，该点位的相关信息则会通过 StatusBar 的 Panel 对象反馈给用户。

点位查询功能主要是便于用户查询每一个网格的属性值（网格经纬度、网格类型和海拔等），为定义流域出口及径流量对比分析提供依据，实现方法如下：当用户在 Picturebox 控件上单击鼠标左键，程序会自动捕捉鼠标当前的横纵坐标（x 和 y），并将其转换为该点所在网格的行列数（gg 和 bb），然后将行列数（gg 和 bb）带入先前定义的网格数组，找到相应的网格经纬度和海拔等数据，将其显示在状态栏 StatusBar。

10.3.2　工程管理

在功能选择区，工程管理是首先要进行的操作，是对每一项模拟任务的全程管理，也是进行建模和生态水文过程分析的基础，主要由"新建工程""打开工程""保存工程"和"配置工程"等子功能项组成（图 10-7）。

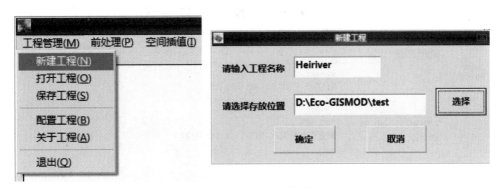

图 10-7　工程管理菜单

新建工程：为了便于区分不同的工程项目，每一项工程的信息和数据都存储在特定的文件夹内。当用户新建一个工程时，仅需输入工程名称和存储位置，系统便会在指定的存储位置下自动创建 basic、input 和 output 文件夹，并生成工程控制文件 prj_inf. dat。其中，basic 文件夹主要存储流域的基本信息，包括 DEM、水流流向、提取水系等；input 文件夹主要存储用户输入的、经过格式整理或预处理的数据，便于后续模拟调用；output 文件夹主要存储模型模拟结果（图 10-8）。

图 10-8　文件存储位置

打开工程：当用户需要调用以前构建好的模型时，系统会读入相应的工程控制文件 prj_inf. dat，控制文件中记录了工程的名称、存储位置、网格分辨率、网格总数及行列数等信息（图 10-9）。待内容读入完毕，系统会自动根据存储位置检索工程文件夹下的各个子文件夹，并按照原有工程属性（如网格总数、网格分辨率）对系统变量进行赋值等操作。

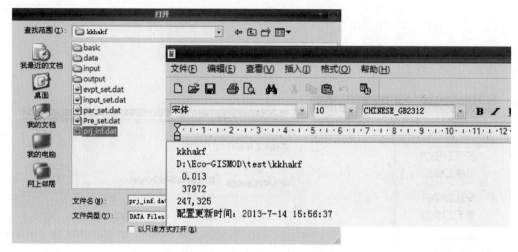

图 10-9　读入已有工程控制文件

保存工程：保存当前工程，更新配置文件，并记录更新时间。

配置工程：直接调出工程控制文件 prj_inf. dat，用户可直接对其进行修改。

关于工程：工程操作相关的帮助文件。

退出：不保存当前配置，直接退出工程。

10.3.3　前处理

前处理功能可划分为 3 部分：第 1 部分包含 DEM 读入、水流流向、河长计算、出流口计算和水流累积量 5 项，该部分是执行后续操作的基础，必须严格按照排列先后顺序进行操作；第 2 部分包括水系提取、子流域划分和汇流顺序确定 3 项，这一部分的计算结果是后续演算所需的重要输入；第 3 部分是一键读入，对于之前已经进行过前处理的工程，可以直接读入计算结果，避免重复计算。因此，针对新建工程，用户需要执行第 1 部分和第 2 部分功能，而对于已有工程，用户只需要执行一键读入功能即可（图 10-10）。

1. DEM 读入

DEM 文件的读入通过 CommonDialog 控件实现，首先将该控件与 MicrosoftWindows 动态链接库 Commdlg. dll 进行连接，使用 ShowOpen 语句打开 DEM 文件，然后通过 input 语句实现数据的读取，模型支持的文件格式有 ASCII 文件格式（＊. asc）和文本格式（＊. txt），同时支持 ArcGIS 软件导出的 ASCII Raster 文件格式。

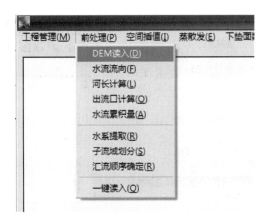

图 10-10　前处理功能菜单

DEM 文件头包含了流域的地理基础信息，是定义流域属性的关键数据，具体格式为：第一行是 DEM 数据的总列数，第二行是 DEM 数据的总行数，第三行是流域左上角第一个网格的纬度，第四行是流域左上角第一个网格的经度，第五行是网格分辨率，第六行是无数据网格的标识，文件头后面是逐行排列的 DEM 高程数据。

因此，在读取完 DEM 文件头内容之后，系统首先建立相应的公共变量以存储从文件头所读入的数据（numX->总列数，numY->总行数，potY->纬度，potX->经度，DLX * DLY->网格分辨率）。然后，根据流域总行列数重新定义一个单精度类型的二维数组 Z（numY，numX）用来存储各网格的高程数据。最后，按照逐行扫描的方式读入每个网格的高程数据。

另外，在读取 DEM 数据的同时，系统会根据左上角网格的经纬度、网格分辨率和总行列数计算出每一个网格的经纬度，将其与网格的行列号一起存储到数组中，具体格式为：网格序号 k、海拔 Z（i，j）、纬度 PY（k）、经度 PX（k）、行号 IY（k）、列号 IX（k），最后将数据保存到 basic 文件夹下的 dem_fid.dat 文件中。

2. 水流流向

读入 DEM 数据后，首先要进行水流流向计算。因为只有各网格的水流方向确定后才能进行河长、出流口及水流累积量的计算，所以应先建立一个长整型的一维数组 ISS 用来存储水流流向数据，存储内容是本网格序号 k 及其指向的下一个网格序号 ISS（k）。

当用户点击"水流流向"菜单后，系统首先调出 Pre_direct.frm 窗体，让用户进行选择（图 10-11）：对于先前进行过水流流向计算的工程，用户可以到工程所在位置的 basic 文件夹下读入 flow_dir.dat 文件；对于新建工程，用户可使用谷线搜索算法进行水流流向计算。

谷线搜索算法要求用户确定流域出口坐标，并将该坐标传递给 sys_base 模块下的长整型公共变量 Out_x 和 Out_y，随后系统将自动建立 2 个计数器 st1 和 st2 用来计算栈 1 和栈 2 中的网格数量，同时定义一个整型的一维数组 ISTCK 并赋值为 2，表示流域所有网格均在栈 2 中。然后根据赋值的长整型公共变量 Out_x 和 Out_y 找到用户指定的流域出口网格，将该网

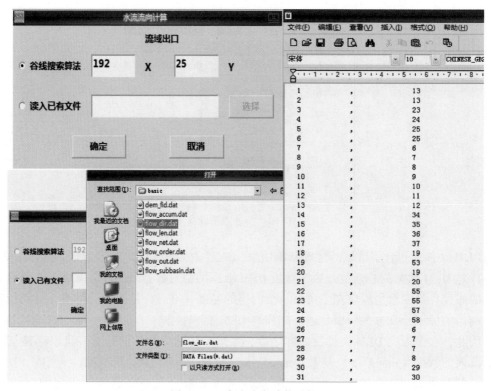

图 10-11　水流流向功能选择

格的 ISS 值设定为 9 999 999，表示该网格为流域出口，无需进行水流流向计算，并将该网格 ISTCK 值设定为 1，st1 增 1 同时 st2 减 1，说明已将流域出口网格由栈 2 踢出，压入栈 1。随后根据前面所述原理调用 CALIRR 和 CALI 函数进行水流流向计算，不断循环，直到 st1 等于网格总数 NUM，说明所有网格的水流流向均已计算完毕，程序结束。

最后按照网格序号 k 编号，k 流入的下一网格编号的格式保存到 flow_dir. dat 文件中（图 10-11）。

3. 河长计算

河长计算实际上就是计算每一个网格与流域出口网格的距离，为汇流顺序确定提供基础数据，功能实现的思路如下：首先建立一个长整型的一维数组 IL 并初始化，将其初值设定为 0，根据水流流向文件读取每一个网格 k 所指向的下游网格 ISS（k），相应的 IL（k）值增加 1，随后将下游网格 ISS（k）替换掉原网格 k，再次循环，直到演算至流域出口［即 ISS（k）= 9 999 999］，程序结束，最后将河长数据存储至 basic 文件夹下的 flow_len. dat 文件中。

4. 出流口计算

出流口计算主要是判断每一个网格 k 与其周围相邻 8 个网格的出入流关系，若有相邻网格 j 入流到网格 k，那么将 j 存储到指定数组中，为后续汇流顺序确定提供基础信息，主要步骤如下：

1）建立一个长整型的一维数组 IDNUM，用来存储指向网格 k 的相邻网格的个数，另外建立一个长整型的二维数组 ID（8，NUM）来存储指向网格 k 的相邻网格序号（小于等于7），并将这 2 个数组初始化，初值设定为 0。

2）读入水流流向文件 flow_dir. dat，逐网格进行判断，若网格 k 的下游网格不是流域出口［即 ISS（k）不等于 9 999 999］，那么 IDNUM（k）值加 1，并将 IDNUM 值和下游网格 ISS（k）赋值给 ID。

3）将下游网格 ISS（k）替换掉原网格 k，重复步骤 2 直到演算至流域出口［即 ISS（k）= 9 999 999］，计算完毕。

4）将计算结果保存到工程所在位置下的 basic 文件夹的 flow_out. dat 文件中以便调用，具体存储格式为网格序号 k、出流口数值 IDNUM（k），并将结果展示到主窗体上（图 10-12）。

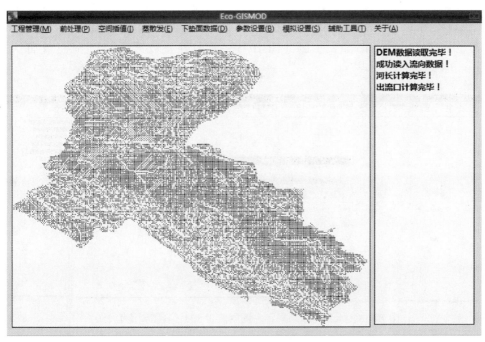

图 10-12　出流口计算结果

5. 水流累积量计算

水流流向确定完毕后便可进行水流累积量计算，水流累积量的计算是根据水流流向将每个网格的上游网格进行叠加求和，其思路与河长计算较为相似，主要是为了方便后续水系提取工作，主要步骤如下：

1）创建 2 个长整型的一维数组 IA 和 ISUBA，分别用来存储每个网格的水流累积值和单位水流值，并分别赋初值 0 和 1。

2）按照水流流向遍历每个网格，每个网格的 IA 值加 1，然后判断该网格 k 的下游网格 ISS（k）是否为 9 999 999。如果是，那么说明网格 k 为流域出口，跳过该网格继续进行水流累积量计算；如果不是，那么下游网格的 IA 值要累加上网格 k 的单位水流值

ISUBA（k），并将下游网格 ISS（k）替换掉原网格 k，继续循环。

3）当所有网格都计算完毕后，再将各网格的 IA 值减 1，即得到最终的水流累积值，并按照网格序号 k、水流累积值 IA（k）的格式输出至 basic 文件夹下的 flow_accum.dat 文件中。其中，流域出口网格的水流累积值应等于流域内有效网格总数（即 NUM）。

6. 水系提取

水流累积量计算完毕后可进行水系提取操作，流域水系的疏密程度取决于水流累积量阈值大小：水流累积量阈值越大，提取出的水系越稀疏；水流累积量阈值越小，提取出的水系越密集，具体思路是：首先，加载阈值设定窗体 Pre_drainage.frm，待用户输入阈值（范围在 1 至总网格数 NUM 之间）后将其传递给公共变量 Set_IA。其次，建立一个长整型的一维数组 ILINE 用于存储水系、非水系网格的标识，并设定其初值为 0。再次，将每个网格的水流累积值 IA 与阈值 Set_IA 进行对比，若水流累积值大于阈值，那么将该网格的 ILINE 值设定为 2，否则跳过不处理。最后，流域内 ILINE 值大于 0 的网格即为水系网格，并将其显示在主界面的图像显示区（图 10-13），另外将数据存储到 basic 文件夹下的 flow_net.dat 文件中。

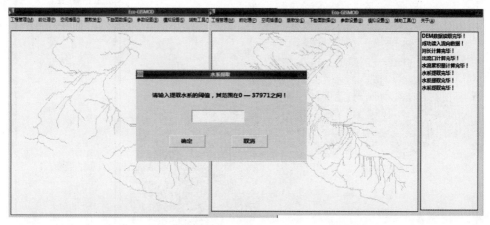

图 10-13　水系提取结果（左图阈值为 500，右图阈值为 250）

7. 子流域划分

尽管 Eco-GISMOD 是分布式生态水文模型，但是为了与其他水文模型（SWAT、TOPMODEL 等）进行交互，拓展模型功能，特别开发了子流域划分模块。该部分按照用户指定的面积阈值，利用水流流向和水流累积值数据对流域进行分割，划分为若干面积大小相等的子流域，主要步骤如下：

1）首先调出 Pre_subbasin.frm 窗体，待用户指定阈值后，系统自动计算出可能划分的子流域个数并显示在窗体的 Label2 标签上，用户可根据需要对阈值进行调整。用户点击确定后，系统自动将子流域阈值赋给公共变量 set_BA，同时定义一个长整型的一维数组 kk 用来存储子流域的标识，初始值设定为 0。

2）遍历流域中的所有网格，找到与 set_BA 最为接近的网格，将其赋值为 c（由 1 开始逐级递增），并按照水流流向反向查找其上游网格，进行相同赋值。

3）再次遍历流域中的所有网格，找到 kk 值为 c 的网格，将其水流累积值 IA 和单位水流值 ISUBA 设定为–1，表示该网格被剔除出流域，c 值加 1。然后重新计算流域中各网格的水流累积值，重复步骤 2 直到 c 值等于可能划分的子流域个数，c 值再加 1。最后将流域中剩下的网格的 kk 值赋值为 c，并将 c 值清零。

4）将计算结果按网格序号 k、子流域标识值 kk（k）的格式输出到 basic 文件夹下面的 flow_subbasin. dat 文件中，并在主界面的图像显示区进行显示（图 10-14）。

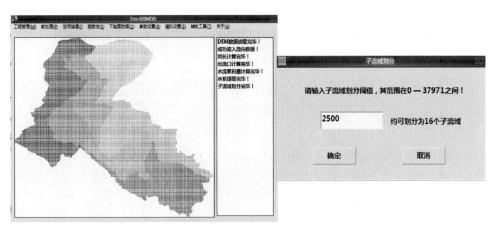

图 10-14　子流域划分界面

8. 汇流顺序确定

汇流顺序的确定较为复杂，需要调用水流流向、河长、出流口等中间计算成果，计算时间也相应较长（网格数为 70 000 的计算时间在 30 s 左右）。用户点击"汇流顺序确定"菜单之后，系统自动进行计算并输出结果到 basic 文件夹下的 flow_order. dat 文件中，具体步骤如下。

1）首先建立一个长整型的一维数组 IORD 按汇流顺序依次存放相应网格的序号，然后遍历流域中的所有网格，找到河长 IL 最大的网格 m，并将其 IORD（i）值设定为 m（i 初始值为 1），表示网格 m 最先开始汇流演算。

2）根据水流流向将 m 指向的下一个网格 n 的 IDNUM 值提取出来。网格 n 的上游网格 m 的汇流顺序已经确定，需要将 m 剔除出流域不再参与汇流顺序确定，故将 IDNUM（n）的值减 1 并在二维数组 ID 中删除网格 m。

3）如果 i 等于 NUM，说明已经演算至流域出口，那么直接跳转到步骤 5；如果 i 不等于 NUM，说明流域中仍有网格未确定汇流顺序，需要找到刚确定汇流顺序的网格 m，根据水流流向调出其下游网格 n，判断 IDNUM（n）的大小：①若 IDNUM（n）大于 0 则说明仍有其他网格指向 n，那么将第一个指向 n 的网格 p 提取出来，判断 IDNUM（p）值的大小。其中，若 IDNUM（p）值大于 1，意味着除了网格 n 之外，还有其他网格指向网格 p，那么需要将所有指向网格 p 的其他网格提取出来，比较它们之间河长值 IL 的大小，找到 IL 值最大的网格 t；如果 IDNUM（t）等于 0，说明 t 为单节点网格，即可确定 IORD（i+ 1）的值为 t，跳转至步骤 4）；否则使用第一个指向 t 的网格序号替换掉 n，跳转至步骤

3）。若 IDNUM（p）值等于 1，则意味着只有一个网格指向 p，那么说明 p 为单节点网格，即可确定 IORD（$i+1$）的值为 p，跳转至步骤 4）。②若 IDNUM（n）等于 0 则说明没有其他网格指向 n，即 n 为单节点网格，那么可确定 IORD（$i+1$）的值为 n，跳转至步骤 4）。

4）把 IORD（$i+1$）中存储的网格序号 x 提取出来，根据水流流向文件将其下游网格 ISS（x）的 IDNUM 值减 1，并在二维数组 ID 中删除网格 x，将 ISS（x）替换掉 n，跳转至步骤 3）。

5）将 IORD（NUM）的值设定为流域出口的网格序号，程序结束（图 10-15）。

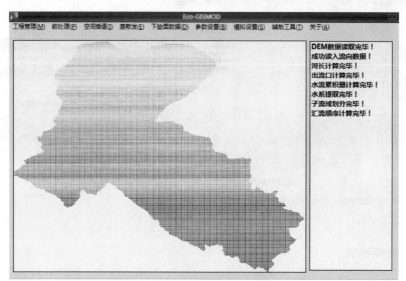

图 10-15　汇流顺序计算结果

9. 一键读入

一键读入功能是针对已经过前处理的工程设置的，用户可将水流流向、河网水系等中间计算结果直接读入模型中，避免重复计算。系统默认从工程所在位置下的 basic 文件夹中进行读取，用户也可自定义文件位置（图 10-16）。具体实现步骤是：调出窗体 Pre_all. frm 让用户设定各数据文件所在位置，然后由上自下依次打开文件将数据读入系统公共变量之中。

图 10-16　一键读入前处理数据

10.3.4　空间插值

Eco-GISMOD 将站点数据输入与空间插值功能融合为一体，该工作是进行蒸散发计算的前提，也是生态水文模拟的必经步骤，操作的先后顺序是：先读入气象站、雨量站的点位数据，然后选择算法进行插值操作。此外，与前处理程序的一键读入功能相似，用户还可以使用一键设置功能直接读入已经插值的面数据，避免重复计算浪费大量时间（图 10-17）。

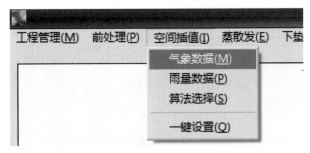

图 10-17　空间插值功能菜单

1. 气象数据输入

用户点击"气象数据"菜单后，系统弹出 Inter_meteor. frm 窗体供用户进行设置，需要设定的参数有气象资料起始时间、气象资料结束时间、气象站位详细信息（文本研究件）和气象资料全部数据（Excel 文件）。系统默认气象资料包含平均气温、最高气温、最低气温、大气压、平均风速、日照时长、相对湿度和降雨量 8 项数据，用户可根据蒸散发算法的实际输入要求进行筛选（图 10-18），主要步骤如下：

1）系统根据用户输入的气象资料起始时间、气象资料结束时间计算出总天数，并将其存储在长整型公共变量 DAY_NUM 中。

2）读入气象站位基本信息（包括站位序号、站位名称、经纬度和海拔等），根据气象站位个数自定义一个结构体数组 STT，该数组中包含 PID、Pname、PX、PY、PZ、IC 等变量，分别将站位序号存入 PID、站位名称存入 Pname、经度存入 PX、纬度存入 PY、海拔存入 PZ，然后依次在流域中找出与气象站位经纬度差值在 0.001 之内的网格，并将该网格序号赋值给 IC。

3）根据用户定义的气象数据项目，将数据读入各个站点的 STT 数组中。随后在工程所在位置下的 input 文件夹内创建 Station_Mete 子文件夹，按天数依次建立 dat 文件并将这些数据整理后输出，其格式为：累计天数（1～365 天）、大气压、平均风速、平均气温、相对湿度、降雨量、日照时长、最高气温、最低气温。另外，在 input 文件夹下创建 All_Mete. dat 文件将各气象站的数据合并后输出，并将气象资料的日期编号（格式为年，月，日，编号）输出到 input 文件夹下的 Period_time. dat 文件中，在主窗体的日志显示区提示操作完成。

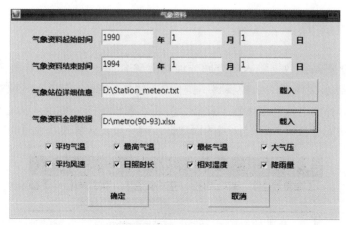

图 10-18　气象资料输入界面

2. 雨量数据输入

雨量数据的读入与气象数据类似，也是先调出数据输入窗体 Inter_ preci. frm，待用户设置完成后，读入雨量站的基础信息及各雨量站的降雨数据并存储在自定义数组 HY_ SY 中。在流域内找到与雨量站最为接近的网格，并将该网格序号赋值给 HY_SY. IC，最后按格式（天数、日降雨量）输出数据到 input 文件夹下的 Station_ Mete 子文件夹内以天数命名的 dat 文件中。此外，还要将所有雨量站的数据合并后存入 input 文件夹下的 All_ Prec. dat 文件中（图 10-19）。

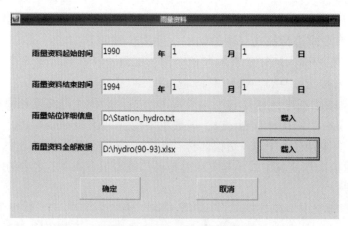

图 10-19　雨量数据输入界面

需要注意的是，雨量资料的时间长度应与气象资料一致，若长度不一致则会造成后续产汇流计算错误。此外，雨量数据仅有日雨量一项，无需用户进行选择，雨量数据仅支持 Excel 文件格式（2003 版或 2007 版均可），需要在 VB 环境中引用 Microsoft Excel 11. 0 object library 以便对 Excel 文件进行操作，具体的雨量数据输入界面如图 10-19 所示。

3. 算法选择

输入气象数据和雨量数据后，可进行插值操作。系统会调出算法选择窗体 Inter_method.frm 让用户进行插值算法选择（图 10-20）。Eco-GISMOD 提供了泰森多边形法、距离平方反比法和考虑高程的距离平方反比法 3 种插值算法，系统默认气象数据采用考虑高程的距离平方反比法插值，雨量数据采用泰森多边形法。

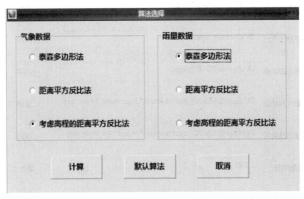

图 10-20 插值算法选择界面

具体功能实现的思路是：先使用标准模块 sys_function 中的 GetDistance 函数计算出流域每个网格与气象站、雨量站的大圆距离，分别存储在 Mete_Distance 和 Prec_Distance 数组中，然后判断用户选择的是哪一种插值方法。

（1）泰森多边形法

遍历每一个网格，找到与其最近的雨量站或气象站，并将站点数据赋值给网格。

（2）距离平方反比法

分别计算出每个网格与各气象站、雨量站的距离之和，将其存储在 Total_Distance_Mete 和 Total_Distance_Prec 数组中，然后按照公式计算出插值后的各网格的气象数据和雨量数据。

（3）考虑高程的距离平方反比法

首先计算出每个网格与各气象站、雨量站的回归系数，然后按照距离平方反比法结合回归系数计算出插值后的各网格的气象数据和雨量数据。

插值后的气象数据分别存放在两个位置：第一个位于 data 文件夹下的 tmp_mean、tmp_max、tmp_min、air_press、humi、sun_rad 和 wind_sp 子文件夹内，其目的是便于生态水文过程计算中调用其中某个类型的数据；第二个位于 data 文件夹下的 all 子文件夹内，包含了所有气象数据，主要是为了便于后续蒸散发计算。插值后的雨量数据则存放在 data 文件夹下的 prec 子文件夹内。

4. 一键设置

一键设置是对气象数据输入窗体 Inter_meteor.frm 和雨量数据输入窗体 Inter_preci.frm 功能的合并，即在弹出的一键设置窗体 Inter_all.frm 上整合了气象、雨量输入所需的基本信息，用户设定完成后系统便可自动读入各站点的气象、雨量数据（图 10-21）。执行

"一键设置"后，用户可点击"算法选择"菜单进行数据插值操作，如果工程项目之前已经进行过插值操作，则可跳过"算法选择"。

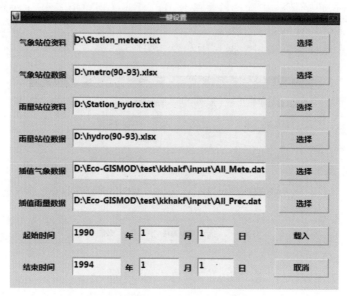

图 10-21　一键读入气象、雨量站数据

10.3.5　蒸散发计算

根据插值后的面气象数据可计算出每个网格的潜在蒸散发量，系统提供了包括 FAO Penman-Monteith 算法在内的 5 种蒸散发算法（图 10-22），用户可选择调用并修改算法的有关参数。

图 10-22　蒸散发功能菜单

1. 算法选择

由于蒸散发计算方法较多，为满足不同类型研究需要，特别在 sys_function 模块中编写了 EVP_PM、EVP_P、EVP_Mak、EVP_PT 和 EVP_Har 共 5 种函数，分别对应 5 种蒸散发算法，并通过 Evpt_method. frm 窗体实现算法调用（图 10-23），各算法所需的输入数据如下。

（1）FAO Penman-Monteith（对应函数 EVP_PM）

FAO Penman-Monteith 算法所需的输入数据共 10 项，即日最高气温、日最低气温、日平均气温、大气压、相对湿度、日照时数、平均风速、纬度、海拔、累计天数。

（2）FAO Penman（对应函数 EVP_P）

FAO Penman 算法所需的输入数据共 7 项，即平均气温、相对湿度、日照时数、平均风速、纬度、海拔、累计天数。

（3）Makkink（对应函数 EVP_Mak）

Makkink 算法所需的输入数据共 8 项，即日最高气温、日最低气温、日平均气温、大气压、相对湿度、日照时数、海拔、累计天数。

（4）Priestley-Taylor（对应函数 EVP_PT）

Priestley-Taylor 算法所需的输入数据共 8 项，即日最高气温、日最低气温、日平均气温、大气压、日照时数、平均风速、海拔、累计天数。

（5）Hargreaves（对应函数 EVP_Har）

Hargreaves 算法所需的输入数据共 8 项，即日最高气温、日最低气温、日平均气温、大气压、日照时数、平均风速、海拔、累计天数。

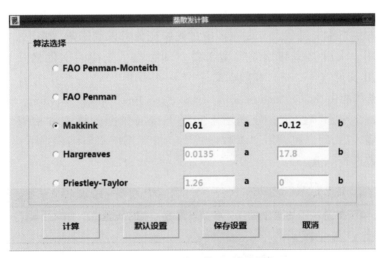

图 10-23　蒸散法算法选择界面

系统默认将计算生成的蒸散发数据存储在 data 文件夹下的 evpt 子文件夹内以天数命名的 dat 文件中。

2. 一键设置

一键设置主要是用来加载插值后的气象、雨量数据及计算得到的蒸散发数据，只需用户输入插值后的数据存储路径即可（图 10-24）。该功能并不直接读入数据，而是将数据存储路径（蒸散发、雨量和气象）保存到系统公共变量 project_evpt_path、project_prec_path 和 project_mete_path 中，当开始模拟时再逐日读入数据，这样既节省了系统内存，提高了计算效率，又避免了因数据反复读取而浪费大量时间。

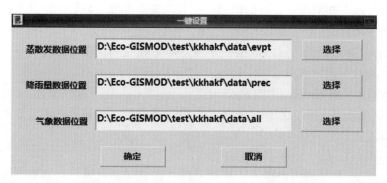

图 10-24　一键读入蒸散发和气象、雨量数据

10.3.6　下垫面数据

流域下垫面条件存在着较大的时空异质性，通过多种途径（蒸散发、下渗等）直接或间接影响流域的生态水文过程，需要在模拟过程中充分考虑其影响。在 Eco-GISMOD 中需要输入土地利用、土壤类型和地质类型 3 种空间数据，支持的文件格式有文本研件（*.txt）、ASCII 文件（*.asc）和数据文件（*.dat）。

下垫面数据功能由 Space_landuse. frm、Space_geo. frm、Space_soil. frm、Space_ info. frm 和 Space_all. frm 5 个窗体组成，分别用于实现下垫面数据的读入和检查（图 10-25）。在下垫面数据输入后，用户可调用"参数设置"功能，系统将自动根据下垫面数据类型对每一个网格参数进行赋值。

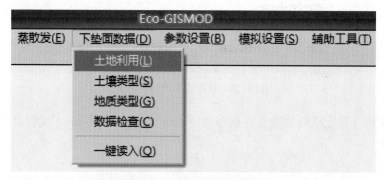

图 10-25　下垫面数据功能菜单

1. 土地利用

土地利用数据格式与 DEM 相似，文件前 6 行为流域的行列数、网格分辨率等参数，应与 DEM 一致，后续内容为各网格的土地利用数据，该数据不仅决定着土地利用类型，同时还是划分各网格植被类型的依据。

首先，系统内部自定义一个一维数组 DIAN（包含 Veg_id、Land_use、Soil_type、Geo_type等短整型变量）用来存储每一个网格的下垫面信息。然后，调出 Space_ landuse. frm 窗体，让用户选择要输入的土地利用数据文件。

然后，系统逐网格读入土地利用数据，并按照土地资源分类系统中的一级类型对每个网格的植被类型进行编号，共分为高林地、低林地、草地、低草地、果树、小麦或玉米 6 类，其中编号 21 和 24 的网格为高林地（Veg_id = 1），编号 23 的网格为低林地（Veg_id = 2），编号 22 和 31 的网格为草地（Veg_id = 3），编号 33 和 64 的网格为低草地（Veg_id = 4），编号 123 的网格为小麦或玉米（Veg_id = 5），编号介于 100 ~ 123 的网格为果树等其他经济作物（Veg_id = 6）。

最后，系统对土地利用类型进行重分类，共分为林地、草地、耕地、水体、未利用地和宅地 6 类：编号介于 1 ~ 30 的网格为林地（Land_use = 6），编号介于 30 ~ 40 的网格为草地（Land_use = 5），编号介于 40 ~ 50 的网格为水体（Land_use = 4），编号介于 50 ~ 60 的网格为宅地（Land_use = 3），编号介于 60 ~ 100 的网格为未利用地（Land_use = 2），编号介于 100 ~ 300 的网格为耕地（Land_use = 1）。

2. 土壤类型

土壤类型数据的文件格式与土地利用相同，文件前 6 行为流域的行列数、网格分辨率等参数，应与 DEM、土地利用数据一致。不同之处在于，模型将土壤类型按渗透性能分为大、中、小 3 类，对应的 Soil_type 编号为 1、2、3，无数据网格以 –9999 标识。

土壤类型数据主要是中国科学院南京土壤研究所根据传统的"土壤发生分类"系统编制的，土壤类型编码范围较广（介于 23 110 101 ~ 23 130 101）。由于不同流域的土壤类型差异较大，如小流域内土壤类型较为单一，而在较大流域内土壤类型众多，为了避免造成系统内部自定义分类不合理且用户无法修改的情况，需要用户先手动对土壤类型进行重分类，根据具体流域的实际情况将土壤渗透性能分为大、中、小 3 类，编号为 1、2、3，然后再输入 Eco-GISMOD。

3. 地质类型

地质类型数据的输入与土壤类型相同，同样需要将其按渗透性能分为大、中、小 3 类，编号为 1、2、3，无数据网格以 –9999 标识。

4. 数据检查

下垫面数据输入后必须进行数据检查，该功能的主要作用是检查用户输入的土地利用、土壤类型和地质类型数据是否一致，并对缺失值进行插补。由于下垫面数据源的不一致性，用户输入的空间数据经常存在某些网格的 1 类或几类数据编号缺失的情况。例如，网格 k 的土地利用和地质类型有编号［即 DIAN（k）. Land_use = 5，DIAN（k）. Geo_type = 2］，但是土壤类型却没有编号［即 DIAN（k）. Soil_type = –9999］。因此，系统需要调用 sys_function 模块中的 Findme 子程序按顺时针方向对网格 k 的相邻网格进行查找，找到距网格 k 最近且有土壤类型编号的网格 j，并将 j 的土壤类型编号赋值给 k。

此外，系统还要使用二次曲面拟合法对流域各网格的坡度进行计算，为后续生态水文模拟提供坡度数据。所以不论是土地利用、土壤类型和地质类型逐个读入，还是执行"一键读入"功能，之后必须进行数据检查，以确保空间数据的一致性。

5. 一键读入

一键读入功能实际上是将 Space_landuse. frm、Space_geo. frm、Space_soil. frm 的数据

读入功能整合到Space_all. frm窗体上，用户只需设置好土地利用、土壤类型和地质类型的数据存放位置，系统便会自动依次读入模型中，提高了数据读取效率（图10-26）。此外用户还可点击Space_all. frm窗体上的"数据说明"按钮，从而调出Space_info. frm子窗体查看下垫面数据输入格式要求。用户还可将一键读入窗体的内容保存，分三行依次将土地利用、土壤类型和地质类型数据的存储路径保存到工程文件所在路径下的data文件夹内的space_set. dat文件中，在下次启动时系统会自动寻找space_set. dat文件进行加载显示。

图 10-26　一键读入下垫面数据

10.3.7　参数设置

下垫面数据输入后可进行参数设置，分为参数赋值和参数率定两部分：参数赋值由产汇流窗体（Para_runoff. frm）、人工用水窗体（Para_human. frm）和生态植被窗体（Para_vegt. frm）组成，而参数率定则由敏感性分析窗体（Para_analysis. frm）和参数率定窗体（Para_select. frm）组成（图10-27），其中参数率定功能尚在开发中，以下仅对参数赋值功能进行详细介绍。

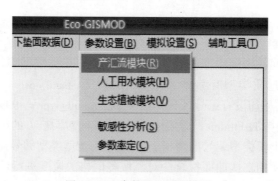

图 10-27　参数设置功能菜单

1. 产汇流模块

产汇流模块主要是对每个普通网格的表层、土壤层、地下水层参数及河道网格的河道水箱参数赋值，决定着流域的产汇流过程。由于下垫面数据在输入时已经进行了分类，系统按照网格类型自动将产汇流参数赋值给对应的网格。具体流程为：首先调出 Para_runoff. frm 窗体，系统寻找工程路径下的 data 文件夹内是否有 par_set. dat 文件（该文件用于存储表层、土壤层和地下水层的参数值），如果有则读入内容并显示在窗体的 Text 控件上，否则系统自动给出默认参数值（图 10-28）。用户可根据情况对参数进行修改，然后点击"确定"按钮，系统会自动将窗体上的参数值保存到 data 文件夹内的 par_set. dat 文件中，最后将其赋值给各网格的数组变量。

图 10-28　产汇流参数界面

2. 人工用水模块

人工用水模块用来估算农作物灌溉用水量及其对河道径流量的影响，思路是首先确定流域内的控制点个数，随后计算出每个控制点所控制的流域面积及控制范围内农作物总需水量。该模块由一个 SSTab 选项卡和两个 ListView 控件组成，具体功能实现如下：

1）用户首先点击"人工用水模块"菜单，调出 Para_ human. frm 窗体，然后选择 SSTab 选项卡第一栏"控制点设置"，点击"添加点位"按钮在 LisViewt2 上添加新的控制点位（输入坐标 x, y）并设置控制点的作物类型、生活及工业用水率等参数（图 10-29），随后点击"统计控制面积"按钮。系统将自动搜寻流域中与用户指定坐标相符的网格 k［即 IC (x, y)］，令 DIAN (k). Contrl_type = DIAN (k). Key_type = i（i 从 1 开始），然后按流向逆序向上搜索其上游网格 m 并将 DIAN (m). Key_type 同样赋值为 i，表示网格 m 受网格 k 的控制，计算完毕后 i 加 1。然后在流域内搜索与下一个控制点坐标相同的网格，重复上述计算直到流域内所有网格均已被控制点划分完毕，最后将各网格的 Key_type值存储到 data 文件夹内的 Control_set. dat 文件中。

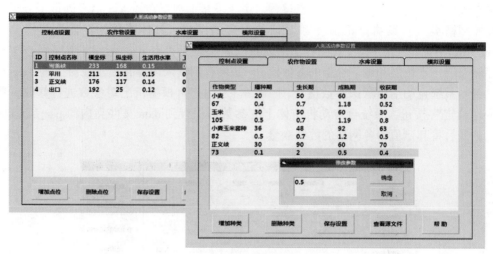

图 10-29 人类活动参数设置界面

2）选择 SSTab 选项卡第二栏"农作物设置"，通过 LisViewt1 添加农作物类型，并输入农作物名称、总生长天数、各生长期天数等有关参数，其中农作物总生长天数应等于各生长期天数之和，并确保在 ListView1 中添加的农作物类型与 ListView2 中控制点所属的农作物类型一致。然后点击"保存设置"按钮将每个控制点的编号、农作物参数保存到 data 文件夹内的 Crop_set. dat 文件中。

3）切换到 SSTab 选项卡第一栏，点击"计算日需水量"按钮。系统首先读入 Control_set. dat 文件以判断流域内各网格的 Key_type 值，随后读入 Crop_set. dat 文件找到与 Key_type 类型相同的农作物参数（生长天数、农作物系数等）并结合当前日期判断该类农作物处于哪一个生长阶段。在确定农作物生长阶段之后，对应的农作物系数 K_c 乘以潜在蒸散发量 evpt 就得到网格的农作物需水量 Q_need。最后将 Key_type 类型相同网格的日需水量进行累加，即可得到每个控制点的日需水总量 Summ，分别将控制点日需水量和网格日需水量存储在 data 文件夹内的 Gird_Crop_Need. dat 及 Control_Crop_Need. dat 文件中，这些计算结果会在后续产汇流计算中被系统调用。

3. 生态植被模块

生态植被模块用于对网格的植被参数进行赋值。由于之前下垫面数据输入后，系统已经对土地利用数据进行了重分类并确定了各网格的植被类型（即确定了 Veg_id 值），所以系统只需找到与 Veg_id 相同的植被类型参数，并赋值给相应网格即可，具体流程如下：在用户点击"生态植被模块"菜单后，系统调出 Para_vegt. frm 窗体并创建一个一维的自定义数组 Veg_KD，该数组内包含 T_base、T_optic、Be、a_1、a_2、adj、HUI_0、PHU、HI、LAI_max 等单精度变量，用于存放植被生长基本温度、最优温度、能量-生物量参数、模型参数（a_1、a_2、adj）、衰落速率（HUI_O、PHU、HI）、最大叶面积指数等参数。然后，用户通过 Para_vegt. frm 窗体的 ListView 控件进行植被类型添加、修改或删除操作（图 10-30），在设定完毕后系统会自动将参数存入 Veg_KD 数组中，并保存参数到 data 文件夹内的 Veg_set. dat 中。

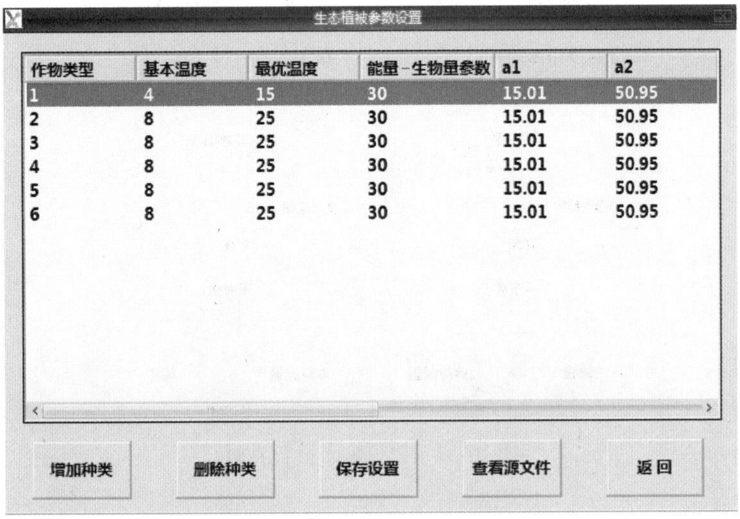

生态植被参数设置
作物类型 基本温度 最优温度 能量 - 生物量参数 a1 a2
1 4 15 30 15.01 50.95
2 8 25 30 15.01 50.95
3 8 25 30 15.01 50.95
4 8 25 30 15.01 50.95
5 8 25 30 15.01 50.95
6 8 25 30 15.01 50.95
增加种类
删除种类
保存设置
查看源文件
返回

图 10-30 生态植被参数设置界面

10.3.8 模拟设置

模拟设置是进行运算前的最后一步操作，不同设置下的模拟结果差别较大，主要由“输入设置”、“输出设置” 和 “模型运行” 3 部分组成（图 10-31）。

Eco-GISMOD
下垫面数据(D)
参数设置(B)
模拟设置(S)
辅助工具(T)
输入设置(I)
输出设置(O)
模型运行(R)

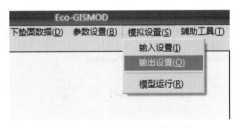

图 10-31 模拟设置功能菜单

1. 输入设置

输入设置窗体 Sim_in. frm 上共有 4 个 Frame 框架，每个框架中包含两个 Option 控件，每个 Option 控件对应一个功能选项，由系统后台的公共变量控制该功能选择的开关（图 10-32），其实现思路是：首先在 sys_base 模块中建立 4 个短整型变量 Human_switch、Vegt_switch、Watersupply_switch 和 Runoff_switch，分别用来存储土壤、地下水反补，产汇流，人类活动和生态植被的功能选择结果，其值为 1 则说明功能为开，为 0 说明功能为关。用户选择完毕后点击“确定” 按钮，系统将判断各 Option 控件的 Value 值是否为真，如果为真那么相应的公共变量赋值为 1，否则赋值为 0，并将结果保存到 data 文件夹内的 Sim_in. dat 文件中。Eco-GISMOD 默认同时考虑土壤、地下水反补，产汇流，人类活动和生态植被的影响，即所有功能全开。

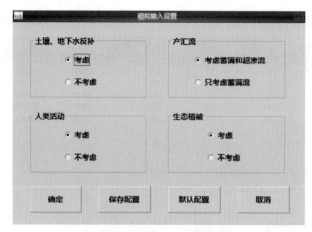

图 10-32　模拟输入设置界面

2. 输出设置

输出设置包含多项内容，首先系统调出 Sim_out. frm 窗体让用户选择模拟结果的输出位置，由于 Eco-GISMOD 是以网格为基础的分布式生态水文模型，每一网格均有水量、蒸散发等数据，用户还要根据具体需要指定输出点位的坐标，选择要输出的数据项目。

用户点击"保存配置"按钮后，系统将设置结果保存到 Output 文件夹内的 out_set. dat 文件中，当点击"确定"按钮后，系统将设置好的参数值分别赋给 Out_path、Out_x、Out_y 及 Out_items 等系统公共变量，便于模拟结果输出（图 10-33），其功能实现思路与输入设置较为相似，代码略。

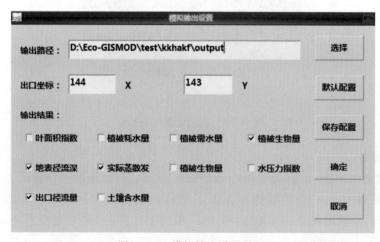

图 10-33　模拟输出设置界面

3. 模型运行

模型输入、输出设置完成后便可点击"模型运行"菜单进行流域生态水文过程模拟（图 10-34）。

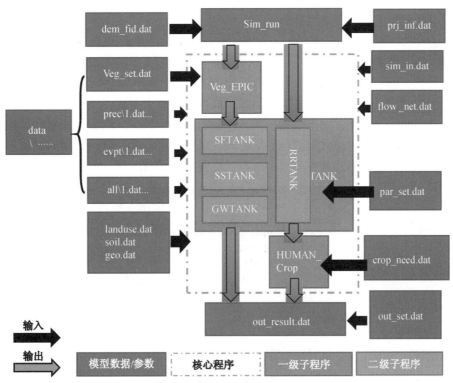

图 10-34　系统运行流程图

具体流程如下：

1）首先根据工程属性文件 prj_inf. dat 读入流域行列数、经纬度等基础信息，随后读入输入功能控制文件 sim_in. dat 及网格编号（dem_fid. dat）、河道网格（flow_net. dat）等数据。

2）在用户指定的输出位置下创建 out_result. dat 文件，并根据已读入的降雨、气象和潜在蒸散发数据的存储路径，逐日逐网格读入降雨、潜在蒸散发数据，同时读入 data 文件夹内 tmp_mean、tmp_max、tmp_min 和 all 子文件夹的气象数据。

3）随后将读入的数据分别赋值给 DIAN（）. evpt、DIAN（）. prec、DIAN（）. tmp_mean、DIAN（）. tmp_max 等变量。

4）从模拟第一天开始，逐网格进行判断，若网格是普通网格，则先调用 Veg_EPIC 子程序，分别输入网格的植被参数和气象雨量数据进行天然植被生长和耗水量计算，随后再调用 TANK 子程序进行产汇流计算。

其中，TANK 子程序下又包含 SFTANK、SSTANK、GWTANK 和 RRTANK 4 个子程序，普通网格执行前 3 个子程序，而河道网格仅执行 RRTANK 子程序。若网格是河道网格，在调用 TANK 子程序进行产汇流计算之后，还需要读入 data 文件夹内的 Control_Crop_Need. dat 文件并执行 HUMAN_Crop 子程序对河道径流量进行调整。

5）待所有网格计算完毕后，根据 out_set. dat 的输出设置，向 out_result. dat 文件输出模拟结果，模拟天数加1，返回步骤4）再次进行计算直到模拟天数等于总天数，计算完毕后弹出对话框提示用户。

10.3.9 辅助工具

由于气象、雨量数据的来源不同，格式可能存在着较大差别，往往需要在文件格式整理上花费较多时间。另外，站点数据插值后生成的面数据较大，为了便于提取其中某些点位的信息或者对长时间序列数据进行累加分析，特开发了辅助工具便于用户对数据进行后处理。辅助工具共包含格式转换、数据融合、点位提取和空间展示4部分（图10-35）。

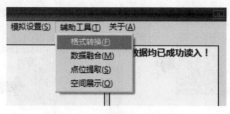

图 10-35 辅助工具菜单

1. 格式转换

格式转换功能主要是针对气象数据而开发的，由于我国气象数据多是从中国气象科学数据共享服务网（http://cdc.cma.gov.cn）获取的dat格式文件，需要将其转换为符合模型输入要求的Excel格式文件。系统首先加载格式转换窗体Tool_trans.frm，需要用户提供气象站个数、名称和编号等基本信息（图10-36）；其次按照用户指定的文件名自动创建一个空白Excel文件，根据气象站数量动态添加工作表，每张工作表以气象站名称命名；最后逐行读入dat格式文件中的气象数据并按照模型要求进行排序输入到Excel文件。

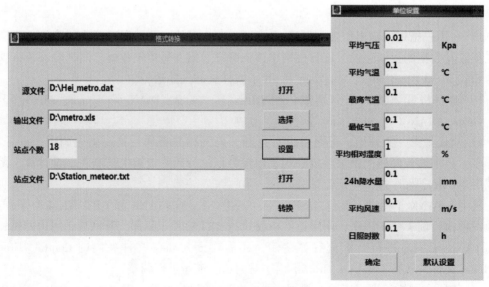

图 10-36 格式转换界面

需要注意的是，由于中国地面气候资料日值数据集中的数据单位与模型要求不一致（例如，数据集中大气压单位是 hPa，而模型要求输入数据的单位是 kPa），用户还需要点击"设置"按钮对单位进行更改，系统在读写数据过程中将自动进行单位转换。

2. 数据融合

模型在计算过程中会生成大量的空间数据，如逐日面蒸散发量，为了便于统计不同时段内空间数据的变化特征，特开发了数据融合功能。在数据融合窗体 Tool_melt.frm 上，用户需要指定数据源文件位置、数据资料起始时间、数据资料结束时间、输出文件位置、数据行列数等基本信息，然后选择数据融合方式（按年份、按季度、按月份）进行统计，系统将自动创建动态变量将数据累加并整理输出（图 10-37）。

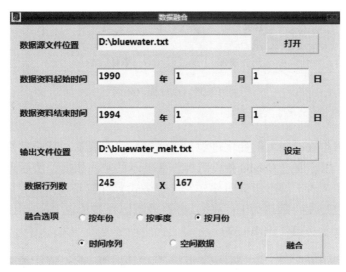

图 10-37 数据融合界面

如果用户选择按月份融合，那么系统计算完毕后将在用户指定路径的文件夹下自动生成 1.dat，2.dat，…，12.dat 12 个按月份排列的数据文件；如果用户选择按季度融合，那么系统将生成 spring.dat、summer.dat、autumn.dat 和 winter.dat 4 个按春夏秋冬顺序排列的数据文件；如果用户选择按年份融合，那么系统将生成按年份排列的数据文件，如 1990.dat，1991.dat，…，1994.dat。此外，数据融合同样支持时间序列文件，唯一的区别在于用户无需指定行列数，其输出文件格式同空间数据。

3. 点位提取

Eco-GISMOD 是以网格为基本单元的分布式生态水文模型，在实际分析中往往需要从空间数据中提取某一个网格进行分析，因此特地开发了点位提取功能。该功能可以从长时间序列的面数据中提取某一个网格点的指定时间段的数据。用户只需在 Tool_extract.frm 窗体上设置数据行列数、提取点位坐标、提取数据类型和起始时间、结束时间，系统能快速定位到用户指定的网格，并按要求将自定义时段内的网格数据逐个提取并存放到用户指定的输出文件（图 10-38）。

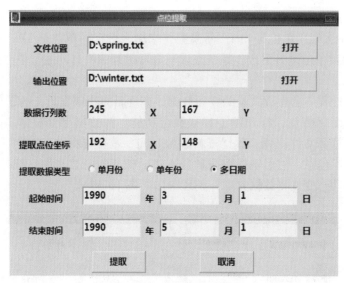

图 10-38　点位提取界面

4. 空间展示

为展示空间数据在时间上的变化过程，需要进行动态展示，其原理是首先加载 Tool_display. frm 窗体，用户通过 Combo 控件选择需要展示的空间数据，然后点击播放按钮，系统会在后台自动生成若干静态影像图片（∗.jpg 格式）并按日期排号，随后通过 Timer 时间控件来控制播放速度（默认为 1 s/张），并将静态图片显示在 Picture 控件上，从而实现空间数据的动态展示功能（图 10-39）。

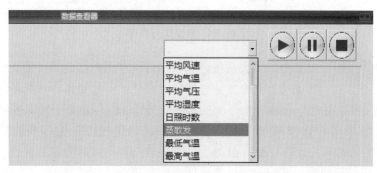

图 10-39　空间展示界面

10.4　小　　结

本节构建了一个具有三层逻辑结构体系、分布式数据管理体系、功能模块化、交互图形界面的分布式生态水文模拟系统。该系统共包括主界面、前处理、空间插值、蒸散发、下垫面数据、参数设置、模拟设置和辅助工具等，其内容不仅有助于深入理解模型原理和实现方法，同时也为系统实际应用提供了保证。

第 **11** 章 | 分布式生态水文模型功能模块

影响生态系统的要素众多，水作为自然–社会–经济复合体中最为敏感的限制性因子，是协调生态环境与水资源平衡的关键因素，尤其在干旱半干旱地区更为突出。目前对流域生态水文的研究主要是通过区域试验或者野外监测，受到人力、财力等方面的制约，只能从微观和区域尺度上进行反映。而以模型为主的研究则多是分别对植被生态、水文循环两方面单独进行研究，两者之间的交互综合性研究尚不多见。

我国西北内陆河——黑河具有独特的河流–绿洲–沙漠多元自然景观，受人类和气候影响强烈，生态环境较为脆弱。深刻理解黑河流域水资源形成转化规律，分析生态系统与水资源之间的相互作用关系，对干旱地区流域生态水文过程的研究有着重要作用。

在此背景下，本研究以上文提出的关键技术为核心内容，以国家自然科学基金重大研究计划重点支持项目"黑河流域中游地区生态–水文过程演变规律及其耦合机理研究"（91125015）为依托，参考模型设计框架并结合黑河流域的实际情况，从机理上将流域生态和水文过程耦合起来，提出一个适用于我国西北干旱地区的生态水文模型——Eco-GIS-MOD。

为进一步阐述模型功能，下面分别从前处理、空间插值、蒸散发、植被生长和产汇流5 个模块进行详细说明。

11.1 前处理模块

对流域水系的准确刻画是分布式生态水文模型构建的基础，不仅有助于准确反映研究区的地理水文特征，明确流域各地区之间的水力联系，还能提高水文模拟的精度。

最初人们往往借助于野外观测和地形图翻拍来对流域水系进行识别。随着空间分布地形数据集 DEM 的广泛应用，人们逐渐开始使用计算机程序来自动提取流域水系。现如今已有很多程序被广泛使用，如 ArcView 的 Hydrology 模块、EASI/PACE 和 TOPAZ 中的 Terrain Analysis 模块等。

但不同软件提取的流域水系格式不一致，需要进行格式转换才能使用，并且多数方法在平原区和洼地的效果不理想，常常出现大片不连续的河网，使得水流无法流到出口处。虽然填洼能一定程度上避免上述问题，但计算机难以智能分辨洼地的真伪，填洼往往会生成大片人造平地，使得填洼后所提取出的水系与实际水系差别较大，无法满足水文模拟的要求。

针对平原区和洼地水系提取问题，在参考前人研究成果的基础上，开发了具有可视化界面的水文模型前处理模块，可实现水流流向计算、水系提取、汇流演算顺序确定等多种功能（图 11-1）。

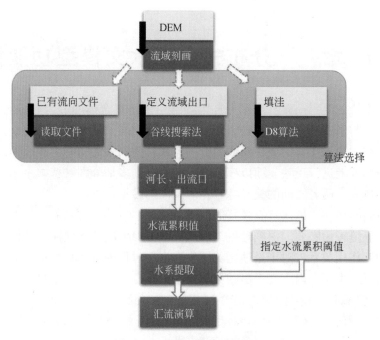

图 11-1　前处理程序计算流程

前处理模块的计算流程如下：

1）首先开打 DEM 文件，逐行读入高程数据，并将其按顺序编号，统计流域内有效网格（即高程大于 0）数量。

2）用户选择水流流向算法，模型自动计算每个网格的水流流向。

3）根据计算或读入的水流流向，计算每个网格与流域出口的距离，并分析该网格与相邻网格之间的出入流关系。

4）计算每个网格的水流累积值，并根据用户指定的阈值提取流域水系。一旦水系确定，流域的汇流演算顺序便可相应地计算出来。

11.1.1　水流流向

在流域水系提取工作中，对水流流向的确定是最为关键的一步，关于水流流向的计算方法有多种，大致可归纳为单流向法和多流向法。其中，以 O'Callaghan 和 Mark（1984）提出的 D8 单流向算法使用最为广泛。D8 单流向算法采用的是 3×3 网格，首先计算中心网格与周围 8 个网格的坡度，然后按照最陡坡度原则确定中心网格水流的出流方向（图 11-2），坡度计算公式如下：

$$\text{Slope}_{(i,j),(i+\Delta x,j+\Delta y)} = \frac{Z_{(i,j)} - Z_{(i+\Delta x,j+\Delta y)}}{\text{cellsize} \times \sqrt{\Delta x^2 + \Delta y^2}} \tag{11-1}$$

式中，$Z_{(i,j)}$ 是中心网格的海拔；$Z_{(i+\Delta x, j+\Delta y)}$ 是与中心网格在水平方向上距离为 Δx、在垂直方向上距离为 Δy 的相邻网格（Δx 和 Δy 可取值为 1、0 或 –1）的高程；cellsize 是网格的大小，由 DEM 数据的分辨率决定。

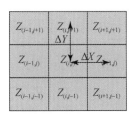

图 11-2　D8 单流向算法示意图

但是，基于水流自高向低运动规律的 D8 单流向算法在平原区和洼地的提取效果并不是很好，人们随后又开发了多流向算法 MD8、D∞ 算法和 DEMON 算法等以弥补 D8 单流向算法的不足（Quinn et al.，1991；Costa-Cabral and Burges，1994；Turcotte et al.，2001）。其中多流向算法主要是按照坡度比例进行流量分配，坡度越陡的方向流量分配越多，计算公式为

$$\text{Flow}_{(i,j),(i+\Delta x,j+\Delta y)} = \frac{\text{Slope}_{(i,j),(i+\Delta x,j+\Delta y)}}{\text{Slope}_{\text{all}}} \tag{11-2}$$

式中，$\text{Flow}_{(i+\Delta x, j+\Delta y)}$ 是中心网格分配给相邻网格（$i+\Delta x$，$j+\Delta y$）的流量；$\text{Slope}_{\text{all}}$ 是中心网格与 8 个相邻网格的坡度总和。

不过这些新算法同样存在着各自的缺点，如需要填洼的算法需要对地形高程做调整，而一些复杂的多流向算法计算时耗长，在大型流域的应用中尤为突出。

针对上述问题，本研究参考前人研究成果（Yoeli，1984；叶爱中等，2005），以图论法为理论基础，整合了一套自下而上的无需填洼的水流流向确定方法，避免了填洼等操作带来的影响，具有计算效率高、提取效果好等特点，具体算法如下（图 11-3）。

1）首先建立两个栈（栈 1 和栈 2），栈 1 用来存储已经确定水流流向的网格，而与栈 1 网格相邻、未确定流向的网格则被压入栈 2 中。

2）用户指定流域出口，把被定义出口的网格压入栈 1 中。

3）检查与栈 1 网格相邻的网格是否已经确定了流向，若没有确定流向，那么将其压入栈 2，而栈 2 中已确定水流流向的网格则被压入栈 1。

4）检查栈 1 大小是否发生变化：若没有发生变化，则跳转到步骤 5）；若发生变化，则跳转到步骤 6）。

5）计算栈 2 中每一网格（J）与其相邻网格的最大高程差，若发现最大高程差是由 J 与栈 1 中的相邻网格（K）计算得到，那么则定义水流由 K 流向 J，返回步骤 3）。

6）判断栈 2 是否为空：若栈 2 不为空，则从栈 2 中选出高程最低的网格（M），计算 M 与其周围相邻网格的高程差，找到与 M 高程差最大的网格（N），将 N 压入栈 1，定义水流由 M 流向 N，返回步骤 3）；若栈 2 为空，则跳转到步骤 7）。

7）退出程序。

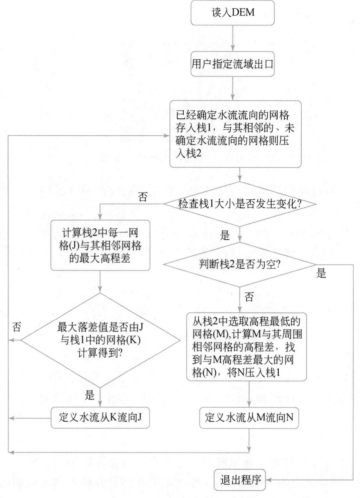

图 11-3　水流流向算法流程

为便于理解水流流向算法，下面以一个简单实例进行说明，图 11-4①给出了一个 DEM 矩阵，其中 NULL 表示无高程数据。

1）首先建立两个栈（栈 1 和栈 2）用于存储已确定水流流向和相邻未确定水流流向的网格。

2）若将高程最低的网格 69 定义为流域出口，则将网格 69 压入栈 1，而网格 69 周围的未确定水流流向的网格 71、73 和 75 则压入栈 2。

3）栈 1 大小发生了变化（由 0 变为 1），因此要分别计算栈 2 中每一网格与其相邻网格的最大高程差，并判断其是否来自栈 1。由表 11-1 可知，栈 2 中所有网格均与流域出口的高程差最大。

①

栈 1	栈 2
空	空

②

栈 1	栈 2
69	71,73,75

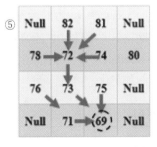

栈 1	栈 2
69,71,73,75	72, 74, 76, 78, 80

④

栈 1	栈 2
69,71,72,73,75,76	74,78,80,81,82

⑤

栈 1	栈 2
69,71,72,73, 74, 75,76,78, 81,82	80

⑥

栈 1	栈 2
69,71,72,73, 74, 75,76,78, 80, 81,82	空

图 11-4 水流流向算法示例

表 11-1 相邻网格高程差（步骤 3）

栈 2 中网格（A）与其相邻网格（B）的最大高程差	A	B	B 是否来自栈 1？
2	71	69	是

栈 2 中网格（A）与其相邻网格（B）的最大高程差	A	B	B 是否来自栈 1?
4	73	69	是
6	75	69	是

4）根据表 11-1 计算结果，分别定义水流由网格 71、73 和 75 流向出口处，然后将网格 71、73 和 75 压入栈 1，这 3 个网格周围未确定水流流向的网格压入栈 2，再次检查栈 1 大小是否发生变化。

5）从图 11-4③可知，栈 1 大小发生了变化（由 1 变为 4），重复计算栈 2 中每一网格与其相邻网格的最大高程差，并判断其是否来自栈 1。由表 11-2 可知，与栈 2 中有最大高程差的网格中，仅 71 和 73 来自栈 1。因此定义水流分别从网格 76、72 流至网格 71、73，将网格 76、72 压入栈 1，这两个网格周围未确定水流流向的网格压入栈 2，检查栈 1 大小是否发生变化。

表 11-2　相邻网格高程差（步骤 5）

栈 2 中网格（A）与其相邻网格（B）的最大高程差	A	B	B 是否来自栈 1?
6	80	74	否
6	78	72	否
5	76	71	是
2	74	72	否
−1	72	73	是

6）栈 1 大小发生变化（由 4 变为 6），再次计算栈 2 中网格与相邻网格的最大高程差，结果如表 11-3 所示，除网格 80 外，其他来自栈 2 的网格均与网格 72 的高程差最大，所以水流分别从网格 74、78、81 和 82 汇流至网格 72 中，并将上述 4 个网格压入栈 1，其相邻未定义流向的网格压入栈 2，再次检查栈 1 大小是否发生变化。

表 11-3　相邻网格高程差（步骤 6）

栈 2 中网格（A）与其相邻网格（B）的最大高程差	A	B	B 是否来自栈 1?
10	82	72	是
9	81	72	是
6	80	74	否
6	78	72	是
2	74	72	是

7）栈 1 大小发生变化（由 6 变为 10），继续计算栈 2 中网格与其相邻网格的最大高程差，结果如表 11-4 所示，栈 2 仅有 1 个网格，并且其最大高程差来自栈 1 的网格 74。所以将该网格压入栈 1，其相邻未确定水流流向的网格压入栈 2，再次检查栈 1 大小是否

发生变化。

表 11-4 相邻网格高程差（步骤 7）

栈 2 中网格（A）与其相邻网格（B）的最大高程差	A	B	B 是否来自栈 1？
6	80	74	是

8）实际上，虽然栈 1 发生了变化（由 10 变为 11），但是栈 2 已经为空，因此无法找到与栈 2 网格存在最大高程差的网格，那么程序直接对栈 2 是否为空进行判断。最后确定栈 2 中已无网格，并且栈 1 中再无新增网格，表示流域中所有网格水流流向已被确定完毕，程序退出。

11.1.2 水流累积量

根据水流流向便可计算出每一个网格的水流累积量，水流累积量反映集水能力。计算原理是假定每个网格都有一个单位水量，然后按照水流由高向低的运动规律把每个网格的水量累加求和，即得到相应的水流累积矩阵。每个网格的水流累积量表示上游网格最终汇入该网格的水量，水流累积值越大的网格越容易形成径流，这也是提取流域水系的重要参考值。

同样以上述实例对水流累积值的计算过程进行介绍。首先根据 DEM 数字地图对水流累积矩阵进行初始化，具有高程的网格单元赋初值 1，其余网格赋值为 0。然后按照水流流向逐个累加，最终得到流域水流累积矩阵，其中出口网格的水流累积量应是全流域网格数之和（图 11-5）。

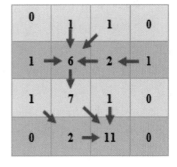

图 11-5 水流累积量计算

11.1.3 水系提取

当水流累积到一定程度时就会产生地表径流，将水流累积量高于某一临界值的网格连接起来即构成水系。因此，确定水流累积量阈值是水系提取的关键，提取水系的疏密程度与水流累积量阈值的大小密切相关。一般来说，水流累积量阈值越小，提取的水系越稠密，河流条数越多；而水流累积量阈值越大，提取的水系越稀疏，河流条数越少。在实际操作过程中，水流累积量阈值受流域地形、面积大小等因素影响，为了找到能够合理反映流域水系真实情况的阈值，需要通过不断调试并根据实际情况确定。

根据上述已经确定的水流累积矩阵对水系进行提取，图 11-6 给出了水流累积量阈值分别为 2 和 6 情况下的水系提取结果。

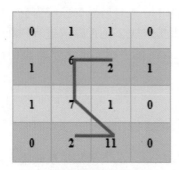 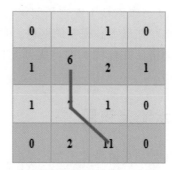

(a) 水流累积量阈值为2的水系　　　　　　(b) 水流累积量阈值为6的水系

图 11-6　水系提取结果

11.1.4　汇流演算顺序

作为水文模拟中的重要一环，汇流演算顺序需要提前给出，前处理程序采用 PDTank 原有汇流演算顺序（徐宗学，2010）确定算法，具体步骤如下：

1）计算流域内各网格到出口点的距离，将距离最远网格（A）的演算顺序设定为第 1 位。

2）根据水流流向，将 A 所指向的下一个网格定义为 P，并将 A 从流域中删除。

3）判断 P 的类型，若 P 为单节点（即没有其他网格指向自己），则跳转至步骤 4）；若 P 为多节点（即有 1 个或多个网格指向自己），则跳转至步骤 5）。

4）若 P 为流域出口点，则定义其为最后演算顺序，跳转至步骤 6）；否则，将 P 依次设定为下一演算顺序并从流域中删除，其下游网格定义为 P，返回步骤 3）。

5）根据水流流向文件向上游寻找指向 P 的网格，直到发现距 P 点距离最远的单节点网格 Q 为止，将 Q 定义为 P，返回步骤 3）。

6）程序退出。

根据上述算法，以上述计算得到的水流流向矩阵为例，说明流域内各网格演算顺序的确定过程（图 11-7）：

1）首先计算每一网格到流域出口网格 69 的距离，选出距离流域出口最远的网格 80，将其演算顺序设定为第 1 位并从流域中剔除。

2）判断网格 80 的下游网格是否为单节点网格，显然网格 74 为单节点网格，因此网格 74 的演算顺序被设定为第 2 位，将其从流域中剔除，接着判断其下游网格 72 是否为单节点网格。

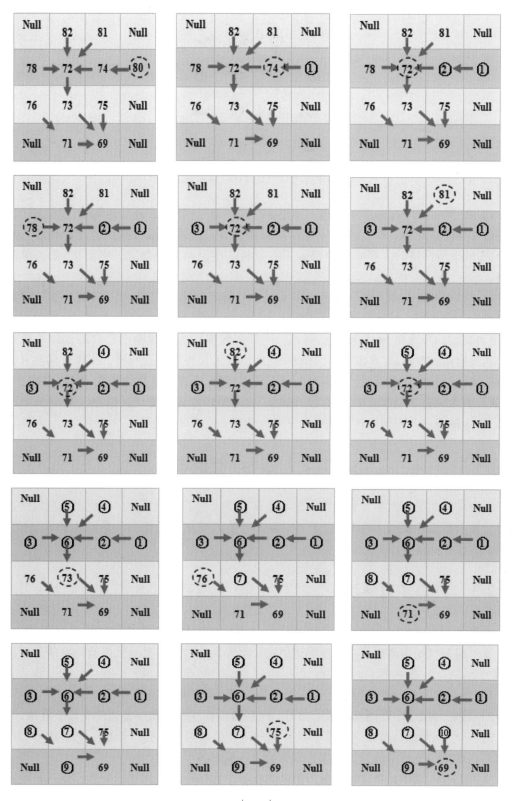

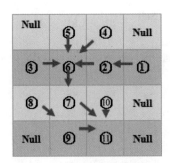

图 11-7　汇流演算顺序示例

3）由于网格 72 是多节点网格，需要寻找其上游距网格 72 最远的网格，然而网格 72 上游的 3 个网格（78、82、81）与网格 72 的距离相同，那么系统按照逆时针顺序依次将网格 72 的上游网格的演算顺序全部确定，并将这些网格全部剔除，网格 72 变为单节点网格。

4）将网格 72 的演算顺序设定为第 6 位，并将其剔除出流域，下游网格 73 的演算顺序则设定为第 7 位，转至流域出口网格 69。

5）此时出口网格 69 是多节点网格，同样需要向上游寻找距出口点最远的单节点网格。通过搜索发现网格 76 距出口网格 69 的距离最远且为单节点网格，所以将其演算顺序设定为第 8 位并剔除出流域，随即判断其下游网格 71 是否为单节点网格，以此类推。

6）直至网格 71 和 75 的演算顺序确定，再次跳转到流域出口网格 69。此时流域出口网格 69 为单节点，因此将其演算顺序设定为最后一位，计算完毕。

11.2　空间插值模块

用户输入的站点数据（如温度、降水量等）需要进行空间插值，生成面数据以便进行后续计算。模型中提供了泰森多边形法、距离平方反比法及考虑高程的距离平方反比法 3 种插值方法，具体介绍如下。

11.2.1　泰森多边形法

泰森多边形法实际上就是最近距离法，该方法是气象、雨量数据插值最常用的方法，其主要思路是找到与待插值点最近的观测站，将观测站的数据直接赋值给待插值点，主要步骤包括：

1）输入观测站位的基础信息（包括站位编号、经纬度、海拔等）。

2）将相邻的 3 个观测站连成三角形，然后分别作这些三角形各边的垂直平分线。

3）每个观测站会被周围的若干垂直平分线及流域边界包裹，形成一个多边形，这个多边形内的唯一观测站的数据就用来赋值给该区域内各个点位。

实际上，在具体计算过程中只需要计算出每个网格距各观测站的距离，然后将距离最近的观测站数据赋值给该网格即可，这一方法适用于流域面积小、下垫面较为均一、海拔起伏不大的地区。

11.2.2 距离平方反比法

距离平方反比法实际上是反距离加权法的一种，是基于相似相近原理的插值方法。该方法认为插值点位与观测点位数据的相似性随着距离的增大而逐渐减小，以插值点与观测站距离的平方作为权重进行插值，具体公式如下：

$$P = \frac{\sum_{i=1}^{n} \left| \dfrac{P_i}{D_i^2} \right.}{\sum_{i=1}^{n} \dfrac{1}{D_i^2}} \tag{11-3}$$

式中，P 是待插值点位的要素值；P_i（$i=1, 2, 3, \cdots, n$）是各观测点位的要素值；D_i 是待插值点 P 与第 i 个观测站的距离。

该方法优点是简单易行、直观并且效率高，在已知点分布均匀的情况下插值效果好，插值结果介于插值数据的最大值和最小值之间；缺点是易受极值影响。

11.2.3 考虑高程的距离平方反比法

考虑高程的距离平方反比法也称梯度距离平方反比法，是由 Nalder 和 Wein（1998）提出的。该方法是在距离平方反比法的基础上，考虑了气象要素等随着经纬度和海拔呈现出梯度变化的规律而得出的，现在已经被国内外学者广泛使用，具体公式为

$$P = \frac{\sum_{i=1}^{n} \dfrac{P_i + (x - x_i) \times C_x + (y - y_i) \times C_y + (z - z_i) \times C_z}{D_i^2}}{\sum_{i=1}^{n} \dfrac{1}{D_i^2}} \tag{11-4}$$

式中，x、y、z 分别是待插值点位的横坐标、纵坐标及海拔；x_i、y_i、z_i 分别是各观测站的横坐标、纵坐标及海拔；C_x、C_y、C_z 分别是横坐标、纵坐标及海拔的回归系数；D_i 是待插值点 P 与第 i 个观测站的距离。

11.3 蒸散发模块

潜在蒸散发（PET）是指在自由水面或者下垫面水分充足条件下的蒸散发能力。由于实测蒸散发（AET）数据难以获取，人们经常参照 PET 来估算流域的 AET。影响 PET 的主要因素有太阳辐射、气温、风速和气压等，目前关于 PET 的计算方法按机理可分为基于太阳辐射、气温和空气动力学 3 类。考虑到不同蒸散发计算方法对数据的要求不一致性，本模型集成了包括 Penman-Monteith 法、Penman 法、Priestley-Taylor 法、Hargreaves 法和

Makkink 法在内的 5 种潜在蒸散发算法。

11.3.1 Penman-Monteith 法

Penman-Monteith 法是在 Penman 法的基础上发展而来的，Monteith 将阻抗引入蒸散发的公式之中。该方法是 FAO 于 1998 年修正后推荐的计算方法，也是目前最为常用的 PET 计算方法之一。该方法假定下垫面植被条件是高度为 0.12 m 的草地，反照率为 0.23，具有固定的表面阻抗（70 s/m），具体公式见式（5-1）。

式（5-1）中的作物表层净辐射 R_n 可由作物表层净短波辐射 R_{ns} 和作物表层净长波辐射 R_{nl} 的差值得出，其公式为

$$R_n = R_{ns} - R_{nl} \tag{11-5}$$

其中，作物表层净短波辐射 R_{ns} 可由式（11-6）计算得出：

$$R_{ns} = (1 - 0.23) \times \left[a + b \times \left(\frac{n}{N} \right) \right] \times R_a \tag{11-6}$$

式中，0.23 是反照率；a 和 b 是作物短波辐射与大气层外太阳辐射的比例系数，分别为 0.25 和 0.5；n 是实际日照时数（h）；N 是每日最大可照时数（h）；R_a 是太阳层外大气辐射 $[MJ/(m^2 \cdot d)]$。

作物表层净长波辐射的计算公式为

$$R_{nl} = (4.903 \times 10^{-9}) \times \frac{(T_{max}^4 + T_{min}^4)}{2} \times (0.34 - 0.14 \times \sqrt{e_a}) \times \left(1.35 \times \frac{R_s}{R_{s0}} - 0.35 \right) \tag{11-7}$$

式中，T_{max} 和 T_{min} 是日最高气温和日最低气温（℃）；R_s 和 R_{s0} 分别是作物表层短波辐射及晴天作物表层短波辐射 $[MJ/(m^2 \cdot d)]$，其计算公式如下：

$$R_s = \frac{R_{ns}}{(1 - 0.23)} \tag{11-8}$$

$$R_{s0} = R_a \times (0.75 + 0.2 \times 10^{-4} \times Z) \tag{11-9}$$

式中，Z 是点位的海拔（m）；R_a、N 等中间参数可分别由式（11-10）～式（11-15）得出：

$$R_a = \frac{24 \times 60}{\pi} \times G_{cs} \times d_r \times [\omega_s \times \sin(\varphi) \times \sin(\delta) + \cos(\varphi) \times \cos(\delta) \times \sin(\omega_s)] \tag{11-10}$$

式中，G_{cs} 是太阳常数，取值为 0.082 MJ/$(m^2 \cdot d)$；ω_s 是日没时太阳时角（rad）；φ 是纬度（rad）；δ 是太阳赤维（rad）；d_r 是日地平均距离。

$$d_r = 1 + 0.033 \times \cos\left(\frac{2 \times \pi \times D_{num}}{365} \right) \tag{11-11}$$

$$\delta = 0.409 \times \sin\left(\frac{2 \times \pi}{365} \times D_{num} - 1.39 \right) \tag{11-12}$$

$$\varphi = \frac{\pi}{180} \times D_{lat} \tag{11-13}$$

$$\omega_{\mathrm{s}} = \arccos\left[-\tan(\varphi) \times \tan(\delta) \right] \tag{11-14}$$

$$N = 24 \times \frac{\omega_{\mathrm{s}}}{\pi} \tag{11-15}$$

式中，D_{num} 是当前日期在一年中的序号（如 1 月 1 日为 1，12 月 31 日为 365）；D_{lat} 是点位的纬度值（°），

式（5-1）中的饱和水汽压 e_{s} 和实际水汽压 e_{a} 的计算公式分别为

$$e_{\mathrm{s}} = 0.6108 \times \exp\left(\frac{17.27 \times T}{T + 237.3}\right) \tag{11-16}$$

$$e_{\mathrm{a}} = e_{\mathrm{s}} \times \mathrm{humi}_{\mathrm{mean}} \tag{11-17}$$

式中，T 是日最高温度和日最低温度的平均值（℃）；$\mathrm{humi}_{\mathrm{mean}}$ 是相对空气湿度（%）。

此外，式（5-1）中的其他参数计算公式如下：

$$\gamma = 0.665 \times 10^{-3} \times P \tag{11-18}$$

$$\Delta = \frac{4098 \times e_{\mathrm{s}}}{(T_{\mathrm{mean}} + 237.3)^2} \tag{11-19}$$

式中，P 是大气压（kPa），在缺失的情况下可由式（11-20）计算推出：

$$P = 101.3 \times \left(\frac{293 - 0.0065 \times Z}{293}\right)^{5.26} \tag{11-20}$$

11.3.2　Penman 法

Penman 法实际上是 Penman-Monteith 法的前身，由 Penman 提出后被纳入 FAO 的蒸散发推荐计算方法之中，也是目前最为常用的 PET 计算方法之一，公式略。

11.3.3　Priestley-Taylor 法

Priestley-Taylor 法其实是由 Priestley 和 Taylor 对湿润地表情况下的 Penman-Monteith 方程进行了简化，将空气动力学部分去掉，将能量部分乘以系数进行计算而得到的，是基于太阳辐射的一种潜在蒸散发计算方法，具体公式为

$$\mathrm{PET} = a \times \frac{\Delta}{\Delta + \gamma} \times \frac{R_{\mathrm{n}}}{\lambda} + b \tag{11-21}$$

式中，参数 a 设定为 1.26，参数 b 设定为 0，其他参数计算公式同 11.3.1 节，此外气化潜热 λ 可由式（11-22）得出：

$$\lambda = 2.501 - 2.361 \times 10^{-3} \times T_{\mathrm{mean}} \tag{11-22}$$

11.3.4　Hargreaves 法

模型集成的 Hargreaves 法是 Hargreaves 和 Samni 提出的几个潜在蒸散发计算公式中的一个，是基于气温的计算方法。由于该方法仅需要气温观测数据（日平均气温、日最高气

温、日最低气温）便可进行计算，需要的输入量较少，计算速度更快。具体公式为

$$PET = a \times (T_{mean} + b) \times (R_{ss} \times 0.408) \qquad (11\text{-}23)$$

式中，参数 a 为 0.0135，参数 b 设定为 17.8，太阳总辐射 R_{ss} 可由式（11-24）求出：

$$R_{ss} = 0.16 \times R_a \times \sqrt{T_{max} - T_{min}} \qquad (11\text{-}24)$$

11.3.5　Makkink 法

Makkink 法是根据荷兰草原地区在凉爽气候条件下资料推得的，属于基于太阳辐射算法的一种，其公式为

$$PET = a \times \frac{\Delta}{\Delta + \gamma} \times \frac{R_s}{58.5} + b \qquad (11\text{-}25)$$

式中，参数 a 设定为 0.61，参数 b 设定为 -0.012，其他参数计算公式同 11.3.1 节。

11.4　植被生长模块

植被在陆地水文循环过程中扮演着至关重要的角色。目前，世界森林面积约占陆地总面积的 1/3，叶面覆盖面积约占陆地总面积的 2/3。作为植被与外界进行物质能量交换的有效渠道，植被叶面具有拦截雨水、进行光合作用、蒸散水分等功能，其生长发育同时又受到土壤水分、太阳辐射和营养元素的制约。为考虑不同类型植被对水文循环的影响，模型按照植被生长方式划分为天然植被和农作物两类。

11.4.1　天然植被

天然植被主要依赖于自然环境，受人类影响较小，其生长发育受到阳光、水分、营养物质等多种因素的制约。而受外界因素制约，植被生长发育变化的同时又会对流域水循环产生重要影响，其过程可以概述为：在流域水循环过程中，降水首先受到植被叶面截留，一部分被蒸发，另一部分落到地面，部分雨水在地表形成径流后汇入河道，剩余雨水则下渗进入地下补充土壤水，土壤中的水分、营养物质在太阳光的作用下进行光合作用，促进植被生长。植被生长发育后叶面积逐渐增大，叶面截留的雨量也相应增多，下渗进入土壤的雨水则减少。当土壤水量无法满足植被生长需要的时候，植被叶面停止增长，进一步影响植被截留雨量和蒸散量，对植被需水和耗水量产生影响（图 11-8）。

由此可见，天然植被与降雨、土壤水分含量、营养物质和太阳辐射之间的关系密切，通过叶面积影响着流域水循环过程。考虑到流域情况的复杂性及资料数据的不一致性，本模型参考得克萨斯农工大学 Williams 等（1989）开发的 EPIC 模型中的作物生长模块，并对其进行简化（模型假定空气中的 CO_2 浓度恒定，生长发育不受根系、营养物质的制约），将其与水文模型 GISMOD 进行耦合，认为植被生长的主要限制因子为温度和水分，具体思路如下。

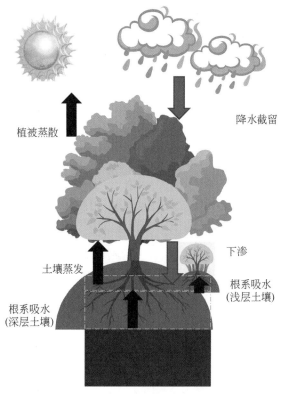

图 11-8　天然植被生长过程

1）在垂向上将土壤划分为表层、土壤层和地下水层 3 层，同时把天然植被概化为林木和草甸两类；模型认为，林木类植被的根系较发达，以吸取深层土壤水为主，而草甸类植被的根系较浅，以吸取表层土壤水为主。

2）根据日最高气温、日最低气温、植被生长基准温度计算出每日的单位热量，并逐日累加得到有效累积热量。

3）通过太阳辐射和植被叶面积指数之间的关系式计算出有效光合作用辐射，并结合能量-生物量参数、每日白昼时长、经纬度等计算出每日植被可能增加的生物量。

4）分别计算水分、气温要素的限制因子：①当土壤层可供水量小于植被所需水量时，植被生长受到水分制约。其中，植被所需水量由叶面积指数、潜在蒸散发量、植被生长系数、土壤凋零含水量、净雨量等要素确定。②根据植被生长基准温度、最优温度和当日气温计算出气温限制因子。

随后将水分、气温限制因子进行比较，选取对植被生长影响最大的一项作为植被生长的限制因子。

5）叶面积指数的大小不仅影响从太阳能到生物能的转换量，而且决定着植被需水量，对植被生长起着至关重要的作用。因此需要根据植被生长的限制因子、单位热量、叶面积指数等判断植被的生长发育状态，相应地对植被叶面积指数进行调整。

6）计算出考虑水分限制因子影响的植被收获指数，将其乘以每日植被可能增加的生物量，最终得到每日植被实际增加的生物量。

1. 物候生长

根据气候学理论，适宜的温度能够促使植被生长，而植被的生长则以每日累积的热量为基础，单位热量的计算公式为

$$HU_i = \frac{T_{max,i} - T_{min,i}}{2} - T_{base,j} \tag{11-26}$$

式中，i 是天数；j 是植被类型；$T_{max,i}$ 和 $T_{min,i}$ 分别是日最高气温和日最低温度（℃）；$T_{base,j}$ 是植被的基准温度（℃），模型认为，植被只有在温度高于基准温度时才开始生长。

根据单位热量可计算出热量单位指数（HUI），该指数是将每日的单位热量进行累积，并将其与植被从开始生长到成熟期所需要的总热量（PHU$_j$）进行对比，取值范围介于 0 ～ 1，以此反映植被的生长发育程度：

$$HUI_i = \frac{\sum_{k=1}^{i} HU_k}{PHU_j} \tag{11-27}$$

2. 潜在发育

植被生长发育的潜力与太阳辐射密切相关，按照比尔定律，植被截留的每日光合有效辐射 $[PAR_i, MJ/(m^2 \cdot d)]$ 可根据每日太阳辐射 $[RA_i, MJ/(m^2 \cdot d)]$ 与每日叶面积指数（LAI_i）的关系而定：

$$PAR_i = 0.5 \times RA_i \times (1 - e^{-0.65 \times LAI_i}) \tag{11-28}$$

那么每日植被可能增加的总生物量（ΔBp_i, kg/d）可由植被截留的光合有效辐射及能量-生物量参数（Be_j, kg/MJ）之间的关系求得

$$\Delta Bp_i = Be_j \times PAR_i \times (1 + \Delta HRLT)^3 \tag{11-29}$$

式中，HRLT 是每日的白昼时长（h）；ΔHRLT 是每日白昼时长的变化量（h），其计算公式为

$$HRLT = 7.64 \times \cfrac{1}{\cos\left[\cfrac{\sin\left(\dfrac{2\pi}{360} \times LAT\right) \times \sin(SD_i) - 0.044}{\cos\left(\dfrac{2\pi}{360} \times LAT\right) \times \cos(SD_i)}\right]} \tag{11-30}$$

式中，LAT 是植被所在网格所处的纬度（°）；SD_i 是每日的太阳倾斜角度（°）。

$$SD_i = 0.4102 \times \sin\left[\frac{2\pi}{365} \times (i - 80.25)\right] \tag{11-31}$$

式中，i 是天数（例如 1 月 1 日为 1 天，12 月 31 日为 365 天），那么每日植被实际增加的生物量（ΔBa_i, kg）可相应求出：

$$\Delta Ba_i = \Delta Bp_i \times REG_i \tag{11-32}$$

式中，REG_i 是植被在第 i 日的生长压力指数。

3. 叶面积指数

叶的表面是植被与外界进行物质和能量交换最直接、最活跃的渠道，它通过蒸腾蒸

发、叶面截留及光合作用等形式参与生态系统水分循环。当发生降雨时，受叶面截留的影响，降雨被分配为截留、干流和透流 3 个部分，在 Eco-GISMOD 中将干流和透流量概化为净雨量，直接进入土壤表层，而截留的雨量则蒸发掉。因此，对叶面积指数（LAI）进行合理模拟，也是实现植被对降水重分配的有效途径，具有重要的生态水文意义。在 Eco-GISMOD 中，植被的叶面积指数分生长期和衰落期进行计算。

（1）生长期

当热量单位指数小于等于 1 时（即 $\mathrm{HUI}_i \leqslant 1$），模型认为植被处于生长阶段，计算公式为

$$\mathrm{LAI}_i = \mathrm{LAI}_{i-1} + \Delta \mathrm{LAI} \tag{11-33}$$

$$\Delta \mathrm{LAI} = \Delta \mathrm{HUF} \times \mathrm{LAI}_{\max} \times \left\{ 1 - \mathrm{e}^{\left[5 \times (\mathrm{LAI}_{i-1} - \mathrm{LAI}_{\max}) \right]} \right\} \times \sqrt{\mathrm{REG}_i} \tag{11-34}$$

式中，LAI_i 是第 i 日的叶面积指数；LAI_{i-1} 是第 $i-1$ 日的叶面积指数；$\mathrm{LAI}_{\max}$ 是最大叶面积指数；$\Delta \mathrm{LAI}$ 是叶面积指数的变化量；$\Delta \mathrm{HUF}$ 是单位热量因子的变化量；REG_i 是植被在第 i 日的生长压力指数，可由式（11-35）求得

$$\mathrm{HUF}_i = \frac{\mathrm{HUI}_i}{\mathrm{HUI}_i + \mathrm{e}^{\left[\theta_1 - (\theta_2 \times \mathrm{HUI}_i) \right]}} \tag{11-35}$$

式中，θ_1 和 θ_2 分别设定为 6.5 和 10。

植被生长压力指数 REG 的取值范围为 0 ~ 1，其综合考虑了水分和温度对植被生长的抑制作用，忽略了氮磷营养元素及根系发育的影响，简化后的公式为

$$\mathrm{REG}_i = \min \left\{ W_{si},\ T_{si} \right\} \tag{11-36}$$

植被生长压力指数取决于水分限制因子 W_s 和温度限制因子 T_s 中的最小值，两者的计算公式为

$$T_{si} = \sin \left[\frac{\pi}{2} \times \left(\frac{T_{gj} - T_{bj}}{T_{oj} - T_{bj}} \right) \right] \tag{11-37}$$

式中，T_{gj} 是第 j 类植被生长所需的平均温度（℃）；T_{bj} 是第 j 类植被生长所需的基础温度（℃）；T_{oj} 是第 j 类植被的最优生长温度（℃）。

水分限制因子取决于土壤层可供水量 W_{supply} 与植被实际需水量 W_{demand} 的关系：若土壤层可供水量大于或等于植被实际需水量，那么水分限制因子为 0；若土壤层可供水量小于植被实际需水量，那么 W_s 为

$$W_s = \frac{W_{\mathrm{demand}} - W_{\mathrm{supply}}}{W_{\mathrm{demand}}} \tag{11-38}$$

$$W_{\mathrm{supply},i} = h_0 \times A \times S_a \times k_0 \tag{11-39}$$

$$W_{\mathrm{demand},i} = \mathrm{PET}_i \times j_0 \times \frac{\mathrm{LAI}_i}{\mathrm{LAI}_{\max}} \tag{11-40}$$

式中，h_0 是土壤层厚（m）；A 是网格面积（m²）；S_a 是土壤实际含水量（%）；k_0 是土壤导水系数（m³/d），上述参数按照土壤类型和土地利用类型进行赋值；j_0 是植被生长系数，与土壤实际含水量、土壤临界含水量 S_c 和土壤凋萎含水量 S_w 有关。

1）当 S_a 大于等于 S_c 时：

$$j_0 = 1 \tag{11-41}$$

2）当 S_a 介于 S_c 和 S_w 之间时：

$$j_0 = \frac{\ln\left[\left(\dfrac{S_a - S_w}{S_c - S_w}\right) \times 100 + 1\right]}{\ln\ (100 + 1)} \tag{11-42}$$

3）当 S_a 小于等于 S_w 时：

$$j_0 = v \times \mathrm{e}^{\left(\frac{S_a - S_w}{S_w}\right)} \tag{11-43}$$

式中，v 是经验系数，一般在 0.8~0.95。当植被类型为森林时，其供给水源主要来自土壤层，土壤实际含水量、土壤临界含水量及土壤凋萎含水量（S_a、S_c 和 S_w）由土壤层水箱决定；当植被类型为草地时，其供给水源主要来自表层，相应参数值由表层水箱决定。

（2）衰落期

当热量单位指数大于 1 时（即 $\mathrm{HUI}_i > 1$），模型认为植被开始衰落，叶面积指数的计算公式为

$$\mathrm{LAI}_i = \mathrm{LAI}_0 \times \left(\frac{1 - \mathrm{HUI}_i}{1 - \mathrm{HUI}_0}\right)^{ac_j} \tag{11-44}$$

式中，LAI_0 是当植被开始衰落时的叶面积指数；HUI_0 是植被开始衰落时的 HUI 值；ac_j 是第 j 类植被的衰落速率参数。

4. 干物质量

为了计算植被 j 从生长到成熟所收获的干物质量（Y_j，$\mathrm{kg/m^2}$），还需要计算收获植被指数（HIA_i）：

1）不考虑水分胁迫压力下的植被收获指数计算公式为

$$\mathrm{HIA}_i = \mathrm{HI}_j \times \left(\sum_{k=1}^{i} \Delta \mathrm{HUF}_k\right) \tag{11-45}$$

式中，HI_j 是收获指数；$\Delta \mathrm{HUF}_k$ 是影响植被收获指数的单位热量因子的变化量。

2）考虑水分胁迫压力下的植被收获指数计算公式为

$$\mathrm{HIA}_i = \mathrm{HIA}_{i-1} - \mathrm{HI}_j \times \left[1 - \frac{1}{1 + \mathrm{WSYF}_j \times \mathrm{FHU}_i \times\ (1 - W_s)}\right] \tag{11-46}$$

式中，WSYF_j 是植被 j 对干旱的敏感性指数；FHU_i 是植被生长函数，其计算公式为

$$\mathrm{FHU} \begin{cases} \sin\left[\dfrac{\pi}{2} \times \left(\dfrac{\mathrm{HU}_i - 0.3}{0.3}\right)\right], & 0.3 \leqslant \mathrm{HU}_i \leqslant 0.9 \\ 0, & 0.3 \geqslant \mathrm{HU}_i \text{ 或 } 0.9 \leqslant \mathrm{HU}_i \end{cases} \tag{11-47}$$

最后可计算出植被从生长到成熟可收获的干物质量，计算公式为

$$Y_j = \sum_{i=1}^{n} \mathrm{HIA}_i \times \Delta \mathrm{Ba}_i \tag{11-48}$$

式中，n 是从生长到收获的总天数。

11.4.2 农作物

与天然植被不同，农作物的生长和发育受人为控制呈现出明显的规律性，即不同地区按照一定的时间播种，在作物出苗期、拔节期进行若干次灌溉，到成熟期进行收割（图 11-9）。

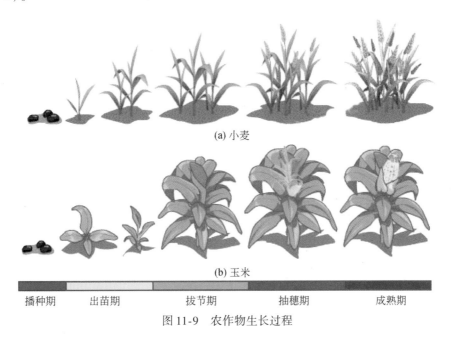

(a) 小麦

(b) 玉米

| 播种期 | 出苗期 | 拔节期 | 抽穗期 | 成熟期 |

图 11-9 农作物生长过程

农作物基本上以灌溉为主，一般不受水分胁迫的影响。以我国西北地区为例：春小麦多在 3 月上中旬播种，5~6 月收获，其生长期耗水量一般在 400~600 mm，其中拔节期至抽穗期（生长中期）和抽穗期至成熟期（生长末期）耗水量约占整个生长期耗水量的 65%，播种期和出苗期（生长初期）耗水量约占整个生长期耗水量的 35%；而夏玉米则在 5 月播种，9~10 月收获，其生长期耗水量一般在 300~450 mm，各个生长期的耗水量差别不大，其中抽穗期耗水量略高，约占整个生长期耗水量的 31%。

根据农作物在不同生长期耗水量差别较大的特点，模型使用作物系数法结合潜在蒸散发量对农作物耗水量进行估算。该方法将农作物在生长期内的灌溉水量平摊到每一天，其优点在于不需要灌溉资料和详细的农作物播种数据，只需确定不同生长期的作物系数，便可计算出农作物的实际耗水量，具体如下：首先将农作物划分为 4 个生长期（出苗期、拔节期、抽穗期、成熟期），每个生长期赋予不同的作物系数，潜在蒸散发量乘以作物系数即可得到农作物的实际耗水量。但是在实际灌溉中，还要考虑到不同方式（漫灌、喷灌等）的灌溉效率，最终得到每日农作物灌溉的实际用水量。

1. 叶面积指数

模型参考中国农业植被净初级生产力模型 Crop-C 的光合作用模块对农作物叶面积的

变化过程进行模拟。从出苗期到抽穗期，农作物叶面积增长主要由分配到叶面的光和产物量决定，计算公式为

$$LAI_i = LAI_{i-1} \times [1 - (YL_i - YL_{i-1})] + \frac{PL_i \times PN_i}{0.45} \times SLA_i \qquad (11-49)$$

式中，YL_i 是第 i 日的作物黄绿叶比；YL_{i-1} 是第 $(i-1)$ 日的作物黄绿叶比；PL_i 是第 i 日的光合产物转移系数，春小麦介于 $0 \sim 0.48$，玉米介于 $0 \sim 0.54$，与 DVI 相关；PN_i 是第 i 日的净光合作用（$g\ C/m^2$）；SLA_i 是第 i 日的比叶面积（m^2/g）。

从抽穗期到成熟期，光合产物不再向叶面转移，此时农作物的叶面积指数与温度、土壤水分相关，计算公式为

$$LAI_i = \frac{LAI_{max}}{[1 + \varepsilon \times (DVI-1)^2] \times \delta} \qquad (11-50)$$

式中，δ 和 ε 是植被参数，由作物类型和土壤含水量决定，变化范围分别介于 $0 \sim 8$ 和 $0.5 \sim 1$；DVI 是标准生育化指数，由下式进行计算：

$$DVI = \frac{\sum_{i=1}^{n} (T_i - B)}{AT} \qquad (11-51)$$

式中，AT 是作物从种植期到收获期总的有效积温（℃）；B 是作物生长起始温度（℃）；T_i 是当日平均气温（℃）；n 是从播种开始的累积天数。

2. 实际耗水量

模型认为农作物耗水来自人工浇灌，耗水量由潜在蒸散发量、作物系数和灌溉效率系数求得

$$W_{i,j} = \frac{PET_i \times kc_{s,j}}{ef} \qquad (11-52)$$

式中，PET_i 是第 i 日的潜在蒸散发量（mm）；$kc_{s,j}$ 是农作物 j 在生长发育阶段 s 的作物系数，由于农作物经历出苗期、拔节期、抽穗期、成熟期 4 个阶段，不同阶段的作物系数也不相同；ef 是灌溉效率系数，在传统农业耕作方式中以漫灌为主，其利用率系数较低，为 $0.4 \sim 0.5$，而喷灌和滴灌的利用率系数可高达 $0.6 \sim 0.8$。

模型假定农作物灌溉用水主要取自河道，因此需要定义若干取水点（也称控制点），每一个取水点按照水流流向控制着上游区域，取水点的取水量等于该点所控制上游区域内所有农作物耗水量之和，计算公式为

$$W_{total} = \sum_{i=1}^{n} \sum_{j=1}^{m} W_{i,j} \qquad (11-53)$$

3. 干物质量

农作物的单位热量、热量单位指数的计算公式同天然植被，然后计算出无水分压力的收获指数，最终得到农作物实际获得的干物质量，公式略。

11.5 产汇流模块

模型产汇流模块原理同 5.7 节。模型将土壤划分为表层、土壤层和地下水层 3 层，并

将每一层看作一个水箱，每个水箱有若干出流孔，各水箱通过出流孔和水流流向在垂向和水平方向上发生水量交换（图 11-10）。

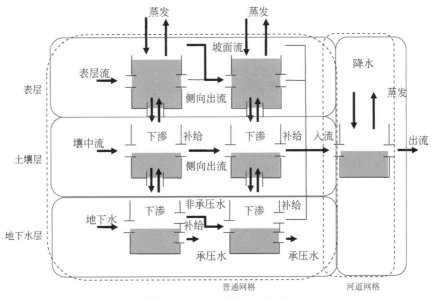

图 11- 10　流域水循环过程

植被在生长期内需要消耗一定量的土壤水分，因此在产汇流计算时需要考虑植被耗水的影响，具体思路如下。

1）判断网格的植被类型：如果该网格的植被类型为林木，那么根据植被需水量和土壤层水箱可供水量进行判断，得到植被实际耗水量并将其从土壤层扣除；如果该网格的植被类型为草甸，那么根据植被需水量和表层水箱可供水量进行判断，计算出植被实际耗水量并将其从表层扣除；如果该网格的植被类型为农作物（小麦、玉米）或无植被覆盖（城镇、未利用地），那么不进行判断，直接跳至步骤 2。

2）按照前处理程序提供的演算顺序，逐网格进行产汇流计算。普通网格产汇流计算如下：①根据净雨量、潜在蒸散发量、上游网格表层水箱出流量和本网格表层水箱水量计算表层水箱的坡面流量、下渗流量和侧向出流量，并相应地调整表层水箱水位。②根据上游网格土壤层水箱出流量、本网格表层水箱下渗流量、调整后的表层水箱水量及土壤层水箱水量计算土壤层水箱的侧向出流量、下渗流量及向表层水箱的补给流量，并调整土壤层水箱水位。③与表层、土壤层相同，逐一计算地下水层的各项出流量，并相应地调整地下水层水箱水位。④最后根据地下水层、土壤层的补给水量再次对各层水箱水位进行调整。

3）普通网格各层的出流汇入河道网格并按汇流顺序进行演算：①如果考虑人类取用水影响（从河道取水用于农作物灌溉），那么需要根据实际情况选择一些河道网格作为取水点，每一个取水点按水流流向将其上游网格的实际用水量进行累加，然后统一从该河道网格扣除，即当取水量大于河道水量时，河道水箱水位清零，取水量等于河道来水量；否则按实际取水量扣除后调整河道水箱水位，进行下一河道网格计算。②如果不考虑人类取用水影响，则直接进行汇流计算，直至流域出口。

11.6 小　　结

  本章分别从前处理、空间插值、潜在蒸散发、植被生长和产汇流等方面对 Eco-GISMOD 原理进行了详细介绍，模型不仅考虑了降水、截留、蒸发、下渗、地下水补给等过程，而且通过植被与降水、土壤水分、蒸散发之间的相互作用关系，将生态和水文过程有机结合起来，能够实现蒸散发、土壤水、叶面积、植被生长等过程模拟，是分布式生态水文模拟系统构建的理论基础。

第12章 输入数据准备与参数设置

黑河上游多为温带山地森林和草原，中游以温带小灌木和农作物为主，下游多为荒漠植被，不同植被对流域水循环的影响差别较大，造成了黑河流域生态水文过程的时空异质性。因此，本研究选择甘肃省境内自祁连到金塔的区间（约 72 200 km²）进行生态水文过程研究，具有较好的代表性（图 12-1）。

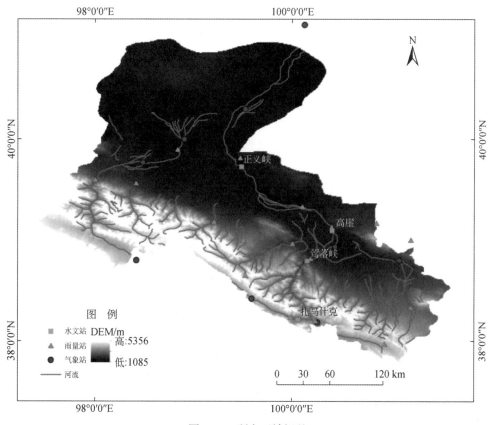

图 12-1 研究区域概况

12.1 DEM 数据

DEM 数据来源于中国科学院寒区旱区科学数据中心（http://data.casnw.net/portal/，下同），分辨率为 1 km×1 km。Eco-GISMOD 的网格分辨率取决于模型输入 DEM 的空间分辨率，因此要求后续输入的土地利用、土壤类型及地质类型等数据的分辨率与 DEM 一致，并将上述数据转换为 ASCII 格式或 txt 文本格式进行输入。

12.2 气象数据

本研究选用的气象数据来自上游的祁连、托勒、野牛沟、山丹，中游的张掖、高台、金塔、鼎新和酒泉共 9 个气象站（表 12-1），包括日最高气温、日最低气温、日平均气温、大气压、日照时长、相对湿度和风速 7 项内容，时间范围从 1990 年 1 月 1 日到 1994 年 1 月 1 日，数据序列完整性较好，无缺失数据。

表 12-1 气象站基础信息

序号	站点名称	经度/(°E)	纬度/(°N)	高程/m
1	野牛沟	99.58	38.41	3376
2	托勒	98.41	38.80	3367
3	祁连	100.25	38.18	2787
4	张掖	100.43	38.93	1482
5	山丹	101.08	38.80	1764
6	高台	98.90	40.00	1270
7	金塔	100.11	41.13	1271
8	酒泉	98.48	39.76	1477
9	鼎新	99.52	40.30	1177

12.3 雨量数据

考虑到雨量站的空间分布特征及数据完整性，共选取了研究区内外 18 个雨量站（表 12-2），日降雨量数据从 1990 年 1 月 1 日到 1994 年 1 月 1 日，缺测时段（即降雨量为 −9999）的降雨量采用交叉验证法进行插补。

表 12-2 雨量站基础信息

序号	站点名称	经度/(°E)	纬度/(°N)	高程/m
1	祁连	100.23	38.2	3020
2	俄博	100.93	37.96	3460
3	大岔	99.51	38.65	3400
4	康乐	99.91	38.80	2600
5	红寺湖	101.20	39.00	1750
6	平川	100.10	39.33	1250

序号	站点名称	经度/(°E)	纬度/(°N)	高程/m
7	高崖	100.40	39.13	1420
8	平山湖	100.85	39.16	1600
9	莺落峡	100.18	38.81	1700
10	扎马什克	99.98	38.23	2810
11	正义峡	99.46	39.81	1280
12	新地	98.41	39.56	1880
13	李家桥	101.13	38.51	2150
14	红沙河	99.20	39.18	2350
15	马营	101.20	38.33	2550
16	红山	98.65	39.43	1700
17	冰沟	98.00	39.60	2015
18	鸳鸯池	98.83	39.90	1286

12.4　土地利用数据

根据输入气象、雨量数据的时间范围，选用 TM 遥感影像解译获得的 1990 年土地利用数据。该数据采用一个分层的土地覆盖分类系统，以《土地利用现状调查技术规程》为依据将全流域分为 26 个二级类（图 12-2）。由于在 Eco-GISMOD 中，土地利用数据既是植被类型确定的依据，也是产汇流计算中划分表层水箱类型的标准，需要将其归为模型可识别的 6 个一级类（耕地、林地、草地、水域、城镇用地和未利用地）。

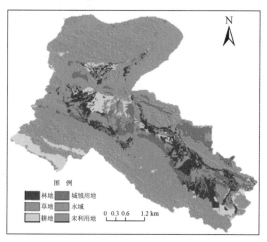

图 12-2　土地利用类型重分类

重分类后的 6 个土地利用类型用来确定模型表层的水箱参数，此外还需要对林地、草地进行细分以满足植被参数设定需要。在本研究中，根据二级类别将林地和草地又细分为常绿阔叶林、落叶针叶林、灌木和草地（高覆盖度草地、中覆盖度草地和低覆盖度草地）4 类（图 12-2）。耕地主要由水浇地和旱地组成，其中以水浇地为主。

12.5　土壤类型数据

土壤类型数据是基于第一次全国土壤普查的黑河流域数据集获得的（图 12-3）。根据中国土壤分类系统并结合实地情况，将其按照土壤理化性质（沙粒、粉粒、黏粒组分）划分为渗透性能大、中、小 3 类，其中沙粒含量大于 50% 的土壤，粒间空隙大、透气性能好、水分渗入较快，认为其渗透性能大；而土壤黏粒大于 30% 的土壤，粒间空隙小、通气不良、透水性能较差，认为其渗透性能小；介于上述两者之间的土壤渗透性能中等。

具体划分情况为：灌耕土、粗骨土、灰漠土、冷钙土及新积土的渗透性能设为中；草毡土、龟裂土、黑钙土、灰褐土等渗透性能设定为大；而冻土、盐土、草甸土、沼泽土、黏土及泥炭土等渗透性能设定为小（图 12-3）。最后，将重分类的土壤类型空间数据转换为 Eco-GISMOD 可识别的 ASCII 数据格式。

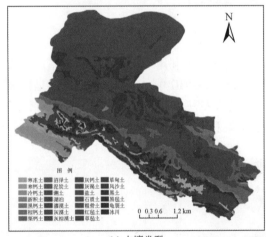

(a) 土壤类型

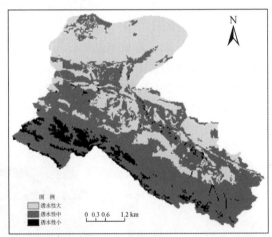

(b) 土壤渗透性能

图 12-3　土壤类型与土壤渗透性能

12.6　地质类型数据

研究区的地质类型数据是从黑河流域 1∶100 万地貌数据集中提取出来的，并按照地质成因划分为 14 个基本类型（图 12-4）。由于黑河流域上中下游具有不同的地貌成因和形态，同样按照岩石的渗透性能划分为大、中、小 3 级：其中将由强烈褶皱断块隆升的高山、高地、中山和构造–剥蚀作用形成的丘陵、山地的渗透性能设为小；将冲洪积细土平原、风积平原、沙丘及沙地的渗透性能设定为大；而将山间洼地、湖滩地、台地和阶地的渗透性能设定为中（图12-4）。最后将重分类后的地质类型数据转换为Eco-GISMOD可识别的ASCII数据格式。

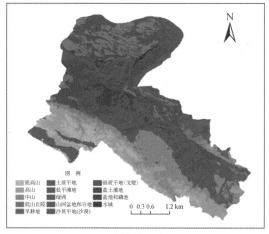

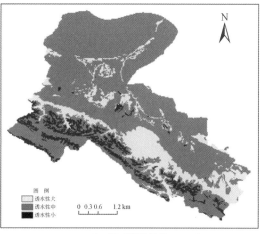

(a) 地质类型　　　　　　　　　　　　　　(b) 岩石渗透性能

图 12- 4　地质类型与岩石渗透性能

12. 7　参 数 设 置

12.7.1　产汇流参数

模型产汇流参数确定方法参见7.1节。

12.7.2　人工取用水参数

人工取用水参数分为控制点参数和农作物参数两部分，用来计算农作物耗水量及河道取用水量，具体设置如下。

（1）控制点

考虑到黑河流域行政区划、地形地貌、灌区分布等因素，本研究分别选取莺落峡、张掖、临泽、正义峡和流域出口点（金塔）附近的5个河道网格作为控制点，其控制区域1~5分别对应莺落峡上游山区、山丹县及民乐县、张掖市和临泽县、高台县及其他平原区（图12-5），图中的99表示其他区域。

参考《甘肃统计年鉴1990》，分别输入相应的控制点参数（表12-3），由于甘肃省以农业为主，工业用水量所占比例较小（3%~5%），在本研究中仅考虑农作物灌溉、生活用水对河道水量的影响。此外，考虑到目前黑河流域仍以引渠漫灌为主，灌溉利用系数统一设定为0.55。

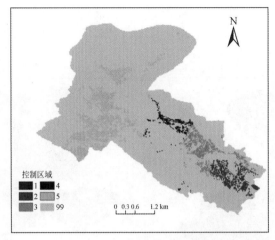

图 12-5　控制点划分区域

表 12-3　控制点基础参数

ID	控制行政区	人口/万人	人均用水量 /(m³/d)	废水排放 率/%	农作物类型	灌溉利用系数
1	祁连县、肃南裕固族自治县	16.07	0.15	25	1	0.55
2	张掖市、临泽县及高台县	129.08	0.2	30	2	0.55
3	金塔县、酒泉市等	30.7	0.2	25	2	0.55

（2）农作物

黑河流域是甘肃省重要的商品粮基地，农作物以春小麦和制种玉米为主，春小麦一般播种于 3 月中旬，7 月收获，整个生长期约为 130 天，其中生长初期、发育初期、发育后期、成熟期的天数分别为 20 天、20 天、60 天、30 天；而制种玉米一般播种于 4 月底 5 月初，收获于 9～10 月，整个生长期约为 160 天，其中生长初期、发育初期、发育后期、成熟期的天数分别为 30 天、40 天、60 天、30 天。

由于黑河上中游地区海拔起伏较大，气候的差异性使得同一农作物在不同地区的物候期不尽相同，同时该地区普遍存在间作套种现象，因此将春小麦和制种玉米按高低维度进行叠加后划分为两类：第 1 类农作物分布在黑河上游地区，该地区海拔高、太阳气候寒冷，使得播种时间较早；第 2 类农作物分布在黑河中游地区，播种时间晚于第 1 类农作物。这两类农作物不同生长期的作物系数采用尹海霞等（2012）对黑河流域近 43 年来农作物的研究成果，具体赋值见表 12-4 和表 12-5。

表 12-4　农作物初始参数值

农作物类型	播种期/天	初始期/天	生长期/天	成熟期/天	收获期/天	生长周期/天
1	75	30	80	60	35	205
2	85	36	60	81	35	212

注：生长周期包括初始期、生长期、成熟期、收获期

表 12-5　农作物生长周期内的 K_c

农作物类型	初始期	生长期	成熟期	收获期
1	0.4	1.1	0.6	0.3
2	0.5	0.7	1.2	0.4

12.7.3　生态植被参数

不同类型的植被生长发育过程差别较大，对土壤水分、温度和太阳辐射的要求也不相同。黑河流域植被空间分布格局的特点是上游以山地森林和高覆盖度草甸为主，中下游多农田、灌丛和低覆盖度草地。

根据温度带和植被种属并结合中国土地资源分类系统和 USGS 分类系统，可将黑河流域植被划分为针叶林、阔叶林、灌木林、草地和农作物 5 类，植被参数主要参考前人研究成果。针叶林由青海云杉及耐寒的圆柏等组成，初始生长温度设定为 8 ℃，最适生长温度设定为 20 ℃，潜在能量–生物量转换比率设定为 16，收获指数为 0.75，最大叶面积为 5；阔叶林由青杨、小叶杨和红桦等组成，初始生长温度设定为 10 ℃，最适生长温度设定为 25 ℃，潜在能量–生物量转换比率设定为 15，收获指数为 0.7，最大叶面积为 5；灌木林由高山柳、怪柳、梭梭、沙棘、柠条等灌木或小乔木组成，初始生长温度设定为 10 ℃，最适生长温度设定为 20 ℃，潜在能量–生物量转换比率设定为 30，收获指数为 0.01，最大叶面积为 5；草地由苜蓿草、芨芨草等覆盖度较低的沙生草本植被组成，初始生长温度设定为 10 ℃，最适生长温度设定为 20 ℃，潜在能量–生物量转换比率设定为 20，收获指数为 0.01，最大叶面积为 5；农作物主要种植在黑河流域中游的冲积平原，以玉米和小麦为主，其生长参数来自人工取用水模块，用来计算叶面积指数和耗水量，其他参数则通过生态植被模块进行设定，用来计算植被水分生产力、生物量等（表 12-6）。

表 12-6　生态植被初始参数

植被	分类 ID	初始生长温度/℃	最适生长温度/℃	潜在能量–生物量转换比率	收获指数	转换参数 a_1	转换参数 a_2	干旱敏感参数
针叶林	1	8	20	16	0.75	10.50	25.99	0.75
阔叶林	2	10	25	15	0.70	5.05	40.95	0.70
灌木林	3	10	20	30	0.01	15.01	50.95	0.01
草地	4	10	20	20	0.01	15.01	50.95	0.01
农作物	5	6	22	30	0.50	15.05	50.95	0.05

12.8 小 结

本节首先对研究区域生态水文情况进行了详细描述，并从应用角度出发，分别介绍了系统运行所需要输入的数据格式和种类，同时对模型参数设置进行了详细分析，给出了系统运行的整体流程图，通过实例研究获取流域生态水文模拟结果，为结果分析研究提供依据。

第13章 黑河流域生态水文过程实例分析

为了解黑河流域生态水文特征，研究生态–水文相互作用机理，检验模拟结果的准确性，本书还需要通过与观测数据及他人研究成果的比对分析，加深对流域生态水文过程的认知，并通过对流域存在问题的分析提出相应的建议。

首先将 DEM 数据、气象站、雨量站数据输入系统，选择蒸散发方法计算流域各网格的蒸散发量，并在输入流域土地利用、土壤类型和地质类型等空间数据之后分别设置产汇流参数、人工取用水参数和生态植被参数，将模拟结果相应地存储到用户指定的硬盘位置，具体流程如图 13-1 所示。

通过对黑河流域蒸散发、叶面积指数、收获指数、生物量、水分压力指数、径流量及土壤含水量、水分生产力等数十项指标进行分析（表 13-1），研究流域生态–水文的作用关系。由于 Eco-GISMOD 是以网格为基本单元的分布式生态水文模型，流域内每个网格单元均有模拟结果，但受制于实际观测资料（如无法获取流域内每个点位土壤含水量、生物量、叶面积指数等观测数据），不可能对所有模拟结果进行验证。因此主要选取了通过卫星遥感所获得的叶面积指数和蒸散发、水文站实测径流量、前人研究获得的生物量、水分生产力等数据进行分析验证。

表 13-1 模拟输出结果一览表

模拟结果	文件（文件夹）名称	文件位置	数据类型
蒸散发	EVPT	…\ output\ EVPT\ 1，2，…1461. dat	空间数据
叶面积指数	LAI	…\ output\ LAI\ 1，2，…1461. dat	空间数据
收获指数	HIA	…\ output\ HIA\ 1，2，…1461. dat	空间数据
生物量	BPI	…\ output\ BPI\ 1，2，…1461. dat	空间数据
水分压力指数	WS	…\ output\ WS\ 1，2，…1461. dat	空间数据
径流量及土壤含水量	out_result. dat	…\ output\ out_result. dat	点位数据
水分生产力	CWP	…\ output\ CWP\ 1，2，…1461. dat	空间数据

需要说明的是，Eco-GISMOD 模型参数主要根据前人研究成果进行设定，侧重于流域生态水文过程的变化趋势分析，对于绝对值的验证则需要通过后续典型区域试验对参数进行优化。以下分别通过植被生长及其对水循环的影响、流域水文特征及其对人类活动的响应、水分制约条件下的植被生长动态 3 个方面对生态–水文作用规律进行研究，最后针对流域生态水文问题提出相应的对策和建议。

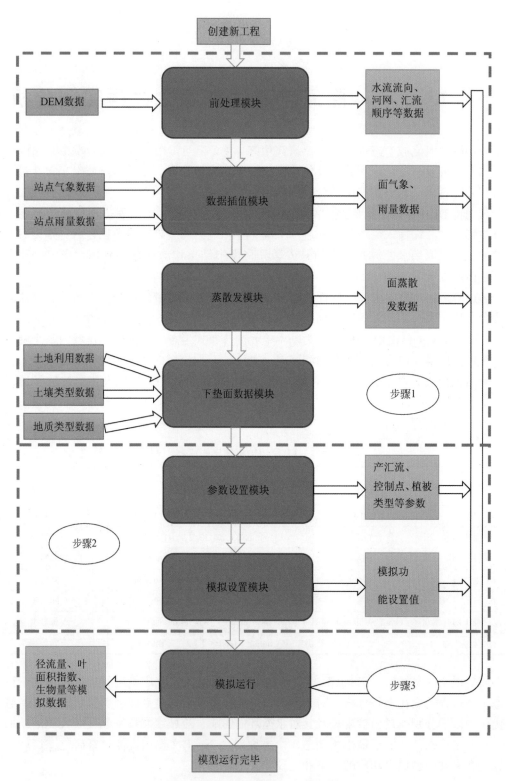

图 13-1 Eco-GISMOD 运行流程图

13.1 植被生长及其对流域水循环的影响

13.1.1 叶面积变化规律

叶面是光合作用的主要场所，其变化情况对植被光能利用率将产生重要影响，只有光合作用满足生理需要时，植被才能够正常生长和发育。因此，叶面积指数是反映植被生长状态的重要指标之一，通常用植被叶面积总和与植被覆盖地块面积之比表示。为比较模拟结果的准确性，分析流域不同植被的生长发育情况，按照植被类型分别统计出阔叶林、针叶林、灌木林和草地 LAI 逐月变化情况，并将其与通过 MODIS 影像解译获得的 LAI 数据进行对比。其中，通过反演生成的 LAI 数据来自美国地质调查局，数据每 8 天为一景，全年共 46 景，数据起始时间为 2002 年 6 月。本研究模拟时间段为 1990～1993 年，因此选择距该时段最近的反演数据（2003～2006 年）进行对比研究，结果如图 13-2 所示。

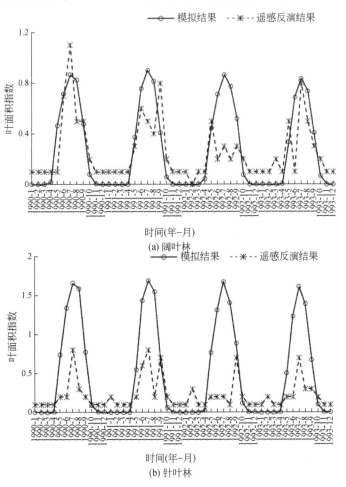

(a) 阔叶林

(b) 针叶林

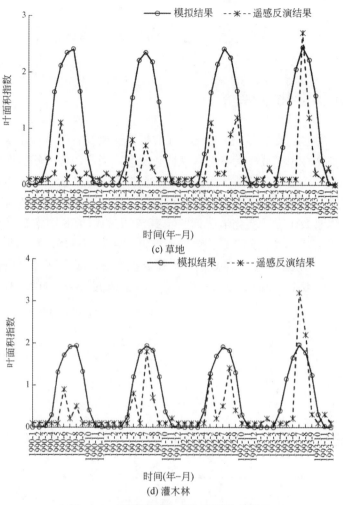

图 13-2　不同植被类型 LAI 逐月变化图

从变化趋势上看，Eco-GISMOD 模拟值与遥感反演结果基本一致，即呈现出夏高冬低的变化趋势，1～4 月变化不大，自 5 月开始 LAI 迅速增加，并在 7～8 月达到最大，随后迅速减小并于 10～11 月回落至年初水平。但是由于受到云层、大气辐射校正等因素影响，而且遥感反演获得的 LAI 数据与模拟值在时间上相差较大，部分数据与模拟值差别较大，呈现出一定的波动性。

从平均值上看，阔叶林的模拟效果最好，模型模拟与遥感反演的 LAI 均值分别为 0.277 和 0.258；针叶林的模拟效果次之，模型模拟与遥感反演的 LAI 均值分别为 0.495 和 0.225；灌木林的模拟效果较差，模型模拟与遥感反演的 LAI 均值分别为 0.722 和 0.379；草地的模拟效果最差，模型模拟与遥感反演的 LAI 均值分别为 0.917 和 0.314。将模拟结果与通过 MODIS 反演得到的 LAI 进行相关性分析，各植被类型的相关系数介于 0.5～0.7。其中阔叶林的相关性最高，为 0.732；灌木林的相关性最低，为 0.509。通过与杨永民 (2010) MODIS NDVI 产品获得的结果对比，发现系统模拟结果能基本反映出黑河流域植被的季节性变化趋势，为准确估算植被生长发育对流域水循环的影响提供了保证。

为了解 LAI 的时空变化规律，还输出了 1~12 月 LAI 空间分布图（图 13-3）。从时间上看，冬季（12 月至次年 2 月）除中游部分地区 LAI 大于 1 外，流域大部分地区的 LAI 在 1 以下，主要是黑河上游山区气候寒冷，气温自 12 月开始普遍降至植被生长温度以下，导致大部分植被生长停止，返青时间较晚。随着气温逐渐升高，植被在 4 月中旬左右（第 130~140 天）逐渐返青并生长，此时气温已高于植被生长温度。黑河上中游西部区域以灌木林和草地为主，其生长温度低于阔叶林和针叶林，因此植被生长较其他地区稍早。随着温度的持续升高，LAI 在 8 月达到最大，空间上主要集中在流域中游西侧阔叶林和针叶林较为密集的区域。随后 LAI 逐渐减小，并在 2~3 月达到最低，植被生长周期为 280~300 天。受气候条件及植被类型分布的影响（南部以林木为主，北部以高寒草甸为主），上游山区植被生长起止时间均早于中游平原，其中中游部分草甸的叶面积指数一年四季均大于 0。

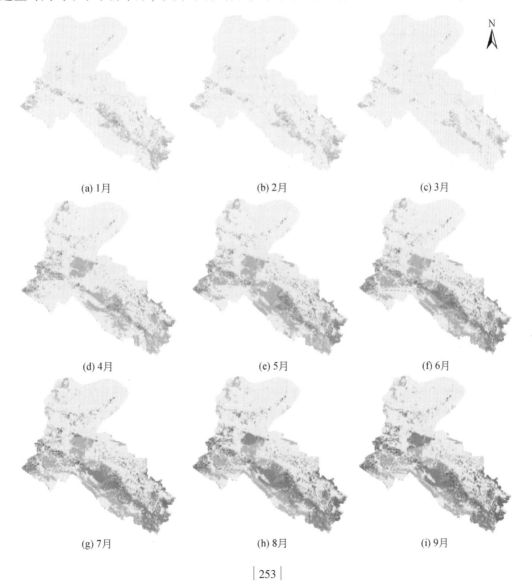

(a) 1月   (b) 2月   (c) 3月

(d) 4月   (e) 5月   (f) 6月

(g) 7月   (h) 8月   (i) 9月

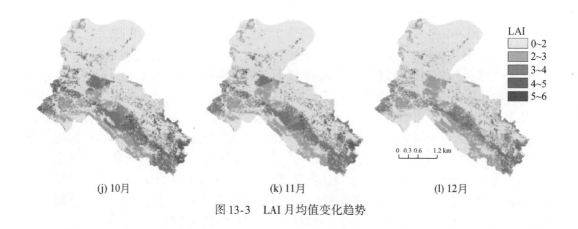

(j) 10月　　　　　　　　　　(k) 11月　　　　　　　　　　(l) 12月

图 13-3　LAI 月均值变化趋势

13.1.2　流域蒸散发潜力

潜在蒸散发（PET）是指水分充足供应时下垫面的最大蒸发能力，是反映地表热通量变化的重要指标。当地表温度升高时，植被光合作用增强，生长发育速度加快，需要更多的水分来维系。所以对流域蒸散发潜力的分析，能够反映出植被生长过程中可能消耗的最大水量，为植被叶面实际蒸腾量研究奠定基础。

图 13-4 是根据系统模拟结果统计出的流域年均 PET 空间分布情况。从变化趋势上看，PET 自西南向东北呈现出逐渐增大的趋势，并以祁连山与北山山地之间的河西走廊为界分为南北两部分，其中南部山区 PET 介于 900～1100 mm，而北部荒漠区 PET 高达 1600 mm。黑河流域为典型大陆性季风气候，同时受到地形和气候影响，导致上游祁连、青海等山区PET 较低（900～1100 mm）；中游平原区地处温带，气候较为干旱，其潜在蒸散发能力也随之增强（1200～1400 mm）；下游鼎新、金塔等荒漠地区受极端干旱气候影响，PET 最大（1400～1600 mm）。

雒新萍等（2011）使用 FAO Penamn-Monteith 公式对黑河流域 2000～2008 年潜在蒸散发量进行了计算，其结果表明 PET 呈现出明显的层次性变化规律，由东北荒漠向西南山区逐渐减少，PET 多年平均值介于 720～1700 mm，其中上游西南山区 PET 在 1000 mm 以下，中游绿洲 PET 介于 1000～1300 mm，而下游东北部荒漠区 PET 介于 1400～1700 mm，其结果与 Eco-GISMOD 模拟值基本一致。赵捷等（2013）使用不同蒸散发计算方法对黑河流域1990～2000 年潜在蒸散发量进行了估算，同样发现 PET 总体上呈现出自东北向西南递减的变化趋势（从 1300 mm 减至 700 mm）。

为详细了解流域不同地区蒸散发潜力的差异，分别提取出上游祁连、中游张掖和高台、下游金塔 4 个点位的 PET 月均值（图 13-5）。从季节上看，这 4 个点位 PET 均呈现出单峰变化趋势，即在夏季（6～7 月）达到最高，随后逐渐下降，并于冬季（12 月至次年2 月）降至最低。从月份上看，4～9 月下游金塔 PET 均高于其他 3 个点位，中游张掖与高台差别不大，上游祁连 PET 最低；10 月至次年 3 月 4 个点位 PET 月均值差别不大。

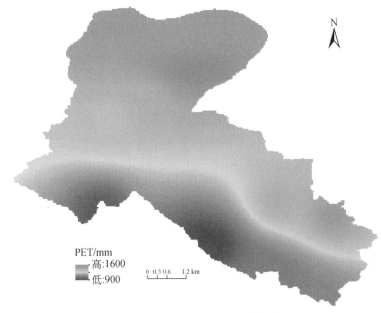

图 13-4　流域年均 PET 空间分布

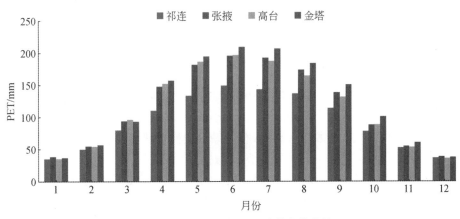

图 13-5　不同点位 PET 月均值变化趋势

通过对这 4 个点位 1990 ~ 1993 年 PET 年际变化分析，发现其结果与韩松俊等（2009）对 1958 ~ 2005 年黑河流域潜在蒸散发分析结果基本一致，即黑河流域蒸散发能力呈逐年下降趋势，中下游 PET 下降较快，幅度介于 9 ~ 30 mm/a。总体来说，黑河流域的蒸散发潜力时空差异明显，受地形和气候的影响表现出平原及荒漠地区高、山区低的特点。

虽然不同地区的蒸散发潜力不同，但具有相同的变化趋势，表现为夏季高、冬季低的单峰变化曲线。这与植被叶面积的变化规律较为一致，说明植被发育起始于春季，在夏季有利的条件下迅速生长，并于秋季逐渐衰落，表明流域需要提供相应水分以保证植被生长需要。

13.1.3　流域实际蒸散发量

模拟系统根据蒸散发潜力、下垫面条件和植被生长情况计算出流域内各网格的实际蒸散发量（AET）。没有植被覆盖的网格，其实际蒸散发量近似等于土壤蒸发量；有植被覆盖的网格，其实际蒸散发量为植被叶面散发量和土壤蒸发量之和。为了对比流域不同地区AET变化规律，分别选取上游祁连、中游张掖及下游金塔3个点位进行分析（图13-6）。

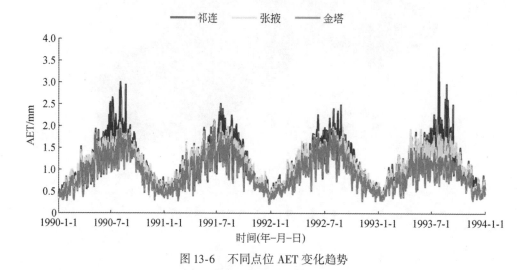

图 13-6　不同点位 AET 变化趋势

由结果可知，3个点位AET基本呈现出相同的变化趋势，即夏季高、冬季低，最大值一般出现在7~8月，介于1.8~3.9 mm，而最小值主要出现在1月，维持在0.5 mm左右。Li等（2008）通过将MODIS数据与SEBS模型结合同样发现黑河流域实际蒸散发量在7~8月最高，随后逐渐减小，并在12月至次年1月达到最低。

从空间上看，位于上游的祁连AET最高，中游张掖次之，下游金塔最低，呈现出由上游至下游逐渐减少的趋势，3个点位AET年均值分别为422 mm、395 mm和338 mm。其中，祁连点位AET日均值为1.16 mm，最高值为3.78 mm，最低值为0.28 mm；张掖点位AET日均值为1.08 mm，略小于祁连，最高值为2.14 mm，最低值为0.25 mm；金塔点位AET日均值为0.92 mm，最高值为1.95 mm，最低值为0.22 mm。

图13-7为黑河流域AET年际变化趋势（颜色越深，表示AET越高）。从整体上看，黑河流域上游植被覆盖较为密集的部分山区和中游大部分绿洲的AET变化幅度相对较小，而荒漠区AET受降水和气温影响强烈，变化幅度较大，AET从1990~1992年呈逐年下降趋势。杨永民等（2008）经过研究指出，黑河流域上游地区的湿润气候及森林覆盖等因素，致使其蒸散发量大于中下游地区。郭晓寅（2005）通过遥感反演与地面观测资料交叉验证同样发现AET最高值位于上游的森林区，而最低值则位于下游沙漠区。

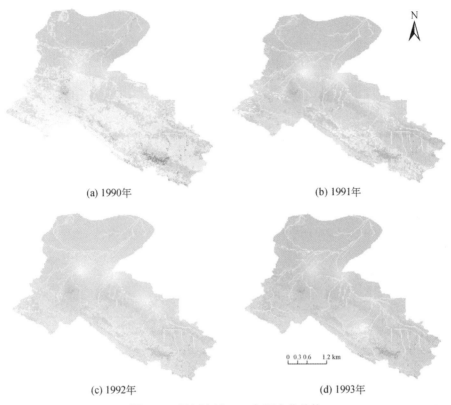

图 13-7 黑河流域 AET 年际变化趋势

由上述结果分析可知，黑河流域上游山区茂密植被和中游绿洲在生长过程中蒸散发水分较多，使得该区域 AET 远大于植被覆盖稀疏的下游荒漠区，并且受到蒸散发潜力的影响，流域 AET 总体上呈逐年下降趋势。

13.1.4 不同植被需耗水量

植被的生长发育需要从土壤中吸取水分，除一小部分用于植被本身光合作用和生理需要外，绝大部分（95％以上）通过叶片上的气孔以蒸散发形式返回大气，通过水分吸收与消耗以带动土壤中的矿物营养元素流通至植被各个部位，提供其生长发育所需养分。植被消耗水量的多少将会对流域内水资源分配和运移产生影响，间接影响流域产汇流等水循环过程。以下分别通过对天然植被和农作物的分析，揭示植被生长发育对流域水循环的影响。

（1）天然植被

天然植被的需耗水量主要受降水、土壤和温度等自然因素的影响，其供需水往往出现不平衡的现象。阔叶林、针叶林、灌木林和草地 4 种天然植被的供需水量如图 13-8 所示。

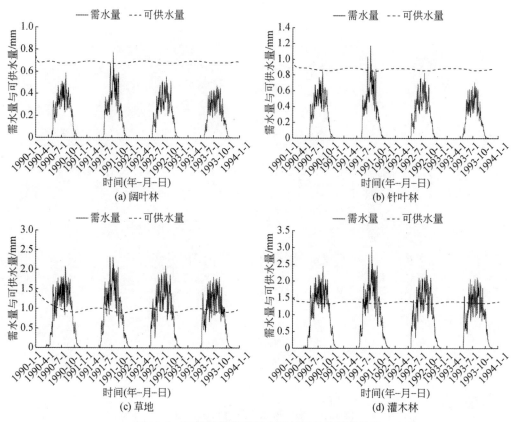

图 13-8　天然植被类型需水量与可供水量的关系

从需水量上看，以高山寒区林木为主的植被（阔叶林和针叶林）的需水量远小于中游地区的灌木和草甸植被（灌木林和草地），4 种类型植被的年需水量分别为 66.08 mm、83.48 mm、203.46 mm 和 231.88 mm。金博文等（2003）通过对黑河流域山区植被的观测试验发现，林地能够较好地涵蓄水分，导致林地消耗水量仅为林外草地的 34.2%，需水量较小。王根绪等（2005）指出草地生态系统的生态需水量约为森林生态系统的 3 倍。

从可供水量上看，4 种类型植被的可供水量分别为 497 mm、358.86 mm、319.37 mm 和 251.01 mm，虽然灌木林和草地的可供水量大于阔叶林和针叶林，但是草本植被在夏季需水量远大于可供水量，从而导致灌木林和草地基本上一直处于缺水状态。而阔叶林和针叶林除在个别年份夏季出现缺水情况外，其他时段土壤层水分均能够满足植被生长需求。

从生态系统类型上看，草地生态系统（灌木林和草地）需水量占天然植被总需水量的 75%，林地生态系统（阔叶林和针叶林）仅占 25%。王根绪和程国栋（2002）通过不同植被蒸散发潜力估算模型对黑河流域中游地区的生态需水量进行了估算，并指出黑河中游草地和荒漠系统（雨养植被，以荆棘等为主）需水量占 79.4%，而林地系统需水量仅占 20.6%，其结果与本研究基本一致。

通过供需水关系对比，除在夏季个别时间点土壤水分无法满足植被生长需求外，阔叶林和针叶林两种植被的实际耗水量基本上等于需水量,呈现出夏季大,冬、春季小的特点,峰值通常出现在 7~8 月,这主要是由于树木以叶面散发消耗水分为主,受森林小气候及叶面覆盖等作用影响,土壤蒸发量较少,有效地维持了土壤水分,使植被生长基本上不受水分制约。而不同于林木植被,灌木林和草地在夏季受到土壤可供水量的制约,呈现出夏季平,冬、春季小的特点。由于草本植被多位于黑河中游地区(其中在山前平原区分布面积为 706.46 km㎡²),蒸发量较大,土壤水分无法满足植被生长需要,基本上维持在一个以可供水量为制约的相对平衡状态(灌木林和草地实际耗水量分别维持在 1.5 mm/d 和 1 mm/d)。

为深入理解黑河流域天然植被耗水量变化规律,还给出了天然植被实际耗水量时空分布图(图 13-9)。从空间上看,上游山区天然植被实际耗水量低于其他区域,其主要原因是气候寒冷导致其蒸散发量较小。而中游地区受日照辐射时间长,其蒸散发量远大于上游山区,致使天然植被实际耗水量增大。

从时间上看,冬季(12 月至次年 2 月)流域天然植被实际耗水量基本为 0,主要是由于该时段气温低于植被生长温度,植被停止生长发育,其生长需水量为 0 mm,因而无耗水量。随着气温升高,植被逐渐开始生长,实际耗水量也不断增加。在初春和晚秋时节(3~4 月及 10~11 月),上中游地区天然植被实际耗水量差别不明显,而在夏季和早秋(6~9 月)差别明显。

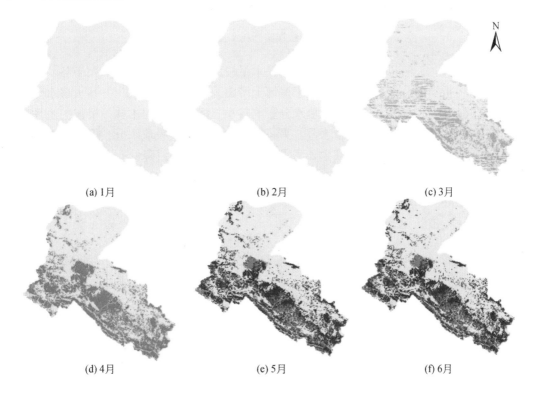

(a) 1月   (b) 2月   (c) 3月

(d) 4月   (e) 5月   (f) 6月

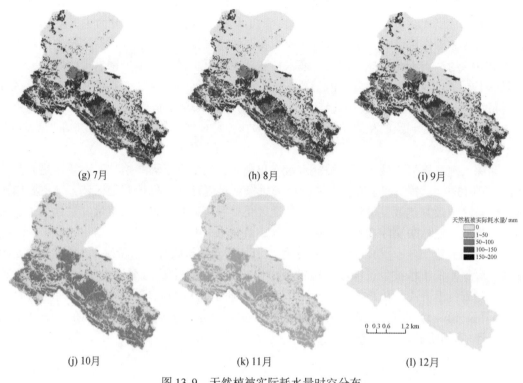

图 13-9　天然植被实际耗水量时空分布

从整体上看，天然植被在生长期内实际耗水量较大，呈现出夏、秋季大于冬、春季的现象。按照植被类型分析，林木主要位于黑河上游山区，覆盖面积较少，其土壤水分基本上能够满足植被生长发育需要，对土壤水分影响较小。而草地、灌木林等植被的生理需水量大，一方面通过叶面积蒸散大量水分，另一方面从土壤持续吸取水分，但是土壤水分供应有限，尤其是在夏季无法满足其生长需求，导致土壤水分含量降低。

（2）农作物

与天然植被不同，农作物以人工浇灌为主，供水量能够完全满足其生长需求，因此本节仅给出农作物实际耗水量时空分布图（图 13-10），由结果可知不同类型农作物实际耗水量差别较大。

从时间上看，农作物实际耗水量最小值（0~30 mm）分别出现在 3 月和 11 月，这主要是因为小麦在 3 月中下旬才开始播种，而玉米在 10 月底至 11 月初基本上收获完毕，所以这 2 个月农作物需水量最小。随着农作物的生长发育，其耗水量在 4~5 月开始逐渐增加，并于 6 月达到最大。夏季（6~8 月）正处于小麦生长、成熟期，同时也是玉米的播种期和生长期，农作物生长发育需要大量水灌溉。7~8 月农作物实际耗水量一直维持在 100~200 mm，随后在作物收获期（10 月）迅速降至 20~50 mm。

从空间上看，农作物实际耗水量在上半年自东南地区向西北地区呈现出递增趋势，下半年各地区差别不大，东南地区略高于西北地区。4~6 月，西北地区农作物需水量明显高

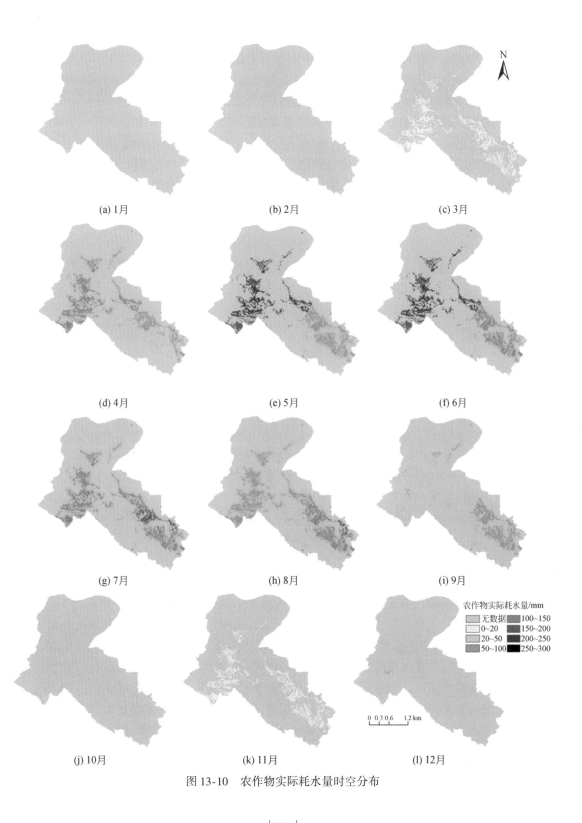

(a) 1月 (b) 2月 (c) 3月

(d) 4月 (e) 5月 (f) 6月

(g) 7月 (h) 8月 (i) 9月

农作物实际耗水量/mm

无数据 100~150
0~20 150~200
20~50 200~250
50~100 250~300

(j) 10月 (k) 11月 (l) 12月

图 13-10　农作物实际耗水量时空分布

于其他地区，这主要是由于西北地区以小麦为主，该时间段正处于小麦生长发育关键期，气温逐渐升高且降水量偏少，所以该地区农作物实际耗水量较大。6~9 月，东南地区农作物需水量略高于西北部地区，主要是由于东南地区以玉米种植为主，而该段时间正好是玉米生长发育关键时期，但由于夏季降水量偏多，因而地区差异不明显。

从总量上看，Eco-GISMOD 模拟的黑河流域农作物实际耗水量与张济世等（2003）的统计结果较为相近（分别为 $3915 \times 10^6 \text{ m}^3/\text{a}$ 和 $3531 \times 10^6 \text{ m}^3/\text{a}$）。西北地区的临泽、高台和酒泉等地存在大型灌区，导致农作物实际耗水量大于东南地区，如祁连肃南山区农作物实际耗水量为 $13.89 \times 10^6 \text{ m}^3/\text{a}$，山丹民乐地区农作物实际耗水量为 $285.62 \times 10^6 \text{ m}^3/\text{a}$，张掖和临泽农作物实际耗水量为 $977.97 \times 10^6 \text{ m}^3/\text{a}$，高台农作物实际耗水量为 $651.98 \times 10^6 \text{ m}^3/\text{a}$，金塔酒泉等地农作物实际耗水量为 $1987.05 \times 10^6 \text{ m}^3/\text{a}$。

13.2　流域水文特征及其对人类活动的响应

13.2.1　土壤含水量变化特征

土壤水受温度、辐射、降水及植被截留等因素的影响，呈现出不同的变化规律，进而影响着流域产汇流、植被生长及蒸散发等生态水文过程。为便于了解黑河流域水分变化规律，分别选取邻近上游控制站莺落峡站（简称点 A，经度：100.18°E，纬度：38.81°N）、中游控制站高崖站（简称点 B，经度：100.41°E，纬度：39.13°N）和下游控制站正义峡站（简称点 C，经度：99.46°E，纬度：39.81°N）3 个网格进行分析。由于实测土壤含水量为单日数值，不同土层深度（0~100 cm）的监测数据均来自田间试验（1~10 km²），在时间和空间尺度上与模拟结果不一致，无法进行比对验证。因此本节仅对 Eco-GISMOD 模拟的表层、土壤层及地下水层的水位变化趋势与各层水量交换情况（下渗、补给水量）进行分析，在前人研究成果的基础上对比研究。

（1）表层

由图 13-11 可知，表层相对含水量受降水影响较大：当降水量小于 5 mm/d 或无降水时，表层相对含水量一般保持稳定；当降水量大于 5 mm/d，特别是大于 20 mm/d 时，表层相对含水量急速上升，其中上游点 A 受降水影响最大，表层相对含水量最高涨幅可达 120%，中游点 B 和下游点 C 的涨幅在 10%~30%。何志斌等（2005）通过研究发现，在我国荒漠干旱地区只有大于 5 mm 的降水才能引发土壤水分对降水的脉动响应，从而对深层土壤起到补给作用，这与本研究中表层相对含水量波动所反映出的情况基本一致。

从空间位置上看，降水量由上游至下游呈递减趋势，即上游降水量较大，上游点 A 的最大降水量为 42 mm/d，中下游降水量较少，中游点 B 和下游点 C 的最大降水量分别为 28 mm/d 和 25 mm/d。上游实际蒸散发量大于中下游，使得表层相对含水量自下游至上游逐渐降低，下游点 C 表层相对含水量均值为 18%，而上游点 A 和中游点 B 表层相对含水量

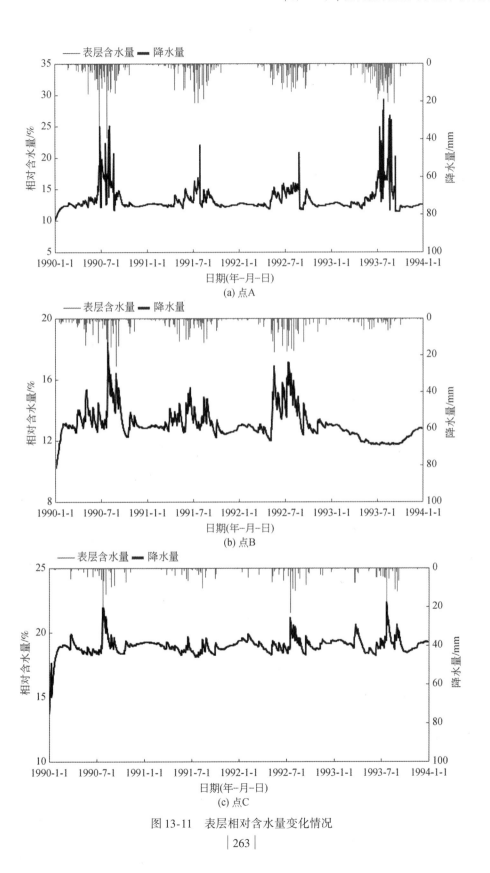

(a) 点A

(b) 点B

(c) 点C

图 13-11　表层相对含水量变化情况

均值分别为 12% 和 13%。但是上游降水量和蒸散发量的波动幅度要大于其他地区，因而导致上游点 A 的表层相对含水量变幅（幅度在 10%~29%）大于中游点 B 和下游点 C（幅度在 15%~23%）。

（2）土壤层

与表层情况不同，土壤层相对含水量受降水影响较小，水位波动平缓并且其峰值较降水量峰值有 10~20 天的延迟（图 13-12）。刘冰等（2011）通过研究同样发现降水前后土壤层相对含水量存在明显差异，并且随着土层厚度增加差异逐渐变小。

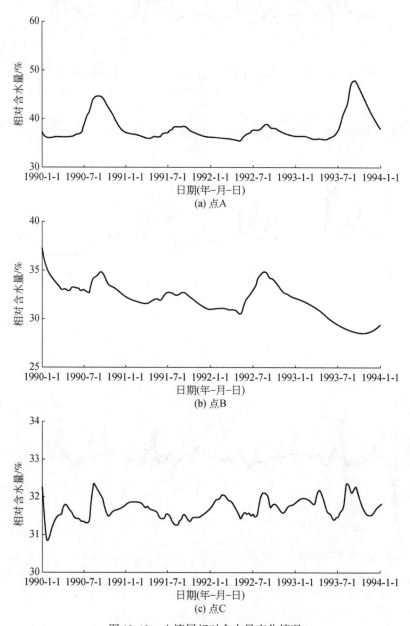

图 13-12　土壤层相对含水量变化情况

从空间位置上看，上游点 A 与中游点 B 的土壤层相对含水量（变化范围分别为36%~48% 和29%~37%）略高于下游点 C（31%~32%），但对降水的敏感程度要低于下游点 C。张勃等（2007）也指出黑河流域土壤层相对含水量从绿洲至荒漠带有依次递减的趋势。赵军等（2009）通过利用美国国家航空航天局提供的 MODIS 数据和黑河流域野外观测数据分析得出，土壤层相对含水量高值主要分布在上游祁连山及中游地区，下游极度干旱导致土壤层相对含水量较低。

从总体上来看，不同点位的土壤层相对含水量呈现出不同的变化趋势：上游点 A 和下游点 C 除受夏、秋季降水影响有所波动外，分别维持在39% 和31% 左右的稳定状态，而中游点 B 的下降趋势较为明显，由 37%（1990 年）下降到 29%（1993 年）。马春峰等（2011）通过对黑河上中游土壤层相对含水量的研究指出，土壤层相对含水量在夏、秋季变化剧烈，而在冬、春季趋于平缓，其结果与模型模拟趋势基本一致。

（3）地下水层

不同于表层和土壤层，地下水层基本上不受降水影响，各点位地下水层相对含水量变化差异较大（图 13-13）。

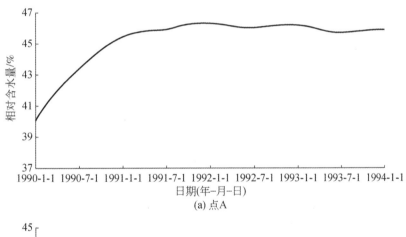

(a) 点A

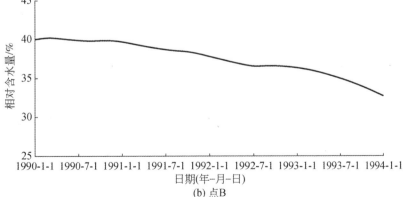

(b) 点B

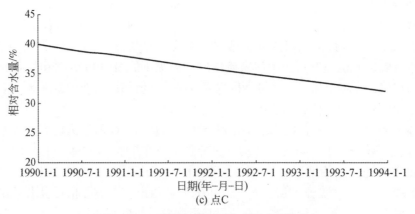

(c) 点C

图 13-13　地下水层相对含水量变化情况

从空间位置上看，上游点 A 的地下水层相对含水量在 1990 年呈上升趋势，由 40.5%上涨至 45.8%，随后在 1991～1993 年维持在 46% 左右的稳定状态；中游点 B 和下游点 C 的地下水层相对含水量则呈明显下降趋势，均由 1990 年的 40% 下降到 1993 年的 32% 左右，其中下游点 C 的下降幅度较快，这可能是过度抽灌和引水所致。胡广录和赵文智（2008）通过张掖市周边地下水观测井同样发现，黑河中游地区的地下水层水位呈下降趋势；Zhu 等（2004）通过研究也发现，黑河中游平原区地下水层水位在逐年下降。

从总体上看，位于上游点 A 的表层与土壤层水位保持稳定，地下水层水位上涨，而中游点 B 和下游点 C 的地下水层水位逐年下降。李守波（2007）使用 FEFLOW 地下水运动模拟软件和 GIS 空间分析技术对黑河流域 1990～1999 年的地下水层水位变化情况进行了研究，其结果同样表明上游地下水层水位有上升趋势，而中下游地下水层水位以下降趋势为主，其中下游绿洲区水位下降尤为明显。

13.2.2　水资源时空转换规律

由于黑河流域特殊的水文地质构造，水量转换十分频繁，为了解其规律本研究分别统计出了上游点 A、中游点 B 和下游点 C 的下渗水量（表层至土壤层，土壤层至地下水层）和补给水量（地下水层至土壤层，土壤层至表层）。从图 13-14 可以看出，3 个点位的补给水量与下渗水量呈现出相反的变化趋势：当下渗水量较高时，补给水量相应减少，反之亦然。

从空间位置上看，上游点 A 的下渗水量大于补给水量，下渗水量月均值为 8.52 mm，变化范围介于 7.02～13.46 mm，而补给水量月均值为 5.52 mm，变化范围介于 1.91～7.10 mm。与上游点A 不同，中游点 B 的补给水量略大于下渗水量，下渗水量月均值为 7.67 mm，变化范围介于 6.49～9.61 mm，补给水量月均值为 8.14 mm，变化范围介于 5.39～10.83 mm。下游点 C 与中游点 B 相似，同样是补给水量大于下渗水量，但是在总量上大于上游点 A 和中游点 B，其中下渗水量月均值为 14.09 mm，变化范围介于 11.23～15.10 mm，补给水量月均值为 15.31 mm，变化范围介于 13.07 ~ 19.39 mm。

从季节上看，上游点 A 和中游点 B 在夏季以下渗水为主，在冬季和春季则以地下水补给为主，下游点 C 季节性变化不明显，基本以地下水补给为主。总体来讲，补给水一般在 1 ~ 4 月，10 月至次年 1 月保持稳定，而 5 ~ 9 月相对较少。下渗水则正好相反，受夏季降水影响，下渗水量最大，其次为春季，再次为秋季，冬季最少。

赵良菊等（2011）通过氢、氧同位素比例测定及再分析资料的计算，发现黑河地表径流在夏季（6 ~ 9 月）以降水补给为主，在冬季以基流补给为主。曹艳萍等（2012）利用 GRACE 重力卫星数据反演出黑河流域地下水的变化趋势，同样指出地下水具有显著的季节周期性变化规律，夏季以降水补给为主，而秋冬季地下水消耗量远大于补给量。

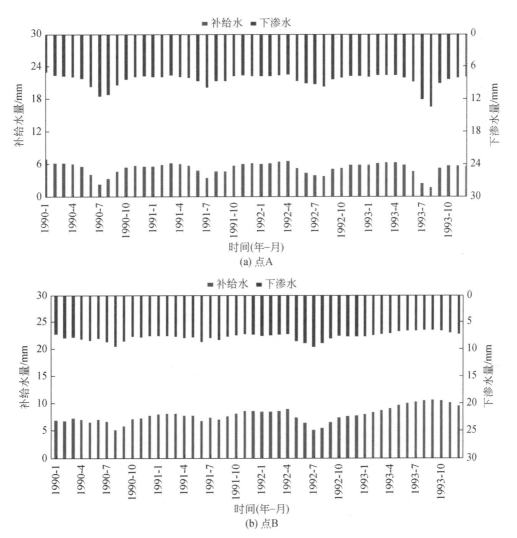

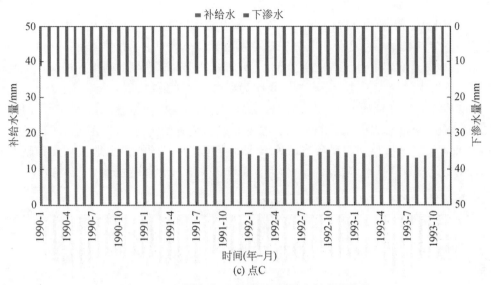

(c) 点C

图 13-14　不同点位下渗水量、补给水量变化趋势

此外，将上中下游 3 个点位的下渗水量、补给水量进行累加统计，得到各点位不同层间交换水量占总交换水量的比例（图 13-15）。

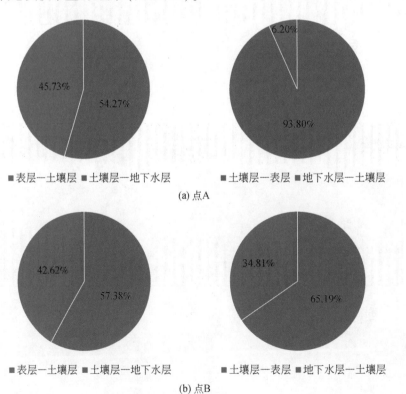

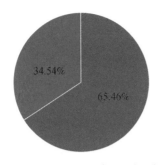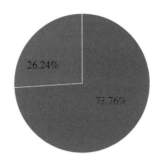

■表层—土壤层 ■土壤层—地下水层　　■土壤层—表层 ■地下水层—土壤层

(c) 点C

图 13-15　不同层间交换水量占总交换水量的比例

从交换水量组成上看，上游点 A 以下渗水为主，占总交换水量的 61%。其中，表层下渗土壤层和土壤层下渗地下水层的比例差异较小（分别为 45.73% 和 54.27%）。在补给水组成方面，上游点 A 以土壤层补给表层为主，占总补给水量的 93.80%。相比于上游点 A，中游点 B 补给水量开始增多，其水量占总交换水量的 52%，略大于下渗水量。在下渗水组成方面，中游点 B 以土壤层下渗地下水层为主，占总下渗水量的 57.38%。在补给水组成方面，中游点 B 地下水层补给土壤层的水量占总补给水量的 65.19%，为主要补给源。下游点 C 与中游点 B 类似，同样以地下水补给为主，其交换水量较中游点 B 稍大。在下渗水组成方面，下游点 C 以土壤层下渗地下水层为主，占总下渗水量的 65.46%。在补给水组成方面，下游点 C 以地下水层补给土壤层为主，补给水量占总补给量的 73.76%。

总体来说，黑河流域从上游至下游（点 A～点 C），补给水量呈逐渐增加趋势，年均值从 66.21 mm 上升到 183.71 mm；下渗水量从 102.29 mm 上升到 169.17 mm。以上结果表明，从黑河上游至中游，补给水量和下渗水量均有所增加，其中补给水量增加较快。上游点 A 以表层水下渗为主，地下水得到补充，而中游点 B 和下游点 C 随着补给水量的增加，呈现出地下水反补土壤水的趋势，该结果与钱云平等（2005）、张应华等（2005）及丁宏伟等（2006）的研究结果一致（即上游出山口处以地表水补给地下水为主，而在中游地区则以地下水补给地表水为主）。

13. 2. 3　人类活动影响下的径流量

由于黑河流域人类活动强烈，为辨识其对流域水文过程的影响，定量评估人类活动影响对河道径流量的改变程度，验证 Eco-GISMOD 在黑河流域水文模拟方面的适用性，还需要对径流量进行验证。考虑到黑河流域水文地质条件的空间异质性，选择距扎马什克站、莺落峡站、高崖站和正义峡站最近的河道网格进行分析，将模拟结果与水文站的实测径流量对比，分别从考虑和不考虑人类取用水 2 种情况进行研究，结果如图 13-16 和图 13-17 所示。

总体上看，Eco-GISMOD 能较好地模拟出黑河上游扎马什克站和莺落峡站的流量变化过程，除在夏季个别时段模拟值偏低外，其他时段的模拟结果与实测值较为一致，人类取用水对河道径流量影响不大，夏季径流量低估的主要原因可能是模型缺乏对冰川融雪的考虑，导致流量中未包含从上游融化的雪水，较实测值偏低。在中下游地区，不考虑人类活动情况下其模拟结果远大于径流量实测值，而考虑人类活动之后的模拟结果与实测值较为一致，下面分别从日、月尺度分别对径流量进行分析。

（1）日径流量

Eco-GISMOD 在黑河流域上游的模拟效果较好，扎马什克站和莺落峡站的 E_{NS} 在日尺度上分别达到 0.67 和 0.71。由于上游地区农田耕地少，人类活动取用水对河道径流量影响不大。其中位于祁连山山区的扎马什克站，无论是否考虑人类活动影响，该站日径流量均没有发生变化（E_{NS} 仍为 0.67），主要是因为黑河上游常年冰雪覆盖，以游牧业为主，灌溉需水量基本为 0。莺落峡站虽然在考虑人类活动影响后 E_{NS} 有所提高，但增幅不大（E_{NS} 从 0.70 变为 0.71）。

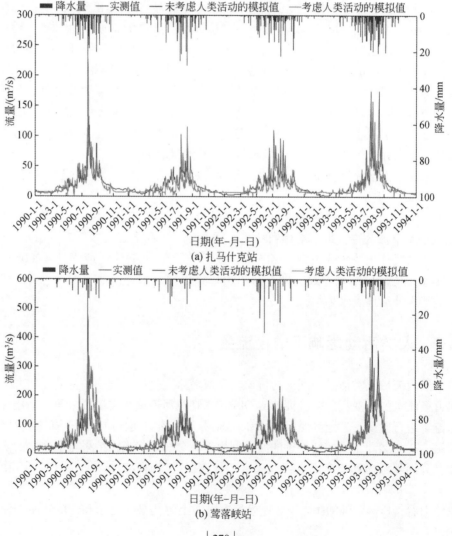

(a) 扎马什克站

(b) 莺落峡站

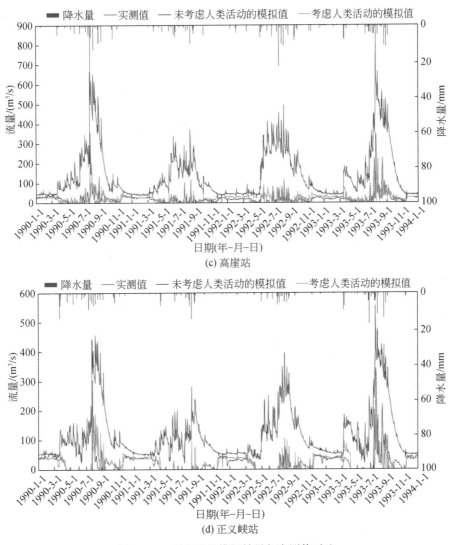

图 13-16　日径流量模拟结果与实测值对比

与上游不同，中游高崖站和下游正义峡站在未考虑人类活动影响的情况下，其模拟值明显高于实测值，E_{NS} 均为负值。从变化趋势上可以看出，在 1~3 月，模拟值与实测值较为接近，而在 7~9 月差距较大，这与农作物灌溉用水周期相吻合。黑河流域中游以绿洲农业为主，人们主要通过抽调河水进行作物浇灌，严重影响了流域自然水循环过程，导致模型模拟值明显低于实测值。通过差值对比发现，模型低估的总径流量（2.66 亿 m³）与中游地区的人类取用水总量（3.15 亿 m³）差异不大。

在考虑人类活动影响后，中游高崖站和下游正义峡站的径流量模拟效果得到显著提升，E_{NS} 分别从原来的−29.67 和−15.97 上升到 0.23 和 0.17。虽然模拟精度有所提升，但远未达到模型应用要求，其主要原因是 Eco-GISMOD 在人工取用水模块中对农作物灌溉用水量进行了概化处理，将作物生长期内的总耗水量平均到每一天，因此很难真实反映出实际每天的取用水情况，所以对中下游河道径流量过程的模拟仍存在较大偏差。但是考虑到灌溉用水时间、农作物分布面积等资料难以获取，Eco-GISMOD 还是能够基本反映出受人类影响下河道径流量在不同时期的变化趋势。如果要提高模拟精度，则需要根据更为详细的农作物类型、灌溉方式等资料对控制点进行设定，以减少因作物灌溉方式概化对日径流量的影响。

（2）月径流量

与日径流量模拟结果类似，无论是否考虑人类活动影响，黑河上游地区月径流量基本没有发生变化，Eco-GISMOD 能够较好地反映出黑河上游山区的水文变化过程（图 13-17）。

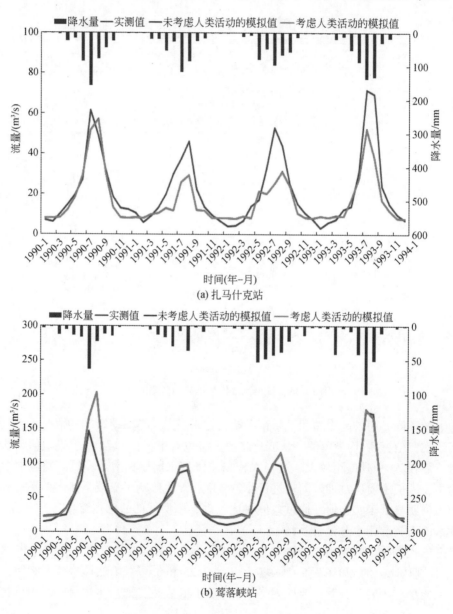

(a) 扎马什克站

(b) 莺落峡站

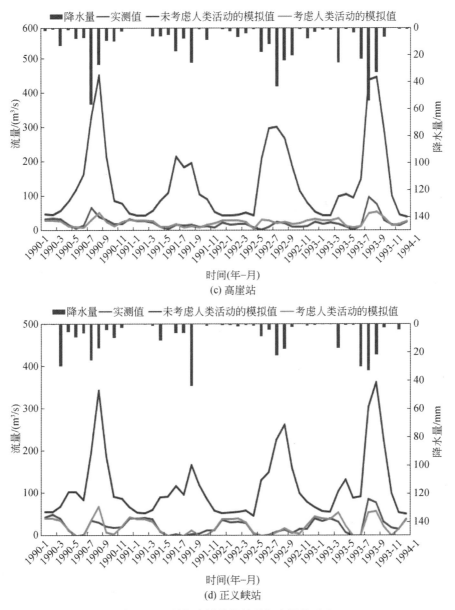

图 13-17　月径流量模拟结果与实测值对比

在中下游地区，考虑人类活动影响之后模拟效果提升显著，高崖站和正义峡站的 E_{NS} 分别从-74.95 和-34.64 上升到 0.52 和 0.72，基本达到模拟精度要求（表 13-2）。这也从侧面反映出通过人工取用水方法的概化，Eco-GISMOD 在月尺度上能基本反映出黑河流域水循环受农作物灌溉用水的影响程度。

　　通过对 4 个站点日、月尺度上的径流模拟表明，Eco-GISMOD 能够较好地模拟天然流域的水文循环过程，但是在受人类活动影响强烈的流域的模拟结果较差，通过人工取用水功能模块辅助，可以从月尺度反映出流域径流量的变化情况。鉴于目前尚未有人对黑河中游水文站径流量进行模拟，本研究也为今后在人类活动影响强烈的流域的水文研究提供了一种新思路，同时对径流量的准确模拟也为后续植被生长过程研究奠定了基础。

表 13-2　径流模拟结果对比

站点	日尺度				月尺度			
	E_{NS}		相对偏差		E_{NS}		相对偏差	
	Sim_1	Sim_2	Sim_1	Sim_2	Sim_1	Sim_2	Sim_1	Sim_2
扎马什克站	0.67	0.67	0.8%	0.8%	0.82	0.82	1.3%	1.3%
莺落峡站	0.70	0.71	26.2%	22.5%	0.89	0.90	9.9%	6.3%
高崖站	−29.67	0.23	**	**	−74.95	0.52	**	**
正义峡站	−15.97	0.17	**	**	−34.64	0.72	**	**

　　注：Sim_1 为未考虑人类活动，Sim_2 为考虑人类活动。
　　＊＊为缺省值，表示模拟中未计算该指标

13.3　水分制约条件下的植被生长动态研究

13.3.1　植被缺水严重程度

水分压力指数（即水分限制因子）是根据植被需水量和土壤含水量之间关系计算得到的一项衡量水分对植被生长压力的指标，取值范围为 0～1，值越接近 1 说明水分越充足，对植被生长发育的影响越小，越接近 0 则说明水分越无法满足植被生长发育需要，植被水分需求的压力越大。模型统计出 1990～1993 年有植被覆盖网格的水分压力指数平均值（图 13-18）。

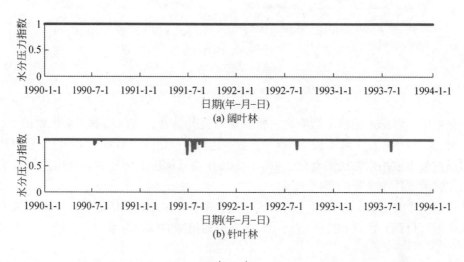

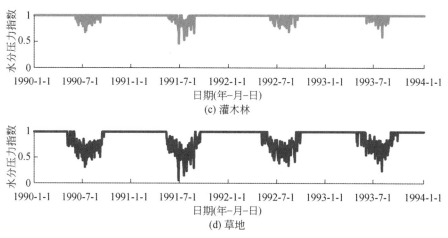

图 13-18 不同植被类型水分压力指数变化趋势

从整体上看，除上中游农田无水分压力外（模型认为农作物主要依靠人工浇灌，其生长不受水分制约），自祁连山北麓向流域下游水分压力指数呈逐渐增大趋势：莺落峡站以上山区（青海省祁连县及甘肃省肃南裕固族自治县北部）水分压力指数基本为 1，即无水分压力；而莺落峡站以下地区东西两侧的水分压力指数开始变小，水分压力指数的变化范围介于 0.90~0.95，植被水分压力较大，其中高崖站东部（甘肃省山丹县）及正义峡站西部（甘肃省酒泉市、嘉峪关市）受水分制约的植被覆盖面积较大；正义峡站以下地区（甘肃省金塔县）的植被基本上均受到水分制约，水分压力指数最低值为 0.885。

何志斌等（2005）通过土壤水分动态监测数据及 GIS 技术对 2002~2003 年黑河中游地区的生态需水量进行估算，发现民乐县基本不存在生态缺水状况，而山丹县、张掖市、临泽县、高台县、酒泉市、嘉峪关市和金塔县等地均存在不同程度的生态缺水状况。造成该现象的主要原因可能是黑河上游山区雨量丰沛，以林木覆盖为主，能够有效保持土壤水分，保证植被生长发育需要，因此该区域水分压力较小。而中游及下游荒漠区降水量较少，多为一年生草本植被，生长期需水量（尤其在夏季）相对较大，导致该区域水分压力较大。

根据流域整体分析结果，绘制出阔叶林、针叶林、灌木林和草地 4 种植被类型水分压力指数逐日变化趋势（图 13-18）。由结果可知，阔叶林无水分压力，其水分压力指数日均值为 1；针叶林除在 7 月个别时段有所影响外，整个生长期内也基本不受水分制约，水分压力指数日均值为 0.998；灌木林的水分压力指数日均值为 0.983，略低于针叶林，在夏季（6~8 月）呈下降趋势，其值介于 0.737~1，随后于 9 月上旬逐渐回升；草地水分压力指数日均值最小，为 0.918，5 月至 9 月上旬其值介于 0.609~1，并于 9 月中旬回升至 1。

上述结果从侧面反映出分布于流域中区地区的灌木林和草地等植被在生长期内受到水分制约，在夏季面临着较大的水分压力，长时间的水分压力将逐渐导致草地植被退化甚至荒漠化。李博（1997）通过分析指出张掖市、武威市和酒泉市等河西地区 80% 以上的草地发生了不同程度的退化。杜自强等（2010）对比 1986 年和 2002 年的 TM 影像发现，黑河山丹县大黄山周边草地植被逐渐退化，有向荒漠化草场演替的趋势。

13.3.2 植被生长发育情况

Eco-GISMOD 根据植被生长综合限制因子及潜在生物量计算出整个生长期内植被通过光合作用将能量转换的生物量，即总初级生产力（gross primary productivity, GPP）。由于模型中不考虑植被自身能量消耗，为了便于与他人结果进行比对分析，本研究认为植被每日所增加的生物量全部用于植被生长、发育和繁殖等过程，即净初级生产力（NPP）。初级生产力不仅能够直观反映出自然环境条件下生态系统的生产能力，同时也是判断陆地生态系统质量状况的关键因子，具有重要的指示作用。

为验证模型效果，将 Eco-GISMOD 的模拟结果与卢玲等（2005）通过高分辨率的 SPOT 遥感影像并结合光能利用模型 C-FIX 对黑河流域 1998~2002 年植被 NPP 的计算结果，以及彭红春（2007）利用 TESim 模型对黑河流域 1971~2005 年的计算结果进行对比分析（图 13-19），从整体上看，Eco-GISMOD 对灌木林、草地和农作物的模拟结果［分别为 223.2 g C/(m^2·a)、246.4 g C/(m^2·a) 和 394.6 g C/(m^2·a)］与 C-FIX 模型较为接近［分别为 268 g C/(m^2·a)、244 g C/(m^2·a) 和 364 g C/(m^2·a)］，但阔叶林和针叶林的计算结果［29.2 g C/(m^2·a) 和 91.8 g C/(m^2·a)］远小于 C-FIX 模型模拟值［266 g C/(m^2·a) 和 184 g C/(m^2·a)］；TESim 模型除阔叶林的模拟值［266.7 g C/(m^2·a)］与 C-FIX 模型接近外，针叶林、灌木林、草地、农作物的模拟结果［依次为 266.7 g C/(m^2·a)、187.3 g C/(m^2·a)、164.5 g C/(m^2·a) 和 104.2 g C/(m^2·a)］与 C-FIX 和 Eco-GISMOD 均存在较大差别。

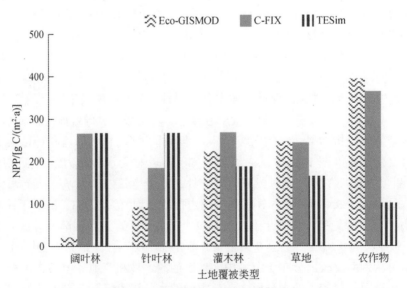

图 13-19　3 种模型 NPP 模拟结果对比

3 种模型计算得出的结果不一致的主要原因是：①研究时间段不同。本研究的时段为 1990~1993 年，而 C-FIX 模型研究的时段为 1998~2002 年，TESim 模型研究的时段为

1971～2005 年。②植被类型划分不同。C-FIX 模型直接将土地利用类型划分为 4 个大类 17 个亚类，具体为林地（包括有林地、疏林地和灌木林）、草地（高、中、低 3 类）、农业和城乡用地（水田、旱地等）、未利用地（裸岩、荒漠等），TESim 模型则将植被划分 7 个生态系统（荒漠、农作物、草甸草原、灌木林、草原等），而 Eco-GISMOD 把土地利用划分为阔叶林、针叶林、灌木林、草地和农作物 5 个大类。③研究范围不同。TESim 模型和 C-FIX 模型以整个黑河流域为研究区，面积达 13 万 km²，Eco-GISMOD 的研究区面积仅为 7 万 km²。

虽然 3 种模型的结果不一致，但通过与其他研究实测结果对比分析，发现 Eco-GISMOD 对灌木林、草地和农作物的估算还是较为准确的。例如，胡自治等（1994）和杨福囷等（1987）分别在祁连山天祝站和海北站对高山草甸的 NPP 进行观测，其范围介于 150～240 g C/（m²·a），与模拟结果较为吻合。陈正华等（2008）在山丹县利用收割法统计地上生物量，得到草地植被的 NPP 介于 128～370 g C/（m²·a）。此外，张杰等（2006）对我国西部干旱地区 1992 年和 1998 年生态系统 NPP 进行了估算，并与 78 个样点实测数据进行检验，实测值与模拟值的相关系数达到 0.85，模拟精度较好，其中农田 NPP 为 390.42 g C/m²，与 Eco-GISMOD 结果基本一致。阔叶林和针叶林计算结果偏低，可能是由 Eco-GISMOD 对植被类型划分及参数设定的不合理性所造成的，还需要借助更详细的研究资料和实地观测加以改进。

考虑水分压力下的 NPP 年均值空间分布如图 13-20（a）所示。从流域位置上看，NPP 与流域水系有很强的关联性，其高值主要分布在中游农业绿洲区，但上游祁连山南侧局部 NPP 较小。为分析水分压力对植被生物量增长的影响，在不考虑水分压力下再次对研究区 NPP 进行了模拟 [图 13-20（b）]，通过对比发现生物量增加主要发生在中游平原区，灌木林和草地的增加幅度较大。由表 13-3 可知，若不受水分限制，那么草地生物量将会大幅增加，其增幅介于 41～57 g C/（m²·a）。其次是灌木林，其增幅介于 6.9～17.5 g C/（m²·a）。而阔叶林和针叶林的生长受水分影响较小，农田不受水分因子制约，这些植被的生物量没有太大的变化，增幅基本在 4 g C/（m²·a）以下。

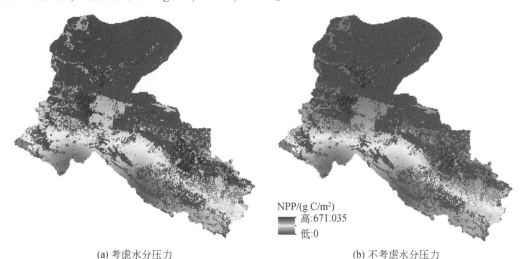

NPP/(g C/m²)
高:671.035
低:0

(a) 考虑水分压力　　　　　　　　　　(b) 不考虑水分压力

图 13-20　不同情景下 NPP 年均值空间分布图

表 13-3　不同情景下 NPP 变化幅度统计　　　　　（单位：g C/m²）

年份	阔叶林	针叶林	灌木林	草地
1990	0.002	1.209	9.028	49.409
1991	0.011	3.093	17.445	56.744
1992	0.002	1.322	8.894	47.576
1993	0.000	0.591	6.902	41.957

13.3.3　植被水分生产力

水分生产力是指消耗单位水量所增加的生物量，为分析不同植被类型水分生产力的差异，将阔叶林、针叶林、灌木林、草地和农作物 5 种植被每年增加的生物量与实际耗水量相除，得到 1990~1993 年植被水分生产力（图 13-21）。

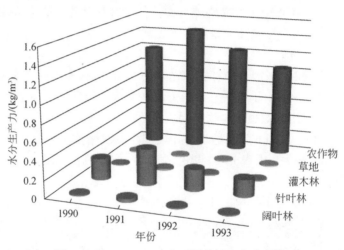

图 13-21　1990~1993 年不同植被水分生产力

从整体上看，农作物的水分生产力最高，范围介于 1.04~1.44 kg/m³，年均值为 1.23 kg/m³。殷录成和胡广录（2009）、张晓霞（2009）及武俊霞和胡广录（2009）借助统计年鉴和水利年报等资料分别对张掖市甘州区和高台县 1995~2007 年农作物水分生产力进行研究，发现农作物的水分生产力介于 0.93~1.53 kg/m³，与 Eco-GISMOD 的计算结果基本相符。针叶林的水分生产力列第二位，其值介于 0.19~0.41 kg/m³，年均值为 0.28 kg/m³。刘胜等（2006）通过对青海高寒区退耕还林地人工林的分析发现，青海云杉、落叶松等针叶林的水分生产潜力介于 0.44~0.58 kg/m³，根据其水分利率效率（约为 44%），计算实际水分生产力，其范围介于 0.19~0.26 kg/m³。受生物量低估影响，阔叶林水分生产力年均值仅为 0.02 kg/m³，列第三位。与林木植被不同，Eco-GISMOD 得到的灌木林和草地水分生产力模拟值最低，其年均值分别为 0.016 kg/m³ 及 0.014 kg/m³。陈兵等（2006）使用 EPIC 模型对黄土高原地区人工草地水分生产力进行了模拟，结果表明半干旱区紫花苜蓿等牧草植被的水分生产潜力介于 0.05~0.58 kg/m³。以上研究表明, 受水分制约, 流域天然植被的实际水分生产力远小于其水分生产潜力 (为水分生产潜力的 30%~45%)。Eco-GISMOD 对农作物和针叶林水分生产力的模拟值与前人研究结果基本一致, 但是对草地和阔叶林的模拟值较低。

在不考虑水分限制因子的情况下, 重新计算了流域各植被类型的水分生产力 (表 13-4)。通过对比发现, 针叶林的水分生产力增加较多, 年均增加 0.016 36 kg/m³, 其次是草地, 年均增加 0.008 6 kg/m³, 随后是灌木林, 年均增加 0.0026 kg/m³, 阔叶林增幅最小, 年均值基本无变化 (仅为 0.000 06 kg/m³)。但从增幅来看, 草地的增幅最大, 年均增幅为 36.7521%, 其次为灌木林, 年均增幅为 14.2857%, 针叶林和阔叶林的增幅仅为 5.6837% 和 0.2963%。由此可知, 受流域降水空间分布不均及高温蒸散发的影响, 灌木林和草地植被的水分生产力受到一定程度的抑制, 而对于林木植被影响较小。若能有效合理配置流域水资源, 保证灌木林和草地等植被的生长需水要求, 将能够大幅度提升草地植被的水分生产力, 对保护草地资源、提高流域水土保持能力起到积极作用。

表 13-4 不同情景下水分生产力变化情况

项目	阔叶林	针叶林	灌木林	草地
A/(kg/m³)	0.020 25	0.287 84	0.018 2	0.023 4
B/(kg/m³)	0.020 19	0.271 48	0.015 6	0.014 8
A−B/(kg/m³)	0.000 06	0.016 36	0.002 6	0.008 6
增减比率/%	0.296 3	5.683 7	14.285 7	36.752 1

注: A 为考虑水分压力, B 为不考虑水分压力

13.4 流域生态水文问题分析与对策

13.4.1 主要问题及原因

根据前 3 节的分析结果可知, 黑河流域植被生长发育所消耗的水分与叶面积有着相同的变化趋势, 即夏季叶面积大时蒸散水分最多, 而冬季叶面枯萎后水分耗散减少。流域水资源的地区差异性及不同类型植被生理需水量的差异性, 导致中游地区植被耗散较大, 但土壤水分却无法满足其生长需要, 植被生长受到抑制。受到水分制约的植被在水分生产力和生物量上均有不同程度的减少, 其中以草地和灌木林的影响最大。

从植被类型上看, 黑河流域内的农作物主要受人类活动影响, 导致河道径流量大幅度减少, 由于其不受水分制约, 农作物的水分生产力和生物量均居首位。农作物的生长发育反过来使得流域中游蒸散发量增大, 尤其是在作物生长发育高峰期 (夏季、秋季) 更为明显。不同于农作物, 天然植被的生态水文特征呈现出地域性差别, 在上游山区的林木植被虽然蒸散发量较大, 但土壤水分能够满足其需要, 能够正常生长。而中下游的草地、灌木

林受土壤水分抑制，其水分生产力和生物量均有不同程度的下降，受水分影响较为明显。分析其主要原因有以下两个方面。

（1）自然原因

从气候条件上看，黑河流域是温带大陆性气候，中游地区在夏季炎热少雨，而夏季正是植被生长关键时期，区域降水量和蒸散发量的差异性导致不同植被的生长状态各不相同。上游山区雨量充沛，尽管林木等植被的蒸散发量较大，但受到土壤水分补充，其生长发育需要能够得到满足。中下游地区多为草地和灌木林，夏季雨水和土壤水分补给无法满足其需要，生长发育均受到不同程度的限制。从土壤水分条件上看，上游山区的条件最好，土壤水和地下水丰富，向下游呈逐渐降低趋势。降水、气温和土壤水的共同作用，导致流域中游大部分天然草地和灌木林在夏季处于缺水状态，对其生长发育产生较大影响。

（2）人为原因

中游大面积的农业绿洲是黑河流域水资源减少的主要原因，虽然人工种植的农作物其单位水分生产力和生物量远高于其他天然植被，但是传统灌溉效率低下及区域蒸散发影响，使得河道水量大部分被抽取用于灌溉，改变了河流的天然径流形态，进而影响下游流域的生态健康和安全。此外，在人工取水灌溉过程中，水分的耗散及蒸发也会不同程度地影响农作物吸收利用率，是流域生态水文作用过程中不可忽视的一环。

13.4.2　建议和对策

自然环境和地区的差异性导致流域水资源配置不均，这种情况使得植被的生长发育受到不同程度的影响。反过来，植被生长发育过程对水分的需求和消耗又进一步加剧了流域水资源的差距。人类活动在生态水文过程中扮演着重要的角色，一方面通过取水灌溉改变了天然河道径流量，另一方面通过种植农作物提高了水分生产力和生物量，促进了绿洲农业发展。这种人类活动虽然有助于经济发展和人民生活质量的提高，但是粗放式的水分利用和传输管理方式降低了水分利用效率，造成流域生态水文格局差异的进一步加剧（图13-22）。

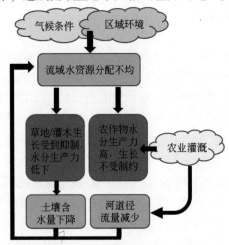

图 13-22　黑河流域生态水文问题框架

为此,应发展高效节水农业,提高黑河流域水资源利用率,维持流域水资源平衡。针对黑河流域上游山区相对丰富的空气水资源,适当增加人工雨雪,以改善流域生态环境。此外,还应对中游草地植被进行人工干预,保证其在夏季的水分需求,维持草地生态系统健康发展,防止草地退化及荒漠化。

13.5 小 结

本节对黑河流域实例研究的结果进行了分析,并通过与他人研究成果的对比,发现Eco-GISMOD 能够较为准确地反映出流域生态水文变化规律。研究指出,农作物和林木分别受人类活动及降水和气候影响,水分供应充足,其生长发育不受限制,而分布于黑河流域中下游地区的草地植被在夏季受土壤水分制约,水分生产力远小于其他植被。若能合理配置流域水资源,满足草地植被生长发育期(尤其是夏季)的水分需要,将大幅提升其水分生产力,对保护草地资源、提高流域水土保持能力起到积极作用。

第四篇

结论与建议

第14章 | 主要结论及建议

本研究以我国第二大内陆河黑河流域上中游地区为研究对象。首先，结合流域自然特征和前人研究成果，指出模型开发中不可避免的模型耦合、尺度嵌套、参数提取等难点问题，建立生态水文模型开发的理论基础框架；然后，对黑河上中游流域生态、水文要素进行分析，揭示不同类型植被对水热条件的响应规律；接着，根据模型开发的理论基础和研究区生态水文相互作用基本特征，开发综合考虑融雪过程、冻土深度、天然植被生产力、农作物生产力、灌溉取用水等多过程的生态水文耦合模型ECHOS；最后，以黑河上中游流域为模拟对象，对ECHOS模型的适用性进行验证，结果表明，ECHOS模型能够对黑河上中游流域水文过程和生态过程进行准确描述。在此基础上，本研究还依托ECHOS模型开展了黑河上中游流域生态水文模拟研究，提出一种获取ECHOS模型生态水文关键参数Sr的新方法，并揭示了Sr对气象要素和植被特征的响应规律；此外，通过模型模拟还揭示了黑河上中游蒸散发及融雪模拟对径流模拟精度的影响规律、黑河上中游气象要素和植被要素对潜在蒸散发变化的影响规律，以及黑河中游作物生长发育对不同水分状况等的响应特征。

14.1 主要结论

（1）生态水文模型开发理论基础的提出

1）生态水文模型的开发工作，本质上是将水文与生态过程进行耦合模拟。耦合过程中，必然遇到参数如何传递、尺度如何统一、参数如何提取/优化等难点问题。

2）对水文学研究而言，生态水文模型的关注点应在地表产汇流过程及与这些过程相关的生态过程方面，需提取或构建"门当户对"的模块进行耦合。

3）当模型中模块之间的时间或空间尺度不统一时，可将小尺度的状态变量通过升尺度获得大尺度的数值。

（2）黑河流域上中游生态水文基本特征分析

1）1979～2010年，黑河流域上中游降水年值、莺落峡站及正义峡站年基流深、年径流深均呈现不显著的增加趋势，黑河流域上中游PET呈显著的增加趋势。

2）黑河流域上游山区冻融过程对产流过程产生了一定影响。具体表现为基流的变化除受降雨入渗补给之外，也受融雪和冻土过程的影响。因此在开发生态水文模型时，需对黑河流域上游的冻土、融雪过程予以考虑。

3）黑河流域上中游地区的水热条件对植被的影响较为强烈，然而天然和人工植被的响应速度存在较大差异。因此，在开发生态水文模型时，需将黑河流域上中游的不同类型植被区别考虑。

（3）适用于黑河流域上中游的生态水文模型开发

针对黑河流域上中游生态水文基本特征，依据生态水文模型开发理论基础，开发集成农作物和天然植被生产力模块、灌溉水量模块、冻土和融雪模块的生态水文模型 ECHOS，并从模拟原理的角度，将该模型与已有模型进行比较发现，ECHOS 模型具有诸多优点。

（4）黑河流域上中游生态水文耦合模拟及关键参数提取方法研究

1）考虑了融雪过程的生态水文模型 ECHOS 能够对黑河流域上中游的径流过程进行很好的模拟，莺落峡站的 E_{NS} 可达 0.7 以上。若不考虑融雪过程，则径流模拟精度明显下降。考虑融雪过程的 ECHOS 模型在我国不同气候带的典型流域［西苕溪流域、南甸峪流域（辽河子流域）、潮河流域、三川河流域、拉萨河流域］也具有较强的适用性。

2）以 P-M 模型模拟的 PET 为标准，经过参数率定的 Mak 法和 P-T 法在黑河流域缺资料地区具有更高的精度。

3）不同地表覆被的 PET 对气象要素敏感性排序为：沙漠>农田>居住区>草地≈湿地>森林；对整个研究区域而言，不同要素对 PET 变化的贡献率排序为：相对湿度>空气温度>近地面风速> LAI>太阳净辐射。

4）考虑了植被过程的生态水文模型 ECHOS 能够对黑河流域上中游的径流过程进行很好的模拟。若不考虑植被过程，模拟精度将明显降低。因此，在黑河流域使用 ECHOS 模型时，推荐使用蒸散发模块中的 S-W 模型。

5）本研究提出的 Sr 提取方法能够应用于黑河流域上游及我国不同气候带典型流域，估算获得的 Sr 合理可靠；Sr 对流域蒸散发的变化最为敏感，重现期越长的 Sr 受到气候变化影响时越稳定。

6）ECHOS 模型能够对张掖地区的玉米产量进行合理的模拟。当灌溉水量减小时，玉米产量将明显降低，水分生产力将有所提高；当灌溉制度不变、CO_2 浓度上升时，玉米的 AET 将减小，产量和水分生产力提高。

7）通过对植被生长与流域水循环的影响研究，发现黑河流域上游山区覆盖茂密植被和中游农作物在生长过程中（尤其是夏季）蒸散消耗水分较多，该区域 AET 远大于植被覆盖稀疏的下游荒漠区，并且受到蒸散发潜力的影响，流域 AET 总体上呈逐年下降趋势。从区域位置上看，受气候条件及植被类型分布的影响，上游植被返青时间较晚，中游西部地区植被生长发育较早。随着温度的持续升高，植被不断生长，随后于秋冬季逐渐枯萎衰落。从植被类型上看，位于黑河流域中游地区的草本植被生长需水量较多，土壤水分无法满足植被正常生长需要，其耗水量基本维持在一个以可供水量为制约的相对平衡状态。

8）通过对流域水文特征的分析发现，流域土壤水分的空间异质性较强，并且受人类灌溉用水的影响，黑河流域中下游径流量有较大幅度的变化。根据模拟结果可知，表层含水量受降水和蒸散发等影响波动幅度较大，从下游至上逐渐降低。土壤层含水量受降水影响较小，波动平缓并且其峰值有 10~20 天的延迟。地下水层除上游所有点位含水量有所上升外，中下游点位含水量均呈逐年下降趋势。通过对水文站径流量的对比验证，发现上游扎马什克站和莺落峡站基本上不受人类活动影响，而中游正义峡站等地区受人类活动影响，径流量下降明显，其改变量与区域灌溉用水总量相当。

9）通过对水分制约条件下植被生长的动态模拟发现，黑河流域中游地区的灌木林和草地等植被在生长期内受到水分制约，而农作物和上游山区林木基本上不受水分制约。根据植被生物量和水分生产力的计算结果可知，农作物的生物量和水分生产力最高，其次为阔叶林，再次为针叶林，而灌木林和草地最低。若不考虑水分对植被生长发育的影响，草地和灌木林的生物量、水分生产力将会大幅上涨，这将有助于草地生态系统的恢复和流域水土保持能力的提高。

10）通过对黑河生态水文过程的研究，指出黑河流域受气候影响使得水资源分配不均，进而导致植被生长发育出现不同的状况。从生态水文的相互作用来看，农作物种植对河道径流的改变较大，而天然植被尤其是草地、灌木等对土壤水分的要求较高。为保证生态系统的健康发展并考虑流域水文特性，提出黑河流域需提倡节水农业，采用人工干预等方式增加上游来水，保证中游植被在生长关键期的生理需水，促进流域生态水文良性发展。

14.2 建 议

虽然本研究在生态水文模拟方面取得了一定的进展，但由于资料和时间有限，许多问题仍可进一步研究，具体如下：

1）生态过程模拟仍需进一步深入。对植被生长、水量交换等过程进行了简化，今后还应考虑营养元素（氮、磷等）循环、种间竞争对植被生长的影响，进一步加以改进。模型仅考虑了陆生植被生态系统的生长发育过程，对水生态的模拟则未涉足。未来可在ECHOS 模型中加入溶质运移模块和水温模型，对河流生境（水质、水温等）进行模拟，从而构建考虑水生态的生态水文模型。

2）人类社会水文过程模拟仍需进一步深入。人类社会对天然水文过程的影响越来越大，但是由于目前人类社会水文过程的机理尚不明确，缺少定量的数学表达，无法在模型中体现。未来尚需加强社会水文学研究，从定量的数学表达入手，加强水文模型中人类用水活动的模拟，使系统对人类活动影响的评价分析更全面、准确。

参 考 文 献

摆万奇，张永民，阎建忠，等.2005.大渡河上游地区土地利用动态模拟分析.地理研究，（2）：206-212，323.

曹艳萍，南卓铜，胡兴林.2012.利用 GRACE 重力卫星数据反演黑河流域地下水变化.冰川冻土，34（3）：680-689.

陈兵，李军，李小芳.2006.黄土高原南部旱塬地苜蓿水分生产潜力模拟研究.干旱地区农业研究，24（3）:31-35.

陈崇希，胡立堂，王旭升.2007.地下水流模拟系统 PGMS（1.0 版）简介.水文地质工程地质，（6）：129-130.

陈仁升，康尔泗，杨建平，等.2004.内陆河流域分布式水文模型——以黑河干流山区建模为例.中国沙漠，（4）：38-46.

陈正华，麻清源，王建，等.2008.利用 CASA 模型估算黑河流域净第一性生产力.自然资源学报，23（2）：263-273.

程国栋，赵传燕.2008.干旱区内陆河流域生态水文综合集成研究.地球科学进展，23（10）：1005-1012.

丁宏伟，张举，吕智，等.2006.河西走廊水资源特征及其循环转化规律.干旱区研究，23（2）：241-248.

杜自强，王建，李建龙，等.2010.黑河中上游典型地区草地植被退化遥感动态监测.农业工程学报，26（4）：180-185.

郭晓寅.2005.黑河流域蒸散发分布的遥感研究.自然科学进展，15（10）：116-120.

韩松俊，刘群昌，杨书君.2009.黑河流域上中下游潜在蒸散发变化及其影响因素的差异.武汉大学学报（工学版），42（6）：734-737.

何志斌，赵文智，方静.2005.黑河中游地区植被生态需水量估算.生态学报，25（4）：705-710.

贺缠生，de Marchi C，Croley T E，等.2009.基于分布式大流域径流模型的中国西北黑河流域水文模拟（英文）.冰川冻土，31（3）：410-421.

胡广录，赵文智.2008.干旱半干旱区植被生态需水量计算方法评述.生态学报，28（12）：6282-6291.

胡立堂.2008.干旱内陆河区地表水和地下水集成模型及应用.水利学报，39（4）：410-418.

胡自治，孙吉雄，李洋，等.1994.甘肃天祝主要高山草地的生物量及光能转化率.植物生态学报，18（2）:121-131.

黄清华，杨永国，陈玉华.2010.基于 GIS 的黑河山区流域水文过程要素分析.安徽农业科学，38（10）：5232-5234，5277.

吉喜斌，康尔泗，赵文智，等.2004.黑河流域山前绿洲灌溉农田蒸散发模拟研究.冰川冻土，26（6）：713-719.

贾仰文，王浩，严登华.2006a.黑河流域水循环系统的分布式模拟（Ⅰ）——模型开发与验证.水利学报，37（5）：534-542.

贾仰文，王浩，严登华.2006b.黑河流域水循环系统的分布式模拟（Ⅱ）——模型应用.水利学报，37（6）：655-661.

江净超，朱阿兴，秦承志，等.2014.分布式水文模型软件系统研究综述.地理科学进展，33（8）：1090-1100.

金博文，康尔泗，宋克超，等.2003.黑河流域山区植被生态水文功能的研究.冰川冻土，25（5）：

580-584.

李博 . 1997. 中国北方草地退化及其防治对策 . 中国农业科学, 30（6）：2-10.

李弘毅, 王建 . 2008. SRM 融雪径流模型在黑河流域上游的模拟研究 . 冰川冻土, 30（5）：769-775.

李守波 . 2007. 黑河下游地下水波动带地下水时空动态 GIS 辅助模拟研究 . 兰州：兰州大学 .

刘冰, 赵文智, 常学向, 等 . 2011. 黑河流域荒漠区土壤水分对降水脉动响应 . 中国沙漠, 31（3）：
    716-722.

刘胜, 贺康宁, 常国梁, 等 . 2006. 青海大通退耕还林地林分水分生产力研究 . 中国水土保持科学,
    4（1）：81-86.

卢玲, 李新, Veroustraete F. 2005. 黑河流域植被净初级生产力的遥感估算 . 中国沙漠, 25（6）：31-38.

雒新萍, 王可丽, 江灏, 等 . 2011. 2000～2008 年黑河流域潜在蒸散量的时空变化 . 安徽农业科学,
    39（25）：15737-15738, 15778.

马春锋, 王维真, 吴月茹, 等 . 2011. 采用 BBH 模型模拟计算黑河中上游农田和草地的土壤水分研究 .
    冰川冻土, 33（6）：1294-1301.

莫兴国, 薛玲, 林忠辉 . 2005. 华北平原 1981～2001 年作物蒸散量的时空分异特征 . 自然资源学报,
    （2）：181-187.

彭红春 . 2007. 黑河流域生态系统动态模拟研究 . 兰州：中国科学院寒区旱区环境与工程研究所 .

彭红春 . 2009. 黑河流域生态系统的 NPP 对全球变化的响应研究 . 中国地理学会 .

彭辉, 贾仰文, 龚家国, 等 . 2010. 陆地生态系统模型及其与流域水文模型耦合的研究进展 . 中国水利水
    电科学研究院学报, 8（3）：208-213.

钱云平, Andrew L H, 张春岚, 等 . 2005. 应用～（222）Rn 研究黑河流域地表水与地下水转换关系 . 人
    民黄河, 27（12）：58-59, 61.

唐振兴, 何志斌, 刘鹄 . 2012. 祁连山中段林草交错带土壤水热特征及其对气象要素的响应 . 生态学报,
    （4）：53-62.

万广华, 程恩江 . 1996. 规模经济、土地细碎化与我国的粮食生产 . 中国农村观察,（3）：31-36, 64.

王根绪, 程国栋 . 2002. 干旱内陆流域生态需水量及其估算——以黑河流域为例 . 中国沙漠, 22（2）：
    33-38.

王根绪, 刘桂民, 常娟 . 2005. 流域尺度生态水文研究评述 . 生态学报, 25（4）：892-903.

王亚华 . 2014. 水治理如何"两手发力" . 中国水利,（10）：4-6.

武俊霞, 胡广录 . 2009. 高台县农作物灌溉水分生产力年际变化 . 发展, 8：116-117.

席清海 . 2011. 工业节水项目评价及其技术效率研究 . 天津：天津大学 .

解恒燕, 姚璇, 郑鑫, 等 . 2017. NAM 模型率定的研究现状与展望 . 黑龙江八一农垦大学学报, 29（5）：
    89-94.

徐宗学 . 2010. 水文模型：回顾与展望 . 北京师范大学学报（自然科学版）, 46（3）：278-289.

徐宗学, 程磊 . 2010. 分布式水文模型研究与应用进展 . 水利学报, 41（9）：1009-1017.

徐宗学, 李景玉 . 2010. 水文科学研究进展的回顾与展望 . 水科学进展, 21（4）：450-459.

严登华 . 2005. 黑河流域生态水文过程及其综合调控 . 北京：中国水利水电科学研究院 .

杨福囤, 王启基, 史顺海 . 1987. 青海海北地区矮嵩草草甸生物量和能量的分配 . 植物生态学与地植物学
    学报, 11（2）：106-112.

杨永民 . 2010. 基于遥感的黑河流域蒸散发研究 . 兰州：兰州大学 .

杨永民, 冯兆东, 周剑 . 2008. 基于 SEBS 模型的黑河流域蒸散发 . 兰州大学学报（自然科学版）,
    44（5）：1-6.

叶爱中，夏军，王纲胜，等.2005. 基于数字高程模型的河网提取及子流域生成. 水利学报，36（5）：531-537.

殷录成，胡广录.2009. 绿洲灌区农作物水分生产力影响因素灰色关联分析——以张掖市高台县为例. 甘肃水利水电技术，45（8）：37-38.

尹海霞，张勃，王亚敏，等.2012. 黑河流域中游地区近43年来农作物需水量的变化趋势分析. 资源科学，34（3）：409-417.

张勃，张华，张凯，等.2007. 黑河中游绿洲及绿洲—荒漠生态脆弱带土壤含水量空间分异研究. 地理研究，26（2）：321-327.

张成龙，柴沁虎，张阿玲，等.2009. 中国玉米生产的生产函数分析. 清华大学学报（自然科学版），49（12）：2024-2027.

张光辉，申建梅，张翠云，等.2006. 甘肃西北部黑河流域中游地表径流和地下水补给变异特征. 地质通报，25（Z1）：251-255.

张济世，康尔泗，赵爱芬，等.2003. 黑河中游水土资源开发利用现状及水资源生态环境安全分析. 地球科学进展，18（2）：207-213.

张杰，潘晓玲，高志强，等.2006. 干旱生态系统净初级生产力估算及变化探测. 地理学报，61（1）：15-25.

张龙，何江海.2008. 利用~（222）Rn、EC及断面测流分析黑河中游地表水与地下水转换关系. 甘肃地质，17（1）：88-91.

张晓霞.2009. 绿洲农作物灌溉水分生产力年际变化——以张掖市甘州区为例. 甘肃水利水电技术，45（6）：33-34.

张应华，仵彦卿，丁建强，等.2005. 运用氧稳定同位素研究黑河中游盆地地下水与河水转化. 冰川冻土，27（1）：106-110.

张永民，赵士洞，Verburg P H.2003. CLUE-S模型及其在奈曼旗土地利用时空动态变化模拟中的应用. 自然资源学报，18（3）：310-318.

赵捷，徐宗学，左德鹏.2013. 黑河流域潜在蒸散发量时空变化特征分析. 北京师范大学学报（自然科学版），49（Z1）：164-169.

赵捷，徐宗学，左德鹏.2015. 黑河上中游潜在蒸散发模拟及变化特征分析. 水科学进展，26（5）：614-623.

赵军，任皓晨，赵传燕，等.2009. 黑河流域土壤含水量遥感反演及不同地类土壤水分效应分析. 干旱区资源与环境，23（8）：139-144.

赵良菊，尹力，肖洪浪，等.2011. 黑河源区水汽来源及地表径流组成的稳定同位素证据. 科学通报，56（1）：58-70.

周德民，宫辉力.2007. 洪河保护区湿地水文生态模型研究. 北京：中国环境科学出版社.

周剑，程国栋，王根绪，等.2009a. 综合遥感和地下水数值模拟分析黑河中游三水转化及其对土地利用的响应. 自然科学进展，19（12）：1343-1354.

周剑，李新，王根绪，等.2009b. 黑河流域中游地下水时空变异性分析及其对土地利用变化的响应. 自然资源学报，24（3）：498-506.

朱文泉.2005. 中国陆地生态系统植被净初级生产力遥感估算及其与气候变化关系的研究. 北京：北京师范大学.

朱文泉，陈云浩，徐丹，等.2005. 陆地植被净初级生产力计算模型研究进展. 生态学杂志，24（3）：296-300.

朱文泉，潘耀忠，张锦水. 2007. 中国陆地植被净初级生产力遥感估算. 植物生态学报，31（3）：413-424.

Band L E, Tague C, Groffman P M, et al. 2001. Forest ecosystem processes at the watershed scale: hydrological and ecological controls of nitrogen export. Hydrological Processes, 15（10）: 2013-2028.

Blöschl G, Sivapalan M. 1995. Scale issues in hydrological modelling: a review. Hydrological Processes, 9（3-4）: 251-290.

Chen J M, Chen X, Ju W, et al. 2005. Distributed hydrological model for mapping evapotranspiration using remote sensing inputs. Journal of Hydrology, 305（1-4）: 15-39.

Cohen J. 1960. A coefficient of agreement for nominal scales. Educational and Psychological Measurement, 20（1）: 37-46.

Collins D, Bras R L. 2007. Plant rooting strategies in water-limited ecosystems. Water Resources Research, 43（6）: 1-10.

Costa-Cabral M C, Burges S J. 1994. Digital Elevation Model Networks (DEMON): A model of flowover hillslopes for computation of contributing and dispersal areas. Water Resources Research, 30（6）: 1681-1692.

DHI. 1998. In MIKE-SHE v. 5. 3 User Guide and Technical Reference Manual. Danish Hydraulic Institute: Denmark.

Donohue R J, McVicar T R, Roderick M L. 2009. Climate-related trends in Australian vegetation cover as inferred from satellite observations, 1981-2006. Global Change Biology, 15（4）: 1025-1039.

Donohue R J, Roderick M L, McVicar T R. 2012. Roots, storms and soil pores, Incorporating key ecohydrological processes into Budyko's hydrological model. Journal of Hydrology, 436-437: 35-50.

Donohue R J, Roderick M L, McVicar T R, et al. 2013. Impact of CO_2 fertilization on maximum foliage cover across the globe's warm, arid environments. Geophysical Research Letters, 40（12）: 3031-3035.

Friend A D, Schugart H H, Running S W. 1993. A physiology-based gap model of forest dynamics. Ecology, 74（3）: 792-797.

Gao G, Chen D, Ren G, et al. 2006. Spatial and temporal variations and controlling factors of PET in China, 1956−2000. Journal of Geographical Sciences, 16（1）: 3-12.

Gao G, Xu C Y, Chen D, et al. 2012. Spatial and temporal characteristics of actual evapotranspiration over Haihe River basin in China. Stochastic Environmental Research and Risk Assessment, 26（5）: 655-669.

Gash J H C. 1979. An analytical model of rainfall interception by forests. Quarterly Journal of the Royal Meteorological Society, 105（443）: 43-55.

Gumbel E J. 1935. Les valeurs extrêmes des distributions statistiques. Ann. Inst. H. Poincaré, 5（2）: 115-158.

Guswa A J. 2008. The influence of climate on root depth, a carbon cost-benefit analysis. Water Resources Research, 44（2）.

Huang N, Niu Z, Wu C, et al. 2010. Modeling net primary production of a fast-growing forest using a light use efficiency model. Ecological Modelling, 221: 2938-2948.

Krysanova V, Müller-Wohlfeil D I, Becker A. 1998. Development and test of a spatially distributed hydrological/water quality model for mesoscale watersheds. Ecological Modelling, 106（2-3）: 261-289.

Laio F, D' Odorico P, Ridolfi L. 2006. An analytical model to relate the vertical root distribution to climate and soil properties. Geophysical Research Letters, 33（18）: L18401.

Lall S, Wang H. 1999. Valuing water for Chinese industries: a marginal productivity assessment. World Bank Group.

Leuning R, Zhang Y Q, Rajaud A, et al. 2008. A simple surface conductance model to estimate regional evaporation using MODIS leaf area index and the Penman- Monteith equation. Water Resources Research, 44 (10): 240-256.

Li S, Wang L M, Deng H, et al. 2008. Regional Evapotranspiration over the Arid Inland Heihe River Basin in Northwest China. Paper presented at the Dragon 1 Programme Final Results 2004-2007.

Matsoukas C, Benas N, Hatzianastassiou N, et al. 2011. Potential evaporation trends over land between 1983-2008 driven by radiative fluxes or vapour- pressure deficit? Atmospheric Chemistry and Physics, 11 (15): 7601-7616.

Moret D, Braud I, Arrúe J L. 2007. Water balance simulation of a dryland soil during fallow under conventional and conservation tillage in semiarid Aragon, Northeast Spain. Soil and Tillage Research, 92 (1-2):251-263.

Nalder I A, Wein R W. 1998. Spatial interpolation of climatic normals: test of a new method in the Canadian boreal forest. Agricultural and Forest Meteorology, 92 (4): 211-225.

Nash J E, Sutcliffe J V. 1970. River flow forecasting through conceptual models: part 1—a discussion of principles. Journal of Hydrology, 10 (3): 282-290.

O'Callaghan J F, Mark D M. 1984. The extraction of drainage networks from digital elevation data. Computer Vision, Graphics, and Image Processing, 28 (3): 323-344.

Pontius R G. 2000. Quantification error versus location error in comparison of categorical maps. Photogrammetric Engineeringand Rmote Sensing, 66 (8): 1011-1016.

Pontius R G, Schneider L C. 2001. Land- cover change model validation by an ROC method for the Ipswich watershed, Massachusetts, USA. Agriculture Ecosystems and Environment, 85 (1-3): 239-248.

Qin S Z, Luo F. 2006. Land-use change and its environmental impact in the Heihe River Basin, arid northwestern China. Environmental Geology, 50: 535-540.

Qin Y, Lei H M, Yang D W, et al. 2016. Long-term change in the depth of seasonally frozen ground and its eco-hydrological impacts in the Qilian Mountains, northeastern Tibetan Plateau. Journal of Hydrology, 542: 204-221.

Quinn P, Beven K, Chevallier P, et al. 1991. The prediction of hillslope flow paths for distributed hydrological modelling using digital terrain models. Hydrological Processes, 5 (1): 59-79.

Rodriguez-Iturbe I, Porporato A. 2007. Ecohydrology of Water- controlled Ecosystems, Soil Moisture and Plant Dynamics. Cambridge: Cambridge University Press.

Rutter A J, Morton A J, Robins P C. 1975. A predictive model of rainfall interception in forests. II. generalization of the model and comparison with observations in some coniferous and hardwood stands. Journal of Applied Ecology, 12 (1): 367-380.

Stannard D. 1993. Comparison of Penman-Monteith, Shuttleworth- Wallace, and Modified Priestley- Taylor evapotranspiration models for wildland vegetation in semiarid rangeland. Water Resources Research, 29: 1379-1392.

Sun W C, Ishidaira H, Bastola S, et al. 2015. Estimating daily time series of streamflow using hydrological model calibrated based on satellite observations of river water surface width, Toward real world applications. Environmental Research, 139: 36-45.

Turcotte R, Fortin J P, Rousseau A N, et al. 2001. Determination of the drainage structure of a watershed using a digital elevation model and a digital river and lake network. Journal of Hydrology, 240 (3): 225-242.

Verburg P H, Soepboer W, Veldkamp A, et al. 2002. Modeling the spatial dynamics of regional land use: the CLUE-S model. Environment Management, 30 (3): 391-405.

Verburg P H, Schulp C G E, Witte N, et al. 2006. Downscaling of land use change scenarios to assess the dynamics of European landscapes. Agriculture Ecosystems and Environment, 114 (1): 39-56.

Vertessy R A, Hatton T J, O' Shaughnessy P J, et al. 1993. Predicting water yield from a mountain ash forest catchment using a terrain analysis based catchment model. Journal of Hydrology, 150: 665-700.

Wang K, Dickinson R E, Liang S L. 2012. Global atmospheric evaporative demand over land from 1973 to 2008. Journal of Climate, 25 (23): 8353-8361.

Wang X M, Liu H J, Zhang L W, et al. 2014. Climate change trend and its effects on reference evapotranspiration at Linhe Station, Hetao Irrigation District. Water Science and Engineering, 7 (3): 250-266.

Wang-Erlandsson L, van Der Ent R J, Gordon L J, et al. 2014. Contrasting roles of interception and transpiration in the hydrological cycle- part 1, temporal characteristics over land. Earth System Dynamics Discussions, 5 (2): 441.

Williams R, Jones J A, Kiniry C R, et al. 1989. The EPIC Crop Growth Model. Transactions of the ASAE, 32 (2): 497-0511.

Yoeli P. 1984. Error- bands of topographical contours with computer and plotter (program KOPPE). Geo-processing, 2 (3): 287-297.

Zhang L, Dawes W R, Walker G R. 2001. Response of mean annual evapotranspiration to vegetation changes at catchment scale. Water Resources Research, 37 (3): 701-708.

Zhu Y H, Wu Y Q, Drake S. 2004. A survey: obstacles and strategies for the development of ground- water resources in arid inland river basins of Western China. Journal of Arid Environments, 59 (2): 351-367.

索　引